DIETER E. ZIMMER

So kommt der Mensch zur Sprache

Über
Spracherwerb, Sprachentstehung und
Sprache & Denken

W0401732

WILHELM HEYNE VERLAG
MÜNCHEN

HEYNE SACHBUCH
Nr. 19/310

Ungekürzte Taschenbuchausgabe
im Wilhelm Heyne Verlag GmbH & Co. KG, München
Copyright © 1986 by Haffmans Verlag AG, Zürich
Printed in Germany 1994
Umschlaggestaltung: Atelier Adolf Bachmann, Reischach
Druck und Verarbeitung: Presse-Druck Augsburg

ISBN 3-453-07812-8

HEYNE BÜCHER
SACHBUCH

Inhalt

SO KOMMT DER MENSCH ZUR SPRACHE

WIE KOMMT DER MENSCH ZUR SPRACHE?

Vor zweieinhalb Jahrtausenden machte der ägyptische König Psammetich I. ein wissenschaftliches Experiment – eins von der brutalen Art, die sich der modernen Wissenschaft verbieten. Er wollte die Frage klären, welches die Ursprache der Menschheit sei. Dazu ließ er zwei neugeborene Kinder in der Wildnis aussetzen, bei einem Ziegenhirten, der kein Wort zu ihnen sprechen durfte. Ihre einzigen Gefährten waren die Ziegen, die der stumme Hirt in ihre Behausung trieb und an deren Milch sie sich satt tranken. Würden sie von sich aus eine Sprache entwickeln? Welche? Nach zwei Jahren wurden sie zurückgeholt. Sie sagten *bek bek* – vermutlich ahmten sie nur das Meckern der Ziegen nach, den einzigen Laut, den sie je gehört hatten. »Als Psammetichos es nun auch selbst gehört hatte, erkundigte er sich danach, ob das Wort ›bekos‹ in irgendeiner Sprache etwas bedeutet«, erzählt Herodot, der den Vorfall überliefert hat. »Er erfuhr, daß die Phryger das Brot ›bekos‹ nannten.« Für den königlichen Psycholinguisten war damit der Fall entschieden: Das Phrygische mußte die Ursprache der Menschen sein, die Phryger das älteste Volk.

Genau das gleiche Experiment schreibt der Chronist Salimbene von Parma dem Stauferkaiser Friedrich II. zu – mit dem Unterschied, daß der feststellen wollte, ob die Kinder von sich aus Hebräisch, Griechisch, Latein, Arabisch oder, interessante Variante, die Sprache ihrer Eltern sprächen; daß sie ferner von Ammen aufgezogen wurden, die kein Wort an sie richten und ihnen keinerlei Zuneigung zeigen durften; und: daß sie alle starben, denn, so Salimbene, »sie vermochten nicht zu leben ohne das Händepatschen und das fröhliche Gesichterschneiden und die Koseworte ihrer Ammen und Näherinnen«.

Die Frage nach dem Ursprung der Sprache hat die Menschheit nicht losgelassen. Und zwar nach dem Ursprung im doppelten Sinn: Wie erwirbt der einzelne seine Sprache? Und woher hat die Gattung Mensch sie? 1769 gewann Herder den Wettbewerb der Preußischen Akademie der Wissenschaften mit einem Essay, in dem er feurig die Ansicht vertrat, die Sprache sei entgegen traditioneller Annahme kein göttliches Geschenk an den Menschen, sondern dessen eigenes Werk. Ist sie göttlichen Ursprungs, so erübrigen sich alle weiteren Fragen nach ihrem Woher: Gott hat dann eben alles so gefügt. Ihre nichtgöttliche Herkunft schloß Herder daraus, daß sie überhaupt nichts Engelhaftes, Überirdisches an sich habe – »Bau und Grundriß... verrät Menschheit«. Ist sie aber menschlicher Herkunft, so kann und muß vernünftig nach ihrer Entstehung gefragt werden. Herder eröffnete also den Weg zu einer rationalen Erklärung der Sprachentstehung, und tatsächlich schossen seitdem mehr oder minder erleuchtete Spekulationen über die Entstehung von Sprache ins Kraut. Herder selber glaubte übrigens ihren Ursprung in der Nachahmung von Naturlauten entdeckt zu haben. Zu den ersten sprachlichen Äußerungen der Menschheit gehörte seiner Meinung nach ein Gebilde wie *mähmäh*, das zunächst wie ein Verbum (im Sinn von »mähmäh machen«) und dann als Kennmarke – Herder selber sagte »Merkmal« – für das benutzt wurde, was *mähmäh* macht, also als eine Art Substantiv mit der Bedeutung »Schaf«, so wie die Kindersprache heute von *dem Mähmäh* spricht. Und die Dinge, die keinerlei Laute von sich gaben? Die selber stummen Dinge der Natur seien zu Namen gekommen, weil bestimmte Eindrücke beim Menschen bestimmte Lautvorstellungen hervorriefen. »Der Mensch erfand sich selbst Sprache, aus Tönen lebender Natur, zu Merkmalen seines herrschenden Verstandes.« Eine Theorie, die man respektlos als die Mähmäh-Theorie bezeichnen könnte.

Im Laufe der Zeit entstanden ungezählte, teils gelind absurde Theorien, später meist auf farbige Spitznamen getauft. Die Theorie, der zufolge die ersten menschlichen Wörter Nachahmungen diverser Naturlaute waren, nannte man Wauwau-Theorie. Außer ihr gab es die Aua-Theorie: Sprache sei aus stark gefühlsbetonten Ausrufen und Aufschreien hervorgegangen. Die Hauruck-Theorie: Am Anfang aller Sprache stünden die Ausrufe bei anstrengender gemeinsamer Körperarbeit. Die Dingdong-Theorie: So wie jedes Ding eine natürliche Resonanz habe, so bringe auch jeder Eindruck im Kopf einen charakteristischen Laut hervor. Die Tata-Theorie: Die Zunge mache die Handbewegungen der Gebärdensprache (etwa des Winkens) nach. Die Trarabumm-Theorie: Sprache habe mit rituellen Tänzen und Beschwörungen begonnen. Die Singsang-Theorie: Sprache sei aus Gesängen hervorgegangen (mit der Variante: aus festlichem Sang und Tanz).

Sie alle, und viele mehr, hatten denselben Schönheitsfehler: Sie konnten ebenso gut richtig wie falsch sein. Auf irgendwelche Fakten, die sie stützten, konnte keine verweisen. Im Grunde sprach nichts für sie. Vielleicht gerade darum war die »Glottogenese«, die Sprachentstehung, ein Lieblingskind der Spekulierer. Die Pariser Sprachgesellschaft erwehrte sich ihrer, indem sie 1866 in ihren Statuten die Annahme von Sprachentstehungstheorien (sowie von Vorschlägen für Weltsprachen) rundheraus verbot. Aber so sehr die glottogenetische Spekulation unter Wissenschaftlern auch in Verruf geriet – die Menschen konnten es niemals lassen.

Zu einer reputierlichen Beschäftigung wurde das Nachdenken über die Entstehung (die Phylogenese) der Sprache erst wieder in den letzten Jahren. Denn nunmehr waren immerhin einige Fakten ans Licht gekommen, an denen man sich orientieren konnte. Seit den fünfziger Jahren hatte die Paläoanthropologie große Fortschritte machen und in Umrissen klären können, wo der Prozeß der Menschwerdung begann (in den Savannen Ostafrikas), unter welchen Umständen, in welchen Zeiträumen und Schritten er sich abspielte; dabei ließen sich auch einige der Fertigkeiten erschließen, die unsere stammesgeschichtlichen Vorläufer besessen haben müssen. Die Neurophysiologie hatte Näheres über den Zusammenhang von Gehirn und Sprache in Erfahrung gebracht. Nicht zuletzt hatte die Erforschung der Art und Weise, wie Tiere miteinander kommunizieren, erlaubt, die besonderen Eigenschaften der menschlichen Sprache genauer als je zu bestimmen. Auch daß es schließlich gelungen war, Menschenaffen immerhin die Ansätze einer Sprache beizubringen, ermutigte das glottogenetische Nachdenken von neuem beträchtlich – immer hatte ja die Sprache als jenes Merkmal gegolten, das den Menschen schärfer als alles andere von der Welt der Tiere trennte, und nun gab es auch hier eine evolutionäre Kontinuität. Die eine endgültige Wahrheit wurde dabei nicht gefunden, und nach Lage der Dinge wird sie es wohl auch nie. Aber wer heute über die Sprachentstehung nachdenkt, braucht auch nicht mehr nur zu raten. Er hat Anhaltspunkte.

Wenn sich die Sprachentstehung auch notwendig im Dunkel der Zeit verliert: Sehr viel eingehender und exakter läßt sich der Vorgang des Spracherwerbs (die Ontogenese der Sprache) beschreiben und erklären. Auf der ganzen Welt wurden und werden Kinder mit Notizblock und Recorder belauscht. Ingeniöse Spiele werden erdacht, ihre Sprachbeherrschung zu testen. Es entstand, von der Öffentlichkeit nahezu unbemerkt, besonders in den letzten zehn, fünfzehn Jahren eine schier unabsehbare, zum Teil hochtechnische Literatur zum Thema Spracherwerb. Beschäftigte sich diese Forschung anfangs vorwiegend mit der englischen Sprache, so hat es in den allerletzten Jahren auch für das Deutsche und einige andere Sprachen eine Reihe von großangelegten Spracherwerbsstudien gegeben.

Viele Fragen sind noch offen, aber wie sie zur Sprache kommen – die Menschen könnten es seit einigen Jahren sehr viel genauer wissen als je zuvor in ihrer ganzen langen Geschichte.

DIE SPRACHE, DIE DEN KINDERN ZUWÄCHST

Erkundigte man sich beim sogenannten gesunden Menschenverstand, wie Kinder sprechen lernen, so bekäme man wahrscheinlich meist dies zur Antwort: Aber das sei doch ganz klar – Kinder hörten Erwachsene sprechen, sie machten nach, was sie hören, erst noch sehr fehlerhaft, dann aber immer getreuer, bis ihre Sprache schließlich der Erwachsenensprache gliche. Kindersprache sei defekte Erwachsenensprache. Es ist dies die populäre Imitationstheorie des Spracherwerbs, und klar ist an ihr überhaupt nur eines: daß sie nicht richtig sein kann.

Sie ist die volkstümliche Fassung der Spracherwerbstheorie des Behaviorismus, jener psychologischen Schule, die die angelsächsische Psychologie von den zwanziger bis in die sechziger Jahre dieses Jahrhunderts beherrschte, einer Psychologie, die vom Innenleben der Seele keine Notiz nahm, sondern sich nur für das beobachtbare Verhalten interessierte: welche Eingabe in den Schwarzen Kasten der Psyche welche Reaktion herbeiführt. Jedes Verhalten, so die Grundüberzeugung des Behaviorismus, wird gelernt. Sprache, so behauptete er, wird durch Assoziation, Imitation und Verstärkung gelernt. Assoziiert werden Dinge und Wörter, indem die Erwachsenen zum Beispiel auf Dinge zeigen und dazu immer wieder das betreffende Wort aussprechen. Dies Verhalten imitieren die Kinder. Und wenn sie es richtig imitieren, werden sie belohnt – nicht durch eine Futterpille wie die Ratten und Tauben der behavioristischen Labors, im Fall des Menschen genügt schon ein leises freudiges Kopfnicken oder ein zustimmendes Lächeln. Eine solche Belohnung »verstärkt« das gezeigte Verhalten, und dieses setzt sich gegenüber allen anderen Verhaltensmöglichkeiten durch. So modelliert die Gesellschaft durch ihre selektiven Verstärkungen bestimmte Verhaltensweisen, auch eine bestimmte Sprache aus einem chaotischen Rauschen heraus. Was der Behaviorismus geflissentlich übersah, waren die vielen hochspezifischen spontanen Beiträge, die jene Black Box regelmäßig leistet, ehe irgendein Verhalten zustandekommt; kein komplexeres Verhalten bei Mensch wie bei Tier ließ sich restlos aus dem Input erklären. Gerade genauere Beobachtungen des Spracherwerbs trugen wesentlich dazu bei, daß der Behaviorismus seine führende Stellung preisgeben mußte.

Würde Sprache wirklich auf diese Weise erworben, so müßte sie am Ende ganz anderer Natur sein: nämlich aus der Wiederholung und allenfalls dem Rearrangement dessen bestehen, was das Kind gehört und allmählich immer genauer kopiert hat. Aber eines der hervorstechendsten Merkmale der menschlichen Sprache ist es gerade, daß sie ständig Aussagen bildet, die noch nie jemand hervorgebracht hat und die also auch nicht durch Imitation erworben werden konnten. Auch Kinder in sehr frühen Stadien des Spracherwerbs sagen bereits, was sie noch nie gehört haben. Mit zwei Jahren sind gerade 20 Prozent ihrer Äußerungen direkte Nachahmungen von Gehörtem, mit drei Jahren gar nur noch zwei Prozent. Sprache muß also auf eine ganz andere Weise gelernt werden.

Nachahmung (das Nachsprechen des Vorgesagten) spielt beim Spracherwerb also nur eine sehr untergeordnete Rolle. Grammatische Formen imitieren Kinder so gut wie nie. Was zumindest manche Kinder in manchen frühen Phasen des Spracherwerbs imitieren, sind Wörter. Aber es sind nicht jene Wörter, die sie noch nicht kennen; es sind vielmehr gerade jene, die sie bereits verstehen und die in Kürze auch in ihrer eigenen Sprache auftauchen werden, oder die sie verstehen und seit kurzem, wenn auch unsicher, selber gebrauchen (Volterra u.a. 1979). Imitiert wird also gerade nicht, um Neues zu erfassen, zu lernen; imitiert wird in bescheidenem Umfang, um gerade Gelerntes aktiv zu üben. Noch schlagender aber wird die Imitationstheorie von der Tatsache entkräftet, daß auch taube Kinder plappern. Nie hören sie Sprache, können also auch keine je nachahmen. Ihr Gebabbel kommt sozusagen von innen.

Wenn die Sprache also nicht durch Assoziation, Imitation und Verstärkung erworben wird – wie dann? Offenbar lernt das Kind gar keine Einzelfälle von Sprachanwendung, sondern die Regeln, die den Einzelfällen zugrunde liegen; es lernt nicht die Oberfläche der Sprache, es dringt in deren Tiefe vor. Dazu muß es notwendig drei andere Schritte vollziehen: Induktion, Generalisierung und Erprobung. Induktion: Das Kind entnimmt der Sprache, die es zu hören bekommt, nicht nur Wörter, sondern auch grammatische Regelhaftigkeiten. Generalisierung: Es dehnt diese Regeln auf alle gleichartigen Fälle aus, bildet sich also Hypothesen. Erprobung: Es testet seine Hypothesen, indem es selber Sätze nach den betreffenden Regeln hervorbringt.

Zum Beispiel »merkt« es (Induktion), daß Dingwörter hinten verändert werden, wenn von einer Mehrzahl die Rede ist. Es bildet sich, implizit, die Hypothese: Plurale werden durch Suffixe markiert. Ehe es sie ausprobieren kann, muß es noch ergründen, welche Suffixe in Frage kommen. Es hört einen Satz wie *Hähne, die am Morgen krähen, frißt am Abend der Adler.* Jetzt generalisiert es: Wenn es *Hähne* heißt, wird es auch *Kämme* heißen und *Bähne.* Und nun kann es seine Hypothese erproben. Dabei fällt ihm auf, oder es wird von einem perfekteren Sprecher darauf aufmerksam gemacht, daß das in dem einen Fall richtig ist, in dem andren aber nicht. Um die verbliebene Unrichtigkeit zu beseitigen, muß es sich eine weitere Hypothese bilden und sehen, ob sie es näher an die Erwachsenensprache heranbringt. So tastet sich das Kind Hypothese auf Hypothese vorwärts.

Es ist dies ein dermaßen plausibles und unwiderstehliches Modell, daß es sicherlich eine Menge Wahrheit enthält. Viele Beobachtungen an der Kindersprache stimmen genau mit ihm überein. Immer wieder macht das Kind Fehler, die offensichtlich darauf zurückgehen, daß es aus seiner Warte etwas richtig macht: daß es Regeln anwendet, die es irgendwoher bezogen hat, aber die falsch sind oder noch zu grob. Ein Satz wie *Nein ata* ist keineswegs ein mißlungener Versuch, »wir wollen nicht spazieren gehen« zu sagen. Er ist die richtige Konsequenz einer Hypothese über den Ausdruck der Negation, die ihrerseits noch nicht differenziert genug ist und nur in Fällen wie »geht ihr einkaufen? nein, spazieren« Sätze erzeugte, die den Normen der Erwachsenensprache gerecht würden. Formen wie *nehm!* oder *singte* sind augenscheinlich Fälle falscher Generalisierung.

Aber reicht dies Modell aus, den Spracherwerb ganz zu erklären? Viele Linguisten meinen heute: nein, es reicht nicht. Dagegen spricht vor allem, was die Sprachtheoretiker im Gefolge von Noam Chomsky die »Armut des Stimulus« nennen. Stimulusarmut heißt: das Kind bekommt meist nur einen kleinen, zufälligen und oft sogar verstümmelten oder schadhaften Ausschnitt aus seiner Muttersprache zu hören, keineswegs aber das volle Sortiment aller ihrer grammatischen Möglichkeiten mit wohlgebildeten Beispielen für jede einzelne Regel, wenigen für die leichten, vielen für die schweren. Trotzdem genügt ihm das Angebot. Selbst wenig helle Kinder und solche, denen ihre Eltern nur dürftigen Sprachschutt vorsetzen, lernen wie von selbst eine komplette Grammatik. Ihr Output ist reicher als der Input. Es kommt, drastischer gesagt, mehr heraus, als eingegeben wurde. Die Frage, ist, woher dies Mehr stammt. »Die Disparität zwischen Kenntnis und Erfahrung«, so formulierte es Chomsky (1972) selber, »ist vielleicht das verblüffendste Faktum der menschlichen Sprache. Es zu erklären, ist das zentrale Problem der Sprachtheorie.«

Beruhte aller Spracherwerb allein auf den drei Schritten Induktion, Verallgemeinerung und Erprobung, so müßte er wohl länger dauern, als er tatsächlich dauert, und sehr viel mehr Irrwege beschreiten. Denn jene Sätze, denen sich die richtigen Hypothesen entnehmen ließen, kommen teilweise nur selten vor; und die Sätze, die das Kind tatsächlich hört, lassen die verschiedensten Verallgemeinerungen zu.

Zum Beispiel könnte es durch den Vergleich von Sätzen wie *Der Hund bellt heute wieder; Bellt der Hund heute wieder?* zu der Hypothese verleitet werden, daß seine Muttersprache Fragen bildet, indem sie das dritte Wort an den Satzanfang rückt. Teilweise hätte es damit Erfolg. Ein Satz wie *Ist die Oma im Garten?* bestätigte ihm seine Hypothese. Aber *Im Oma ist Garten?* (als Frage zu *Oma ist im Garten*) wäre falsch, und falsch wären die allermeisten Fragesätze, die es sich mit dieser Hypothese bilden kann. Tatsächlich probiert es eine solche Hypothese niemals aus, und keine natürliche Sprache bildet Fragesätze auf diese Weise. Die richtigen Hypothesen erscheinen uns dermaßen natürlich und zwingend, daß wir Mühe haben, uns vorzustellen, wieviele nicht weniger vernünftige falsche Hypothesen ebensogut möglich wären und zunächst ausgeschlossen werden müßten.

Eben solche Beobachtungen haben viele Linguisten zu der Auffassung geführt, daß das Kind irgendein Vorwissen mitbringen muß. Wenn es erst alle denkbaren Grammatiken durchprobieren müßte, käme es nie ans Ziel. Allen natürlichen Sprachen liege eine einzige und universale Grammatik zugrunde, und die rekonstruiere das Kind nicht aus dem unverläßlichen Sprachmaterial, das ihm angeboten wird. Vielmehr trage es sie im Keim von Anfang an in sich, und in der Zeit, in der es eine Sprache zu lernen scheint, reiften ihre Regeln eine nach der anderen in ihm. »Die diversen Prinzipien der Universalen Grammatik kommen nacheinander aufgrund eines spezifischen Reifungsplanes zum Vorschein, so daß die grammatischen Konstruktionen der Kinder in jedem Entwicklungsstadium von einem bestimmten Unter-Set universaler Prinzipien gelenkt (oder vielmehr begrenzt) werden... Daß seine Grammatik neu strukturiert werden muß, wird dem Kind klar, wenn ein neues Prinzip zum Vorschein kommt, gegen welches seine gegenwärtige Grammatik verstößt« (der Passauer Linguist Sascha W. Felix 1984). Das Kind vergleiche seine eigenen grammatischen Konstruktionen also gar nicht mit denen der Erwachsenen, um sie gegebenenfalls revidieren zu können. Es vergleiche sie vielmehr mit seinem eigenen, ihm neu zugewachsenen Wissen; und wenn sie in dessen Licht mangelhaft schienen, verabschiedete es sie. Nacheinander reiften einzelne grammatische Grundprinzipien in ihm so heran, wie auch sein Körper eine vorprogrammierte Reifung durchmacht.

Von diesem Standpunkt aus ist nicht »Lernen« und auch nicht »Erwerb« das richtige Wort für die Entwicklung, die die Kindersprache durchmacht. Das richtigere Wort wäre »Wachstum« oder »Reifung«. Das Kind »lernte« seine erste Grammatik nicht, es »erwürbe« sie auch nicht, sie wüchse oder reifte in ihm. Noch klingt das höchst ungewohnt und ein wenig ungehörig: »Das Kind ist grammatisch ein ganzes Stück gewachsen...« Aber es könnte durchaus zutreffen. Eine solche Sicht der Sprachentwicklung behauptet nicht, daß der Spracherwerb auch von allein und ganz ohne Input vonstatten gehen kann, ebensowenig wie das dennoch genetisch vorprogrammierte Körperwachstum ohne Input vor allem in Form bestimmter Nährstoffe vonstatten gehen kann. Sie meint nur, daß das Kind darum so sicher durch das hochkomplizierte Labyrinth einer Grammatik hindurchfindet, weil ihm ein angeborenes Vorwissen, ein genetischer Ariadnefaden von Anfang an all die vielen in die Irre führenden Abzweigungen erspart.

Hypothesenbildung und Hypothesenerprobung könnten sich so abspielen, wie das Modell es vorsieht. Nur der erste Schritt, die Induktion, wäre anders geartet. Dem Kind stünden sozusagen zwei verschiedene Informationsquellen zur Verfügung, eine äußere und eine innere. Beide führte es zusammen, indem es der äußeren Quelle jeweils jene Daten entnimmt, für die sein vorgegebenes Wissen es aufnahmefähig macht, so wie es auch nur jene Nahrung zu sich nimmt, die es verdauen kann.

Dem Menschen, so besagt diese Ansicht also, sind die grammatischen Regeln seiner Sprache bis in viele ihrer Einzelheiten hinein angeboren – oder vielmehr die allen menschlichen Sprachen gemeinsamen Grundregeln, denn das angeborene Wissen, worin immer es besteht, muß ja auf jede Sprache zutreffen, in der das Kind aufwachsen könnte. Diese Kerngrammatik aller natürlichen Sprachen muß es nicht erst lernen; es besitzt sie bereits, und nach einem vorgegebenen Plan entfaltet sie sich in ihm. Es muß nur noch herausfinden, welche Regeln der angeborenen Kerngrammatik die in seiner Muttersprache gültigen sind, um diese in Kraft zu setzen und die anderen, unbenötigten sozusagen verfallen zu lassen.

Dies ist der eine, der extrem nativistische Standpunkt. Der andere bestreitet, daß das Kind ein spezifisch sprachliches Vorwissen brauche. Es müsse nur die allgemeinen Strategien seines wachsenden Verstandes auf die Sprache anwenden, die es umgibt, und werde ihr so die in ihr gültigen Regeln entnehmen. Sein Verstand selbst, die Funktionen seines Gehirns sind natürlich von den Genen ausgelegt, und genetisch programmiert ist ihre Reifung. Mittelbar ist der Spracherwerb also auch in dieser Sicht genetisch bedingt. Nur glaubt sie, ohne besondere genetische Programme auszukommen, die ausschließlich linguistischen Zwecken dienen, also zu nichts anderem bestimmt sind als zur Konstruktion einer Grammatik.

Andere vertreten schließlich einen Standpunkt dazwischen: Dem Kind müßten keine grammatischen Regeln angeboren sein, sondern nur eine Handvoll von Arbeitsprinzipien, mit denen es an jede gehörte Sprache herangeht und die es in die Lage setzen, sie ohne Irrwege richtig zu analysieren. Ein Anwalt dieses mittleren Kurses ist etwa der kalifornische Linguist Dan I. Slobin, und eins der mutmaßlichen angeborenen Arbeitsprinzipien, die er ausgemacht zu haben glaubt, lautet beispielsweise: Achte auf die Enden der Wörter, sie enthalten oft wichtige Informationen!

Aber wie auch immer die Vorgabe beschaffen ist, die dem Kind den Erwerb seiner Erstgrammatik erleichtert: ob ihm eine Kerngrammatik angeboren ist, ein Satz von Arbeitsprinzipien, mit deren Hilfe es jeder Sprache die in ihr gültigen Regeln rasch und sicher extrahiert, oder nur allgemeine Denkmechanismen, die ihm Zugang zu jeder Grammatik verschaffen – in einem noch viel elementareren Sinn ist Spracherwerb ohne genetisches Vorwissen völlig unvorstellbar.

Natürlich weiß das Kleinkind explizit noch gar nichts. Aber es tut seine ersten Schritte in das Neuland der Sprache, als wüßte es bereits, was eine menschliche Sprache ist. Sein Gehirn ist offensichtlich so angelegt, so verschaltet, »verdrahtet« sagt man gern, daß es die Grundeigenschaften der Sprache, die es erwerben wird, nicht erst lange ergründen muß. Welches diese Grundeigenschaften sind, wurde erst in den letzten Jahrzehnten klar, als man die menschliche Sprache mit den verschiedensten Formen tierischer Kommunikation vergleichen konnte. Diese Grundeigenschaften nannte der amerikanische Anthropologe Charles Hockett (1966) *design features* (so etwas wie Wesensmerkmale). Sie charakterisieren alle menschlichen Erwachsenensprachen. In den Sprachen der Tiere, und auch noch in der Sprache der Kinder, fehlen immer einige von ihnen. Die sechs wichtigsten dieser universalen Grundmerkmale sind die folgenden.

1. Sprache ist akustisch. Möglich wären auch ganz andere Sprachen, die nicht weniger reichhaltig sein müßten. Taubstumme müssen auf Gebärdensprachen ausweichen; es gibt Schriftsprachen, deren Zeichen Begriffe symbolisieren und nicht Laute. Aber die normale menschliche Sprache ordnet Bedeutungen eben Laute zu und nicht Gesten oder Bildzeichen oder Gerüche, und schon das neugeborene Kind unterscheidet Sprachlaute von Musik und anderen Geräuschen und Klängen, hat also ein »Ohr« für die gesprochene Sprache, »weiß« vor allem Wissen, daß es mit den Sprachlauten etwas Besonderes auf sich hat.

2. Tier-»Sprachen« handeln meist vom Jetzt und Hier. (Eine erratische Ausnahme ist die Sprache der Bienen, ein authentisch symbolischer Code, der den Volksgenossinnen von der Lage entfernter Blüten berichtet.) Das morgendliche Krähen des Hahns besagt: Hier bin ich mit meinem Harem, mach, daß du wegkommst,

Fremdling, der du dich vielleicht in meine Nähe verirrt hast. Das Ducken der Henne vor dem Hahn sagt: Gut, so tritt mich denn. Ihr seitliches Weggehen: Jetzt bin ich dazu nicht aufgelegt. Die menschliche Sprache aber kann ebensogut auch von dem handeln, was in Raum oder Zeit fern ist, von Milchstraßen, vom Urknall, vom Wärmetod. Sie ist nicht situationsunmittelbar. Sie handelt gleich bereitwillig von dem, was es gar nicht gibt, jedem erdachten Xanadu – ihre Fähigkeit zur Lüge ist übrigens ein weiteres ihrer Grundmerkmale.

3. Die menschliche Sprache ist doppelt durchstrukturiert. Dank dieser Eigenschaft kann sie aus einer geringen Zahl von Lauten eine unendlich große Zahl von Aussagen herstellen. Die untere der beiden Strukturebenen ist die der Laute: Eine sehr kleine Zahl von Lauten, die selber gar nichts bedeuten – insgesamt sind es nicht mehr als sechzig, in der deutschen Sprache etwa dreißig –, bringt durch verschiedene Kombinationen die kleinsten Bedeutungseinheiten hervor, die Morpheme, sozusagen die Kerne der Wörter. Die zweite Strukturebene ist die der Syntax: Sie regelt, wie die Morpheme zu Bedeutungen höherer Ordnung zusammengestellt werden. Man könnte sich eine gar nicht durchstrukturierte Lautsprache denken: Für jede Bedeutung brauchte sie einen anderen Laut – und könnte dann natürlich nur soviele Bedeutungen ausdrücken, wie der Stimmapparat Laute hervorbringen kann, wäre also zu äußerster Armut verurteilt. Oder eine nur einfach durchstrukturierte Sprache: Jede Bedeutung würde durch eine andere Kombination von Lauten ausgedrückt, sie bestünde sozusagen nur aus Wörtern. Sollte eine solche Sprache immer mehr und subtilere Bedeutungen ausdrücken, so müßten ihre Wörter länger und länger werden; viel könnte also auch sie nicht ausdrücken.

4. Sprache besteht aus scharf gegeneinander abgegrenzten, »diskreten« Einheiten. Denkbar wären auch kontinuierliche Sprachen, zum Beispiel solche, in denen sich die Bedeutungen mit den gleitenden Übergängen der Aussprache ändern. Irgendeine Lautgruppe, sagen wir »mauz«, könnte zum Beispiel »Maus« bedeuten, wenn sie leise ausgesprochen wird, jedoch immer größere Tiere, je lauter die Aussprache wird, bis ein geschrienes »mauz« schließlich »Mammut« heißt. So ist keine menschliche Sprache beschaffen. Ihre Einheiten behalten ihre Bedeutungen unabhängig davon, ob sie laut oder leise,

langsam oder schnell, fröhlich oder finster, hoch oder tief, genau oder undeutlich ausgesprochen werden. Über alle möglichen Aussprachen hinweg bedeutet »Maus« nicht mehr, nicht weniger, nichts anderes als »Maus«. Keine Sprache erlaubt die gleitende Abstufung von Bedeutungen mit Hilfe gleitender Abstufungen der Aussprache. Insofern mutet das Sprachsystem »digital« an und nicht »analog«, um einen Vergleich aus dem Computerwesen zu bemühen. Die sogenannten Tonsprachen, wie das Chinesische eine ist, sind keine Ausnahme: Bei ihnen ändert sich zwar die Bedeutung mit der Tonhöhe, aber nicht gleitend, sondern schrittweise; die Tonhöhe schafft diskrete Bedeutungsunterschiede, so wie im Deutschen zuweilen die Betonung sie schafft (»únterstellen« geht nicht durch die Verschiebung des Akzents gleitend in »unterstéllen« über; das Wort hat entweder die eine oder die andere Bedeutung).

5. Die Zeichen der Sprache sind willkürlich. Zwischen der Lautgestalt eines Wortes und der körperlichen Gestalt dessen, was es bezeichnet, gibt es keine Beziehung, ein paar lautmalerische Wörter wie *Kuckuck* oder *Bimbam* ausgenommen. Theoretisch könnte man alle Wörter miteinander vertauschen, wie in der Kindergeschichte von Peter Bichsel, in der ein einsamer Mann alles umbenennt und damit seine Einsamkeit vollkommen macht: »... (zu) dem Tisch sage ich Tisch, dem Bild sage ich Bild, das Bett heißt Bett, und den Stuhl nennt man Stuhl. Warum denn eigentlich?... Weshalb heißt das Bett nicht Bild?... ›Jetzt ändert es sich‹, rief er, und er sagte von nun an zu dem Bett ›Bild‹... Am Morgen also verließ der Mann das Bild, zog sich an, setzte sich an den Teppich auf den Wecker und überlegte, was er wie sagen könnte.« Wörter sind Symbole, und es sind Symbole, die normalerweise keinerlei Ähnlichkeit mit dem besitzen, was sie bezeichnen. Sie sind ihm in keiner Weise analog.

6. Die Sprache ist offen. Ihr Zeichenrepertoire (ihr Lautsystem und ihr Wortschatz, das »Lexikon«) ist endlich; endlich ist auch der Kodex von Regeln, wie diese Zeichen zu Sätzen zu kombinieren sind (die »Syntax«). Aber mit diesem endlichen Fundus lassen sich beliebig viele verschiedene Äußerungen erzeugen. Es gibt unendlich viele verschiedene mögliche Sätze. Wirklich »unendlich« viele? Der Beweis ist leicht. Man nehme nur den einen Satz *Es gibt zwei verschiedene Sätze* und beginne das Zahlwort darin zu ändern: *Es*

gibt drei verschiedene Sätze, Es gibt vier verschiedene Sätze... Nie gelangte man an ein Ende.

Diese und einige weitere Eigenschaften definieren die menschliche Sprache. Ihre unbewußte Kenntnis muß jedem Spracherwerb vorausgehen. Müßte das Kind etwa erst herausfinden, ob die Laute oder die Beinbewegungen oder die Gerüche der Erwachsenen Bedeutungen tragen, müßte es erst so unsinnige Hypothesen wie die erproben, ob mit der Reihenfolge der Laute etwa auch die Bedeutung umgekehrt wird, ob also ein Wort oder ein Satz, rückwärts gesprochen, die gegenteilige Bedeutung erhielte – es käme niemals dazu, eine Sprache zu lernen.

Es lernt aber in wenigen Jahren ein Regelsystem, welches dermaßen kompliziert ist, daß seine bloße Inventur ganze Gelehrtengenerationen verschleißen würde: die Grammatik seiner Muttersprache. Es lernt sie ohne erkennbare Anstrengung, und es wendet sie völlig automatisch an. Ein paar dieser Regeln wird es später, in der Schule, vielleicht mühsam aufsagen lernen. Müßte es sie vor jeder Anwendung bewußt konsultieren, es brächte keinen einzigen flüssigen Satz hervor. Darum finden die allermeisten Menschen Grammatik als Unterrichtsstoff später nicht nur schwierig, sondern todlangweilig. Sie macht nur explizit, was sie ohnehin können. Und können sie es nicht, dann lernen sie es nicht, indem sie die Regel memorieren, sondern indem sie ihre Anwendungen üben.

Kinder lernen ihre Erstsprache in bestimmten Stadien, die gesetzmäßig aufeinander folgen und anscheinend für alle Kinder der Welt die gleichen sind, in welchen Sprachen sie auch aufwachsen. Keinesfalls ist es so, daß Kinder, geleitet vom Zufall oder von ihrem wechselnden Interesse, beliebige Teile aus der Erwachsenensprache herausgriffen, um sie recht und schlecht ihrer eigenen Sprache einzuverleiben.

Die Fehler der Kindersprache sind Fehler nur aus der Sicht der Erwachsenen. Falsch an ihnen ist lediglich, daß in der Erwachsenensprache andere Normen herrschen. Es handelt sich aber eben nicht um beliebige, zufällige individuelle Entstellungen des Gehörten, um ein Sich-Verhören oder Sich-Versprechen. Aus der Warte des Kindes sind die Fehler gar keine Fehler. Es besitzt Regeln, und es wendet diese logisch an.

Eben weil Kinder nicht einzelne Wörter und Wendungen und Äußerungen lernen, sondern sich das aneignen, was ihnen verdeckt zugrundeliegt, ein Regelsystem zur Erzeugung von beliebig vielen verschiedenen Äußerungen, auch noch nie dagewesenen, lernen sie richtig sprechen, auch wenn sie oft nur unvollkommene oder schadhafte Sprache zu hören bekommen. Sie machen auch nicht jeden Fehler nach, der den Älteren, von denen sie ihre Sprache lernen, zufällig unterläuft. »Fehler« der Erwachsenen übernehmen sie nur, wenn diese ihrerseits die Regel sind.

Der Spracherwerb vollzieht sich inzidentell: scheinbar von selbst, quasi nebenbei, ohne ausdrückliche Bemühung. Das einzige Mittel, ihn zu verhindern, wäre völlige Isolierung. Er läßt sich auch kaum beschleunigen oder verlangsamen, ist überhaupt so gut wie immun gegen erzieherische Anstrengungen oder Nachlässigkeiten. Großer pädagogischer Eifer scheint der Sprachentwicklung sogar schlecht zu bekommen. Courtney Cazden untersuchte 1965, wie sich verschiedene pädagogische Stile auf den Spracherwerb auswirken. Sie verglich drei Gruppen von Kindern, alle drei Jahre alt. In der einen blieben die Kinder sprachlich sich selber überlassen. In der zweiten wurden sie niemals korrigiert, aber möglichst viel in Gespräche verwickelt, so daß sie viel Sprache hörten und selber ausprobierten. In der dritten wurden die meisten ihrer Äußerungen aufgegriffen, berichtigt und erweitert. Sagte das Kind etwa *Nein Milch trinken*, so antwortete ihm die Versuchsleiterin mit einem *Du willst also keine Milch trinken*. Man möchte annehmen, daß diese letzte Gruppe nach einigen Monaten die größten Fortschritte gemacht hätte. In Wirklichkeit aber war ihr Fortschritt der geringste. Die größten Fortschritte machte die mittlere Gruppe. Entscheidend für den Spracherwerb scheint also zu sein, daß das Kind viel Sprache hört und selber viel spricht. Belehrungen helfen ihm nicht; sie halten ihn sogar eher auf. Tatsächlich schenken Kinder sprachlichen Belehrungen und Berichtigungen meist überhaupt keine Beachtung. Der Psycholinguist David McNeill hat einmal dieses (hier sinngemäß übersetzte) Gespräch zwischen Mutter und Kind protokolliert. Kind: *Keiner mögt mich nicht*. Mutter: *Nein, das heißt Keiner mag mich*. Kind: *Keiner mögt mich nicht*. Mutter: *Nein, das heißt Keiner mag mich*. Kind: *Keiner mögt mich nicht*. Mutter: *Nein, das heißt Keiner mag mich*. (Fünf weitere Male der gleiche Wortwechsel.

Dann:) Mutter: *Nein, nun hör mal genau zu – Keiner mag mich.* Kind: *Achso. Keiner magt mich nicht.*

Der Erwerb der Muttersprache ist grundsätzlich etwas anderes als das spätere Erlernen einer Fremdsprache. Er geht schneller und müheloser vor sich, und er führt zu einer sichereren und bis in alle Winkel der Sprache hinein richtigeren automatischen Beherrschung. Entscheidend dabei ist die sprachliche Interaktion, das Gespräch – bis zum dritten Lebensjahr hauptsächlich mit den Eltern, dann zunehmend auch mit Gleichaltrigen. Wie man das wissen kann? Kinder taubstummer Eltern, die sich mit ihnen in einer Zeichensprache verständigen, aber daneben durchaus auch eine Menge gesprochene Sprache zu hören bekommen, lernen Zeichensprache, nicht aber Lautsprache. Kinder, die täglich stundenlang vor dem Fernseher sitzen und fremdsprachige Programme ansehen, lernen die Fremdsprache nicht – das deutsche Fernsehen verhilft holländischen Kindern nicht nebenbei zu Deutschkenntnissen. Daß ein Kind passiv einer Sprache ausgesetzt ist, reicht also nicht aus. Wichtig, ja entscheidend ist, daß es selber Sprache anwendet. Eine Sprache lernt nur, wer sie selber produziert. Die vielen Warum-Fragen, die Kinder schubweise in endloser Folge stellen, sind offenbar weniger dazu da, Gründe zu erforschen. Kinder geben sich im allgemeinen schon mit den fadenscheinigsten Begründungen zufrieden, haben bis zum siebten, achten Lebensjahr überhaupt nur wenig Interesse an Gründen. Ihr Zweck scheint es vielmehr zu sein, das Gespräch in Gang zu halten. Tucholskys Streitfrage »Warum hat der Käse Löcher?« heißt: Bitte unterhalte dich mit mir, meinetwegen sogar über die Herkunft der Löcher im Käse. Auch Erwachsene lernen ja neue Begriffe meist nicht, indem sie im Lexikon Definitionen nachschlagen und sich diese merken. In dieser Art memorierte Begriffe haften nur schlecht. Wo der Begriff beim Sprechen benötigt würde, fällt er einem dann doch nicht schnell genug ein. Neue Begriffe lernt man, indem man sie anwendet und ihre Bedeutungen im Gespräch korrigiert – im Zusammenhang ganzer, selbstgemachter Sätze also.

Heute wird viel geklagt, daß sich die sprachlichen Fähigkeiten der Jugend dramatisch verschlechtert hätten. Sie könne keine Orthographie mehr, habe überhaupt große Schwierigkeiten mit dem schriftlichen Ausdruck und sei auch mündlich zwar weniger scheu, aber unbeholfener. Schwer zu sagen, ob solche Klagen mehr sind als das übliche Gejammer der Elterngeneration über die Dummheit und Faulheit ihrer Nachkommenschaft; genauere Erhebungen gibt es nicht. Daß so viele verschiedene und voneinander unabhängige Beobachter die gleiche Diagnose stellen, spricht immerhin dafür, daß etwas daran ist. Was könnten die Ursachen für einen solchen Sprachschwund sein? Zum Teil wird man sie nicht ganz zu Unrecht bei einer Reformpädagogik suchen, die sich Anfang der siebziger Jahre der bizarren Idee auslieferte, die »gute« Sprache sei nicht ein unerläßliches allgemeines Verständigungsmittel, das möglichst jeder besitzen sollte, sondern ein bürgerliches Herrschaftsinstrument – Literatursprache, Schriftsprache, überhaupt die Hochsprache kamen zeitweise in Verruf, die Orthographie wurde zu einer unnützen Belästigung des kindlichen Gehirns erklärt. Dafür sollten die Kinder lernen, ohne Hemmungen mündlich ihre Interessen zu vertreten. Sie quittierten diese pädagogische Fürsorge, indem sie die entsprechenden Fächer »Laberfächer« nannten: viel Gerede, keine Substanz. Die Hauptschuld aber liegt vermutlich weniger bei diesem lässigen Umgang mit der Sprachkultur als bei der Passivierung. Sprache erwirbt man nicht, indem man Sprache hört und liest; Sprache erwirbt man, indem man sie selber hervorbringt. Radio, Fernsehen, Video, Comics, Heftchen, Tonkonserven – all die damit verbrachte Zeit vergeht zwar nicht ganz sprachlos, aber sprachlich doch stark reduziert, und vor allem ist sie rein rezeptiv. In der Schule Lückentests (bei denen nur fehlende Wörter einzutragen sind), Multiple-Choice-Fragebögen (bei denen nur Antworten angekreuzt werden müssen), Ja-Nein-Fragen bis in die Universität und überhaupt eine nachlassende Neigung, den Schülern die Ausformulierung ganzer, »wohlgeformter« Sätze abzuverlangen – das könnte sich in der Tat gerächt haben. Denn nur die Sprache, die einer selber hervorbringt, kann in seinen Besitz übergehen.

Das Kind erlernt seine Erstsprache auch erstaunlich schnell. Mit etwa einem Jahr bringt es die ersten wortartigen Gebilde heraus. Mit etwa fünfzehn Monaten erscheinen Zwei-Wort-Äußerungen. Nach einigen Wochen ist dieses Stadium durchschritten, und die Äußerungen werden stetig länger und grammatisch wie semantisch komplexer.

Um die Leistung des Kindes zu würdigen, muß man sich einige

nackte Zahlen vergegenwärtigen. Den Wortschatz der deutschen Sprache schätzt man auf 300000 bis 500000 Wörter, Fach- und Sondersprachen eingeschlossen. (Alle diese Schätzungen und Hochrechnungen sind recht ungewiß, unter anderem darum, weil es so viele abgeleitete Wörter gibt. Soll man sie alle zählen? Dann steuerte allein die Chemie so viele Wörter bei, wie es chemische Verbindungen gibt, Millionen. Und die deutschen Augenblickskomposita, die so schnell wieder verschwinden, wie sie gebildet werden?) Das umfangreichste aller Wörterbücher, der amerikanische »Webster«, enthält über 600000 Wörter, das derzeit größte deutsche, der »Brockhaus-Wahrig« in sechs Bänden, 220000. Das als internationale Hilfssprache gedachte Basic English mit seiner stark vereinfachten Grammatik hat 850 – schon mit dieser Menge also läßt sich sprechen, wenn auch notdürftig. Wer die häufigsten 2000 Wörter einer Sprache kennt, versteht Alltagsprosa zu etwa 88 Prozent – dies ist der Umfang des Grundwortschatzes, wie er für den Fremdsprachenunterricht vielfach ermittelt worden ist. Mit weiteren 2000 Wörtern lassen sich Alltagstexte zu 95 Prozent verstehen. Gebildete Erwachsene kennen, verstehen etwa 94000 Wörter aus dem allgemeinen Wortschatz ihrer Sprache (Augst u.a. 1977), dazu vielleicht noch das eine oder andere Fachvokabular. Aber zwischen bloßem Kennen und spontanem Gebrauchen, zwischen passivem und aktivem Wortschatz besteht ein sehr erheblicher Unterschied. Erwachsene, so wird geschätzt, verfügen aktiv über 8000 bis 16000 Wörter; ich meine, daß der der großen Mehrheit kaum größer ist als 5000. Hölderlins literarischer Wortschatz umfaßte etwa 7500 Wörter, Homers 9000, Luthers 12000, Storms 22500 (Procksch 1914), und Shakespeare, zweifellos auch in dieser Hinsicht eins der größten Sprachgenies aller Zeiten, erreichte die ganz und gar exzeptionelle Zahl 30900 (Spevack 1970). Paul Fischers »Goethe-Wortschatz« (1929) zählte etwa 20000, das neue »Goethe-Wörterbuch« (1978 ff.) wird auf 80000 kommen – und diese enorme Zahl dürfte sich aus Goethes vielseitigen Interessen ebenso erklären wie aus der Kompositafreudigkeit der Deutschen.

Und nun die Kinder. Mit anderthalb Jahren haben sie nicht mehr als 50 wortartige Gebilde. Dann steigt ihr Wortschatz bis zum sechsten Geburtstag und noch ein Stück darüber hinaus in nahezu gerader Linie. Mit sechs Jahren verstehen sie über 23700 Wörter, benutzen sie über 5 000. Ihr aktiver Wortschatz macht also über ein Fünftel ihres passiven aus (das Verstehen eilt dem Produzieren voraus). Das bedeutet, daß sie in diesen viereinhalb Jahren tagtäglich 14 neue Wörter in ihr passives und 3,5 in ihr aktives Vokabular aufnehmen. Lernten die klugen Erwachsenen in der gleichen Geschwindigkeit weiter wie die törichten Kinder, so verfügten sie gegen Ende ihres Lebens über rund 350000 Wörter passiv und 90000 aktiv – wahrscheinlich hat kein Mensch je auch nur annähernd einen solchen Wortschatz besessen.

Jenseits des zehnten Lebensjahres läßt die Fähigkeit, eine Sprache schnell und mühelos zu erlernen, langsam nach. Mit der einsetzenden Pubertät ist der Spracherwerb im wesentlichen abgeschlossen. Wer bis dahin keine Sprache erwerben konnte, wird wohl niemals mehr eine volle Sprachkompetenz erlangen.

Ein für allemal bewiesen ist das allerdings nicht, denn kaum je ist ein Mensch ganz ohne Sprache aufgewachsen. Aber es gibt eine ganze Reihe von Beobachtungen, die einen solchen Schluß nahelegen. Taube Kinder haben eine größere Chance, noch zu einiger Sprache zu kommen, wenn sie schon in frühem Alter Hörhilfen und Sprachunterricht erhalten. Und dann gibt es die Fälle der »wilden Kinder«. Im französischen Aveyron wurde im Jahre 1800 ein etwa zwölfjähriger Junge gefunden, der wahrscheinlich viele Jahre ohne menschlichen Kontakt gelebt hatte, ein »Wilder«; trotz geduldiger und einfallsreicher Bemühungen seines Erziehers, Dr. Itard, lernte er in sechs Jahren nur ein paar geschriebene Wörter erkennen und so gut wie gar nicht sprechen. In Kalifornien wurde 1970 ein Mädchen entdeckt, das in der Wissenschaft unter dem Namen »Genie« bekannt wurde. Genie war seit ihrem zwanzigsten Lebensmonat gefesselt und von allen Menschen isoliert in einem Hinterzimmer auf einem Klosettstuhl gefangen gehalten worden. Sie hatte keinerlei sprachlichen Kontakt gehabt – ihr Vater und ihr älterer Bruder hatten sie, wenn sie ihr einen Essensnapf hinstellten, höchstens angebellt, und alle ihre eigenen Lautäußerungen waren vom Vater bestraft worden. Als sie mit dreizehn Jahren befreit wurde, sprach sie keine Sprache und verstand keine. Und trotz aller Bemühungen ihrer Erzieher lernte sie sie in der Folge viel langsamer als ein Kleinkind. Soweit von ihren Fortschritten berichtet werden konnte, brachte sie es in acht Jahren nur zu »telegraphischen« Kurzsätzen, denen die Funktionswörter fehlten, lernte also nicht grammatikalisch zu sprechen (Curtiss 1977). Ihren Fall vergleiche man mit dem der Helen Keller, die mit neunzehn Monaten durch eine Meningitis blind und taub wurde, ohne Sprache aufwuchs, nur zwei Gesten (eine für »Essen«, eine für »Trinken«) besaß und die mit sieben an eine geniale Hauslehrerin geriet, Anne Sullivan, welche sofort begann, ihr Wörter in die Hand zu schreiben. Ihr Spracherwerb war wie eine Implosion: Nach zwei Monaten beherrschte sie schon zweihundert Wörter, nach drei Monaten begann sie erste Briefe zu schreiben, und nach wenigen Jahren war ihre Sprache (die für sie gleichzeitig das Sinnesorgan wurde, mit dem sie sich ihr Wissen über die Außenwelt aneignete) reicher und differenzierter als die der meisten Gleichaltrigen. Bekanntlich wurde sie später Schriftstellerin.

Natürlich könnte es sein, daß Helen Keller nur eine ganz besondere Sprachbegabung besaß und daß die beiden »wilden Kinder« Handicaps hatten, welche ihnen auch unter normalen Bedingungen das Sprechenlernen schwer gemacht hätten – die großen Unterschiede beim Aufholen des Versäumten müssen also nicht unbedingt auf das unterschiedliche Alter zurückgehen, in dem sie erstmals mit der Sprache konfrontiert wurden. Aber daß in so verschiedenen – und in noch einigen anderen, ähnlichen – Fällen im höheren Alter auch die größeren Schwierigkeiten beim Spracherwerb auftraten, deutet doch darauf hin, daß hier eine Gesetzmäßigkeit vorliegt. Nimmt man hinzu, was jeder an sich selber beobachten kann, daß jenseits der Pubertät das Erlernen einer Zweit- oder Drittsprache die Leichtigkeit einbüßt, die es vorher hatte, so ist die Vermutung jedenfalls nicht von der Hand zu weisen, daß der Spracherwerb des Menschen das hat, was die Verhaltensforschung eine sensible Phase nennt.

Manchen Singvögeln ist ihr arteigener Gesang nicht angeboren; sie müssen ihn hören, um ihn selber hervorbringen zu können. Aber sie lernen ihn nicht jederzeit. Weißkopfammerfinken lernen ihn nur in den ersten vierzig Lebenstagen; bei Buchfinken ist diese aufnahmefähige Phase zehn Monate, bei Winterammerfinken zwei Jahre lang. Jede Art hat ihre eigene sensible Phase. Was in diesen Zeiten versäumt wird, ist später nicht mehr nachzuholen.

Es sieht also ganz so aus, als gebe es auch für den Menschen eine solche sensible Phase. Nur scheint das Gesetz in seinem Fall nicht »Jetzt oder nie« zu lauten, sondern, wesentlich elastischer, »besser jetzt, oder es wird immer schwerer fallen«. Hat das Gehirn während seiner Reifejahre keine Gelegenheit, sich auf die Sprache einzurichten, so bewerkstelligt es die nötigen Verschaltungen später nicht mehr, jedenfalls nicht mehr vollständig.

Kaum noch angefochten steht heute die Meinung des amerikanischen Sprachpsychologen Eric Lenneberg da: »Wir müssen annehmen, daß das Vermögen des Kindes, Sprache zu lernen, eine Folge der Reifung ist, denn (1) die Entwicklungsstufen des Spracherwerbs sind gewöhnlich mit anderen Entwicklungsstufen verschränkt...; (2) diese Gleichzeitigkeit wird häufig auch dann bewahrt, wenn der gesamte Reifungsplan sich drastisch verzögert...; (3) es gibt keine Anzeichen dafür, daß intensiver Unterricht höhere Stufen der Sprachentwicklung zur Folge hat.«

Während Lenneberg 1967 noch davon ausging, daß der Spracherwerb erst im zweiten Lebensjahr einsetze und vorher nichts für die Sprachentwicklung Wichtiges geschehe, kam seitdem zutage, wie wichtig auch und gerade diese vorsprachliche Phase ist.

Bereits im Mutterleib scheint sich die Sprachentwicklung anzubahnen. Die beiden Hirnhälften verrichten, wie man heute weiß, nicht genau die gleichen Arbeiten – sie sind funktional asymmetrisch. Für Sprache ist normalerweise (bei fast allen Rechtshändern und auch vielen Linkshändern) die linke Hirnhälfte zuständig. Diese Spezialisierung der Hemisphären beginnt nicht, wie man noch vor wenigen Jahren annahm, erst mit dem zweiten Lebensjahr. Schon beim 22 Wochen alten Embryo wurden anatomische Asymmetrien im Gehirn gefunden. Gleich nach der Geburt kann der Säugling bereits Stimmen und Musik unterscheiden, zieht er Stimmen vor (sie regen ihn stärker zum Saugen an). Schon nach wenigen Tagen wendet er sich Stimmen zu, offenbar in der Erwartung, an die Brust genommen zu werden. Mit 20 bis 30 Tagen erkennt er die Stimme der Mutter, auch wenn er sie nicht sieht. Sein rechtes Ohr, und mit ihm die linke Hemisphäre, reagiert stärker auf Sprachlaute als auf andere akustische Reize, für die eher das linke, direkt mit der rechten Hemisphäre verbundene Ohr zuständig zu sein scheint (Studdert-Kennedy 1982). Nach zwei Monaten beginnt der Säugling mit der Mutter Wechsel-»Gespräche« zu führen. Sie sagt etwas zu ihm *(guckuck)*, er antwortet mit seinen Lauten, und dabei beginnt er den Tonfall der Mutter nachzuahmen. Ebenfalls mit zwei Monaten unterscheidet das Kind bekannte und unbekannte Stimmen, Männer- und Frauenstimmen, die Tonfälle der Freude und der Wut, steigende und fallende Satzmelodien – einige Autoren meinen rundheraus: Frage und Feststellung.

Vom fünften oder sechsten Monat an »babbelt« oder »lallt« das Kind; dieses Stadium wird sechs bis acht Monate lang anhalten. Bis zum zehnten oder elften Monat haben sich seine Babbel- und Gurrlaute so stark melodisiert und rhythmisiert, daß man ihnen deutlich eine bestimmte Intonation anhören kann. Allein an der Sprachmelodie ließ sich bei noch nicht einjährigen Kindern erkennen, welche Sprache immer mit ihnen gesprochen worden war und nunmehr ihre Muttersprache werden sollte. Französische Babys intonierten ihr Gebabbel anders als englische. Das Kind hat nunmehr eine »Kommunikationsstimme«, mit der es zu »schwätzeln« beginnt.

Mit etwa acht Monaten bringt es Lautverdoppelungen (Reduplikationen) hervor: *dada, baba, mama, tata, nana, papa.* Es sind jene Lautgruppen, aus denen später auch die ersten wortartigen Gebilde geformt werden. (Im Georgischen wird *mama* »Vater« und *dedda* »Mutter« bedeuten – welche dieser ersten Lautgruppen für welche Bedeutung herangezogen wird, ist also offen; aber immer werden die ersten Bedeutungen an eine jener universalen frühen Lautgruppen geheftet.) Hat das Kind in der Phase der Echolalie zunächst die Laute der Mutter nachzuahmen versucht, so beginnt es nach dem achten Lebensmonat, seine eigenen Laute nachzumachen. Das heißt, es schafft sich eine Verknüpfung zwischen Hören und Sprechen: hört, wie das klingt, was es selber hervorbringt, spricht, was es hören will. Etwa vom elften Monat an beginnt es, seine Laute absichtsvoll zu differenzieren. Es ist, als übte das Kind im ersten Lebensjahr die Beherrschung der über hundert Muskeln, die an der Veränderung des Stimmtrakts mitwirken und deren flüssiges und feines und dabei völlig automatisches Zusammenspiel die Sprachartikulation erst möglich macht.

Allerdings, der Säugling bringt bei seinem Gebabbel nicht sämtliche Laute sämtlicher Sprachen hervor, wie einige Sprachforscher einmal meinten. Sein Lautrepertoire ist tatsächlich sehr groß, größer wohl als das mancher Erwachsener, aber manche Laute und Lautgruppen – zum Beispiel *str* – kommen darin so gut wie niemals vor. Sonderbarerweise verschwinden auch einige Laute, die im Gebabbel durchaus häufig vorkamen, fürs erste aus der Sprache des Kindes, wenn es seine ersten Wörter hervorbringt, zum Beispiel das *l* und das *r*.

Wenn das Kind dann Sprachlaute absichtsvoll zu bilden beginnt, erwirbt es sie in einer feststehenden Reihenfolge, die universale Gültigkeit zu haben scheint. (Aber wie viele Vorgänge im Reich des Lebendigen ist die Reihenfolge kein eisernes Gesetz – Leben ist nicht restlos voraussagbar; seine Gesetze kennen Ausnahmen, man sieht sie besser als regelhafte Trends.) Der Sprachforscher Roman Jakobson (1960) hat diese Reihenfolge wegweisend als einen fortschreitenden Erwerb von lautlichen Kontrasten beschrieben. Der erste Kontrast, den das Kind erwirbt, ist der zwischen Vokal und Konsonant. Der erste kindliche Vokal ist in aller Regel das *a*, der erste Konsonant ein mit den Lippen gebildeter Verschlußlaut, also etwas zwischen *p* und *b*. Folglich sind *ba* und *pa* die ersten willkürlich gebildeten Lautgruppen des Kindes. Der zweite Kontrast ist der zwischen Mund- und Nasenkonsonanten. An oralen Konsonanten »kann« das Kind in diesem Stadium das *p* und *b*; jetzt erwirbt es dazu den Nasallaut *m*. So kann nun die Lautgruppe *ma* in Erscheinung treten. Als drittes lernt das Kind unter den Mundkonsonanten die schon beherrschten Lippenverschlußlaute *p* und *b* von den an den Zähnen gebildeten Verschlußlauten *t* und *d* unterscheiden: *da* und *ta* treten auf. Der vierte Kontrast schließlich ist der zwischen *m* (dem durch den Verschluß der Lippen gebildeten Nasal) und *n* (bei dem der Mund an den Zähnen verschlossen wird). So besitzt das Kind die Konsonanten *p*, *b*, *t*, *d*, *m* und *n*. Reibelaute wie *f* oder *s* lernt es erst später; desgleichen Affrikate (also Verbindungen von Verschluß- und Reibelaut wie *ts*) – sie ersetzt das Kind in seiner Sprache zunächst oft durch Verschlußlaute (*tan* statt *Zahn*). Während das Kind diese Konsonanten erwirbt, übt es sich zwei weitere Vokale ein, *i* und *u*. So entsteht allmählich das allen menschlichen Sprachen zugrundeliegende Lautsystem: Es gibt keine Sprache, in der nicht mindestens diese Laute alle vorkämen. Es sind sozusagen die wahren Urlaute, wie die aus ihnen gebildeten Lautgruppen

– also *dada* und *mama* und so weiter – die wahren Urworte aller Menschen ausmachen.

Während dem babbelnden Säugling mit seinen vielen, später zum Teil gar nicht mehr benötigten Lauten noch alle Sprachen der Welt offenzustehen scheinen, reduziert sich sein Lautrepertoire, wenn die eigentlich sprachliche Phase beginnt, auf die zwanzig bis vierzig Lauteinheiten (Phoneme), aus denen seine Muttersprache aufgebaut ist. In dem Maß, in dem er lernt, bestimmte Laute willkürlich zu erzeugen, und sich die dafür nötigen neuralen und motorischen Schemata einschleift, in dem Maß also, in dem er sich auf eine einzige, seine Muttersprache festlegt, bringt er die ihr fremden Laute nicht mehr mit der gleichen scheinbaren Leichtigkeit wie vordem und manchmal gar nicht mehr hervor, selbst wenn sie einst in seinem Gebabbel durchaus vorgekommen sind.

In der Zeit, da sich die Grundlagen der Sprachartikulation einstellen, wird dem Kind auch klar, daß einzelnen Reihen von Sprachlauten einzelne Bedeutungen zugeordnet sind; und bald auch, daß diese Bedeutung tragenden Laute nicht an bestimmte Situationen geknüpft sind, sondern allen gleichartigen Situationen angemessen sind. »In dieser Periode wird das Wissen erworben, daß phonologische Sequenzen bestimmte Bedeutungen vermitteln, welche sich von dem Situationskontext trennen lassen, in dem sie zuerst wahrgenommen und hervorgebracht wurden, und daß sie auf bestimmte andere Situationen übertragen werden können. Diese Entwicklung hängt offensichtlich von der Fähigkeit ab, Übereinstimmungen bei Lautfolgen zu beobachten (das heißt, morphologische Einheiten irgendwie richtig zu kategorisieren), und gründet sich somit auf noch frühere Diskriminationsfähigkeiten. Jedoch unterscheidet sich die Entwicklung in dieser Periode erheblich von der vorausgegangenen, da jetzt nicht mehr nur einzelne Laute auseinandergehalten und kategorisiert werden – jetzt werden Laut- und Bedeutungssequenzen gleichzeitig kategorisiert« (Menyuk u.a. 1979).

Das babbelnde und schwätzelnde Kind verrichtet, wie man sieht, eine ganz erhebliche geistige Arbeit. Wie erheblich sie ist, davon kann man sich eine entfernte Ahnung verschaffen, wenn man sich in Gedanken auf einen fremden Stern unter seine überaus fremdartigen grünen Männchen versetzt. Auch sie, stellen wir uns vor, sprechen. Aber sie sprechen nicht, indem sie den Luftstrom, sondern indem sie das Licht modulieren. Aus ihrem »Mund« also kommen keine Laute, sondern ein Lichtstrahl, der sich rasch verändert, zwanzigmal pro Sekunde. Das Licht wechselt die Farbe, die Helligkeit, es stottert und pausiert und tremoliert, blendet sich auf verschiedene Weise auf und ab. Dank unserer eigenen Sprachkundigkeit merkten wir sehr bald, daß dieser Strom von Lichtzeichen ihre Sprache darstellt. Aber um den Code zu knacken, müßten wir herausfinden, welche Veränderungen das Licht alles durchmachen kann, welche Folgen dieser Veränderungen Einheiten bilden, welche Bedeutung jeder dieser Einheiten zukommt und welche jeder Verknüpfung dieser Einheiten – und das wäre eine Aufgabe, gegen die die Entzifferung irgendeiner babylonischen Keilschrift ein Kinderspiel wäre; möglicherweise überstiege sie sogar die Diskriminationsfähigkeit unseres Auges. Und unsere ganze Anstrengung hätte nur dann Sinn und Erfolg, wenn diese Lichtsprache genau gebaut wäre wie unsere Lautsprache – aus diskreten Lichtqualitäten (Farben statt Vokalen, »Geräuschen« statt Konsonanten), aus Wörtern, aus Sätzen. Eine anders gebaute Sprache ließe uns vollends ratlos. Genau diese Voraussetzung aber kann das Kleinkind, das seine Erstsprache erwirbt, nicht machen; es besitzt ja noch keine Sprache, von der es bei seiner Analyse ausgehen könnte, weiß noch gar nicht, was Sprache überhaupt ist. Schon dies spricht sehr dafür, daß es beim Spracherwerb von einem vorgegebenen Programm geleitet wird; daß es seine sich mehrenden Fähigkeiten dem selbstgesteuerten Wachstum des neuronalen Netzwerks seines Zentralnervensystems verdankt.

Irgendwann zwischen dem zwölften und dem achtzehnten, meist noch vor dem zwölften Monat erscheint unter den Lauten des Kindes dann das erste wortartige Gebilde. Und zwar verhält es sich keineswegs so, daß es aus seiner Umwelt irgendein interessantes Ding oder Wesen auswählte und nun lernte, wie es zu benennen wäre.

Die Phonetikerin Gabrielle Konopczynski von der Universität Besançon beschreibt das Erscheinen des ersten Wortes so (und aus ihrer Beschreibung spricht noch die alte, behavioristische Sicht des Spracherwerbs, die Theorie von Assoziation, Imitation und Verstärkung): »Anfangs spricht das Kind kein bestimmtes ›Wort‹ aus; vielmehr greift der Erwachsene aus dessen Zufallsproduktionen gewisse heraus und bringt das Kind dazu, sie zu wiederholen, zu isolieren und mit etwas zu assoziieren.« Richtig daran ist sicher, daß die Mutter – oder eine andere Bezugsperson – dem Kind bei der Aussonderung der ersten Wörter aus dem Fluß der Laute entscheidende Hilfestellung leistet.

Was da vor sich geht, läßt sich heute genauer bestimmen. Die ersten »Vorstellungen«, die ersten geistigen »Repräsentationen« der Außenwelt, die das Kind besitzt, so die Entwicklungspsychologin Katherine Nelson (1983), sind Repräsentationen ganzer Situationen oder Handlungsabläufe, »Skripte«, »Szenen« genannt: Gefüttertwerden, Gebadetwerden, Ausgehen und so fort. Die ersten Wörter, so meint sie, sind einfach Teile dieser Handlungen, die in der Folge benutzt werden, sie im ganzen zu vergegenwärtigen. So mag das schwappende Badewasser die Mutter dazu bringen, beim Baden besonders laut und deutlich *platsch* zu sagen, und das Kind mag dieses irgendwie nachmachen *(batss)*. Dieses »Wort« aber bedeutet für es noch nicht »baden«; es ist einfach ein Teil der Badezeremonie, des Bade-»Skripts«, wie es im Kopf des Kindes existiert; und kann dann vom Kind benutzt werden, das ganze Bade-Skript zu bezeichnen. Erst wenn das Kind mit etwa anderthalb Jahren diese seine Skripte aufzulösen beginnt in ihre Elemente, ist es fähig zu der Einsicht, daß Wörter stellvertretend stehen für einzelne Teile der Skripte, daß hinter jedem Wort ein einzelner Begriff steckt. Und erst dann kann der eigentliche Spracherwerb beginnen.

Dazu fügen sich gut die Beobachtungen von Virginia Volterra (1979). Die ersten Wörter, so stellte sie fest, bezeichnen noch gar nichts. Sie erscheinen als Teile eines komplexen Handlungsschemas. Das Wort *Mama* ist zunächst kein Wort für die Mutter, sondern wird als allgemeine Klage oder Bitte gebraucht; das Wort *Papa* taucht in Situationen oder bei Spielen auf, die mit dem Vater zu tun hatten: wenn die Tür aufgeht, wenn das Kind hochgehoben werden will, aber nicht zur Benennung des Vaters. Zunächst, meint Volterra, begleiten diese »Wörter« bestimmte Handlungsabläufe. Dann benutzt das Kind sie, um die gleichen Handlungsabläufe im Geist vorwegzunehmen oder sich an sie zu erinnern: Es sagt etwa *Papa*, wenn es meint, gleich gehe die Tür auf und der Vater komme herein. In der dritten Phase verwendet das Kind das Wort für die – aktive oder passive – Hauptperson oder den Hauptgegenstand des

Handlungsablaufs. Und in der vierten schließlich benutzt es sie, um auch neue Personen oder Sachen zu benennen – etwa das Wort *Papa* zur Bezeichnung aller fremden Männer. So gibt es bei den ersten Wörtern des Kindes, zwischen dem neunten und dem dreizehnten Monat, einen allmählichen Übergang vom nicht-bezeichnenden zum bezeichnenden Gebrauch des Wortgebildes. Das Wort wird aus dem Zusammenhang einer Handlung, aus dem Skript gelöst und steht nun bereit, irgendein bestimmtes Element der Handlung und alle ähnlichen Elemente anderer Handlungen zu bezeichnen. Alles dies jedoch ist immer noch Vorarbeit.

Bei allen Kindern aller Sprachen beginnt die eigentlich sprachliche Phase mit den Einwortsätzen, den sogenannten Holophrasen. Sie bestehen aus dem, was in der Erwachsenensprache ein Wort ist; aber es hat für die Kinder in diesem Stadium in der Regel eine andere, eine weitere Bedeutung als in der Erwachsenensprache. Das *Wauwau* des Kleinkinds bedeutet nicht einfach »Hund«. Es kann heißen: »da ist ein Hund«, aber auch »ich will den Teddy streicheln« oder »ich habe Angst vor großen Tieren« und vieles mehr. Schon die Hamburger Psychologen Clara und William Stern hatten in ihren Pionieruntersuchungen über die Kindersprache zu Beginn dieses Jahrhunderts erkannt, daß das einzelne Wort des Kindes mehr und Unbestimmteres bedeutet als das entsprechende Erwachsenenwort. Sie meinten, es habe immer den Wert eines Satzes. Darum auch die Bezeichnung Holophrase, Einwortsatz. Wer vorsichtiger sein und zu verstehen geben möchte, daß diese ersten Äußerungen vielleicht nicht immer Satzwert haben, wird heute lieber von Ein-Komponenten-Äußerungen sprechen.

Das Kind ist zwar schon damit beschäftigt, die Sprache, die es hört, zu analysieren. Es kann jedoch selber noch keine zwei Wörter nach irgendeinem Prinzip miteinander verbinden. Statt dessen muß es sich mit der »vertikalen« Reihung von Einwortsätzen begnügen. Kind: *Auto. Auto. Auto.* Erwachsener: *Was?* Kind: *Fahrn, fahrn. Bus, Bus.* Erwachsener: *Was? Fahrrad? Hast du das gemeint?* Kind: *Nein.* Erwachsener: *Nicht?* Kind: *Nein.* Was dies Kind ausdrücken wollte, hätte ein Erwachsener mit seiner Syntax »horizontal« so gesagt: »Das Auto, das ich da eben gehört habe, erinnert mich daran, daß wir gestern Bus gefahren sind und nicht Fahrrad.«

Irgendwann zwischen zwölf und achtzehn Monaten gebraucht das Kind zehn bis fünfzig Einwortäußerungen. Dann folgt, ebenfalls bei allen Kindern der Welt, die Zweiwortphase: *Buch da; Kaffee nein; Kuckuck wauwau.* Es ist ein relativ kurzes Stadium, meist zwischen dem vierzehnten und sechzehnten Monat gelegen, aber offenbar ein notwendiges, das nicht übersprungen werden kann.

In den sechziger Jahren glaubte der amerikanische Linguist Martin Braine die Grammatik entdeckt zu haben, die diese Zweiwortsätze regiert. Er nannte sie Pivot-Grammatik. Danach gibt es für das Kind in diesem Stadium zwei Klassen von Wörtern: die sogenannten Pivot- (oder Angelpunkt-) Wörter und die offenen Wörter. Ein Pivot ist ein Wort, das immer nur an erster oder nur an zweiter Stelle erscheint: *mehr lesen, mehr heiß, mehr Keks* (mit dem Pivot »mehr«, das hier immer nur vorn erscheint), *Windel aus, Schuh aus, Licht aus* (mit »aus« als Pivot). Die Zahl der Pivots ist gering und nimmt auch wesentlich langsamer zu als die der offenen Wörter. Der Unterschied zwischen beiden Klassen soll den späteren Unterschied zwischen Inhaltswörtern (Substantiven, Verben, Adjektiven) und Funktionswörtern (Pronomen, Präpositionen, Konjunktionen, Hilfsverben) ahnen lassen, also zwischen Wörtern, die etwas bezeichnen, und solchen, die deren syntaktische Beziehungen zueinander ausdrücken – wobei in diesem Stadium die Pivot-Wörter allerdings noch aus sämtlichen späteren Wortklassen bezogen werden.

Die Pivot-Grammatik wird in manchen Lehrbüchern bis heute fortgeschrieben, obwohl schon Anfang der siebziger Jahre die Kindersprachforscher Lois Bloom und Roger Brown feststellten, daß sie unzureichend ist. Ein Einwand war der, daß die Pivot-Grammatik keine Notiz von den Bedeutungen nimmt. Ein Zweiwort-Satz wie *Mammi Socke* etwa kann bedeuten: »das ist deine Socke, Mutter« oder »die Mutter zieht mir eine Socke an« – ein Unterschied, den die Pivot-Grammatik nicht zur Kenntnis nimmt und nicht erklärt. Vor allem aber ergab die weitere Sammlung kindlicher Zweiwort-Äußerungen, daß die Pivot-Grammatik überhaupt nur auf einen kleinen Teil von ihnen paßt.

Die meisten Zweiwort-Äußerungen scheinen allerdings spätere syntaktische Ordnungen anzudeuten. Besonders häufig sind Kombinationen von Wörtern, die sich zueinander wie Subjekt und Prädikat zu verhalten scheinen: also Sätze vom Typ *Hund trinken* (»der Hund trinkt«). Aber auch Kombinationen vom Typ Prädikat und Objekt finden sich *(Hund streicheln)*, desgleichen Subjekt und Lokativ *(Hund Küche)* oder Adjektiv und Substantiv *(Hund arm)*. Daneben aber gibt es Äußerungen, die im Lichte der Erwachsenengrammatik nicht deutbar sind. Berühmt gewordene Beispiele sind Äußerungen wie *allgone shoe, see hot, bye-bye dirty, outside more.* Sie kommen zu oft und regelmäßig vor, als daß man sie einfach als Pannen ansehen könnte, die dem Kind gelegentlich unterlaufen. Es bildet sie wohl nach irgendwelchen Regeln; da es ganz andere sein müssen als die in der Erwachsenensprache gültigen, ist nur schwer zu erraten, welche es sein mögen. Offenbar konstruiert das Kind seine Äußerungen noch nach anderen Prinzipien als der Erwachsene. Lois Bloom ist der Meinung, daß seine Sprache überhaupt noch nicht syntaktisch organisiert sei. Ihre Ordnung in diesem Stadium sei vielmehr »relationaler« Art: Eins der beiden Wörter (normalerweise das erste) deutet eine Beziehung zum zweiten Wort an; es kann selbständig nicht existieren. Das Kind hat also den syntaktischen Charakter der Sprache noch nicht begriffen; es ahnt noch nicht, daß es Wörter mehrerer Klassen gibt und daß diese nach festen Regeln zu einer beliebigen Zahl von Sätzen zusammengesetzt werden können. Die Hypothese, die sich das Kind in diesem Stadium über das Wesen der Sprache bildet, müßte etwa so aussehen: Die Sprache besteht einerseits aus Bezeichnungen für Wesen und Dinge oder Handlungen, andererseits aus Elementen, die Beziehungen zu diesen Wesen und Dingen oder Handlungen ausdrücken, wenn man sie an die Inhaltswörter heftet. Diese Hypothese erprobt es in der Zweiwort-Phase. Dabei wird ihm klar, daß die Sprache der Erwachsenen nicht nach diesem Prinzip gebaut ist, und es verwirft sie wieder. Nunmehr dämmert ihm die Einsicht in die syntaktische Sprachorganisation, die es ihm erlaubt, zu längeren Äußerungen fortzuschreiten. Tatsächlich vollzieht sich der weitere Spracherwerb von diesem Stadium an fast explosionsartig.

Eine eigene Dreiwort-Phase gibt es nicht mehr. Hat das Kind das Zweiwort-Stadium einmal hinter sich, so werden seine Sätze stetig länger und komplexer. Die mittlere Länge seiner Äußerungen gilt heute als der sicherste Maßstab für den Stand seiner Sprachentwicklung. Betrug sie mit etwa zwei Jahren durchschnittlich zwei Wörter (manche Kinder erreichen den Punkt Monate früher, andere Monate später), so wird sie etwa zehn Monate später drei, fünfzehn Monate später vier, zweiundzwanzig Monate später fünf Wörter betragen: ein fast linearer Anstieg, unterbrochen von kurzen Rückfällen zu einfacheren Sätzen (Brown 1973).

Läßt sich noch bezweifeln, ob die Organisation der Zweiwort-Äußerungen irgend etwas mit der späteren Syntax zu tun hat, ob sie ihre Vorform darstellt oder ein Ordnungsprinzip ganz eigener Art, das das Kind dann hinter sich läßt, so sind solche Zweifel bei den nun immer länger werdenden Äußerungen nicht mehr möglich. Die sprachlich erfaßte Welt teilt sich in Dinge und Wesen einerseits, Handlungen oder Zustände andererseits; dann in den Urheber der Handlung, die Handlung und denjenigen oder dasjenige, dem die Handlung zustößt, und mehrere dieser Symbole können nach Regeln zusammengestellt werden, die einen propositionalen Sinn ergeben. Aus den Zweiwortäußerungen *Papa schieben*, *Auto schieben* und *Papa Auto* wird *Papa Auto schieben* – Subjekt, Objekt, Prädikat in der Terminologie der traditionellen Grammatik.

In diesem Stadium ist die Kindersprache noch reich an mit Bedeutung befrachteten Inhaltswörtern und arm an Funktionswörtern, die die Beziehungen zwischen den Inhaltswörtern eines Satzes klarstellen. Sie wurde darum von Roger Brown treffend »telegraphische Rede« genannt. Wie dieser fehlen ihr noch weitgehend Konjunktionen, Präpositionen, Artikel, Kasusbezeichnungen und Elemente, die Person, Zeit und Modus der Verben bezeichnen: *Ich sitz Stuhl. Papa Stuhl. Papa Stuhl bald zuhaus. Ich müde. Mein Tee.* Die telegraphische Rede ist noch so verknappt, daß nur jene sie verstehen, die die Situation kennen, auf die sie sich bezieht. Ein Sprachverständnis kommt nur zustande, weil neben der kindlichen Äußerung noch viele andere, außersprachliche Informationen vorliegen.

Wovon sprechen Kinder? Was sie als erstes benennen, ist nicht das Große, vermeintlich Wichtige, Statische. Sie benennen, was sich bewegt oder verändert, die Socke und nicht den Mantel, den Ball und nicht den Schrank, die Katze und nicht den Gummibaum. Eingebaut in unseren Geist, schon in unsere Wahrnehmungen ist die Tendenz, Veränderungen »interessanter« zu finden als alles

Gleichbleibende – ein gesundes Überlebensprinzip, denn vom Statischen droht normalerweise keinerlei Gefahr, und Vorteile bringt es auch nicht. Greenfield und Smith (1976) stellten fest: Die ersten Kinderwörter bezeichnen, was sich selber bewegt – Menschen, Fahrzeuge, Tiere. Dann wird benannt, was bewegt wird – Nahrungsmittel, Kleidungsstücke, Spielsachen, Haushaltsgegenstände, Körperteile. Und dann erst: Besitzer, Empfänger, Orte.

Und so beschrieb die New Yorker Kindersprachforscherin Lois Bloom den Inhalt der kindlichen Rede ganz an ihrem Anfang: »Zuerst sprechen Kinder über die Beziehungen der Dinge zueinander; sie weisen nicht einfach auf die Dinge hin oder nennen ihre Namen. Die Relationsinformation, über die Kinder sprechen, hat mit dem Vorhandensein, Verschwinden, Nichtvorhandensein, Wiedererscheinen eines Dings zu tun (also der Beziehung eines Dinges zu sich selber); den Handlungen von Personen, die die Dinge betreffen; dem Ort, an dem sich Dinge und Menschen befinden; den Dingen, die im Besitz oder sonstwie im Bereich anderer Menschen sind... Von entscheidender Bedeutung in der Kindersprache ist die Bewegung – unter den ersten Ding-Wörtern, die die Kinder lernen, sind die Namen beweglicher Objekte (etwa Menschen, Haustiere, Bälle), und die semantisch-syntaktischen Mittel werden für die Bezeichnung von Aktionsereignissen benutzt, ehe sie für statische Ereignisse verwendet werden. In bezug auf Bewegung sprechen Kinder fast immer nur über ihre eigenen Handlungsabsichten, etwa *Keks essen*, oder über ihren Wunsch, daß andere für sie handeln, etwa *Mama auf*, während das Kind der Mutter eine Schachtel reicht, die sie öffnen soll.«

Wenn aber ein Kind Wörter wie *Auto*, *Ball*, *Keks* gebraucht, so ist keineswegs gewiß, daß es damit das gleiche meint wie ein Erwachsener. Das Kind muß erst allmählich herausfinden, wo die Grenzen eines Begriffs verlaufen. Bis das erreicht ist, mißt es ihm, vom Standpunkt der Erwachsenensprache aus gesehen, oft falsche Ausdehnungen zu. Entweder überdehnt es ihn: indem es zum Beispiel den Begriff *Wauwau* nicht nur für alle Hunde, sondern für alle Felltiere oder überhaupt für alles Weiche, Fellige gebraucht, vielleicht auch für ein Plüschkissen. Oder es »unterdehnt« ihn: indem es *Wauwau* nicht für alle Hunde, sondern nur für einen bestimmten Hund verwendet oder vielleicht noch für jene, die ihm besonders ähnlich sehen. Oder es überträgt einen Begriff auf analoge Situationen, für die die Erwachsenensprache eigene Begriffe bereithält: indem es etwa, in Analogie zum Anschalten des Lichts, zu jedem Ingangsetzen *an* sagt, auch zum Aufdrehen des Wasserhahns, zum Starten eines Autos, zum Einschalten des Radios. Der häufigste Fall aber ist wohl die Überdehnung.

Wie es zu ihr kommt, dazu hat Eve Clark, Psycholinguistin an der Stanford-Universität, 1973 eine interessante Hypothese entworfen. Nach altehrwürdiger Auffassung setzt sich die Bedeutung eines Begriffs aus einer Reihe von semantischen Merkmalen zusammen. Was etwa ist ein *Mädchen*? Was die Merkmale »lebend«, »menschlich«, »weiblich« und »jung« besitzt. Das Kind erfaßt anfangs nur ein oder zwei dieser Merkmale – mit der Folge, daß es die Bedeutung des Begriffs notwendig überdehnt. Verleibt es seinem jungen Wortschatz etwa das Wort *Wauwau* ein, so mag es aus all den Merkmalen, die für den Erwachsenen die Bedeutung von »Hund« ausmachen (»lebt«, »ist Tier«, »hat Fell«, »lebt im Haushalt«, »bellt«), nur das Merkmal »hat Fell« herausgreifen und folgerichtig das Wort *Wauwau* auf alle Felltiere, vielleicht aber auch auf Stofftiere oder Pelzmantel oder Hausschuhe anwenden. Erst wenn es weitere Wörter lernt, deren Bedeutung vorher unter *Wauwau* mit subsumiert war, werden weitere Merkmale hinzugefügt. So mag mit dem Hinzukommen von *Hottehü* (»hat Fell«, »ist groß«) dem *Wauwau* ein zweites Merkmal zugeteilt werden, nämlich »ist klein«; mit dem Hinzukommen von *Miez* (»hat Fell«, »ist klein«, »macht miau«) ein drittes, »bellt«. Auf diese Weise erwirbt der *Wauwau* mit der Zeit immer mehr semantische Merkmale, bis der Begriff die gleiche Ausdehnung hat wie der *Hund* der Erwachsenensprache. Dem anfangs überdehnten Begriff werden also nach und nach immer mehr Definitionsmerkmale zugeteilt. Dadurch geht die Überdehnung zurück. Ein oder mehrere zusätzliche Merkmale erhält ein Begriff immer dann, wenn ein neues Wort für eine benachbarte Klasse aufgenommen wird. Anders gesagt: Der Wortschatz des Kindes wächst in dem Maß, in dem ihm Unterschiede zwischen den Dingen auffallen, über die es auch sprachlich nicht länger hinweggehen will. Dann differenziert es eine zu weite Klasse, und jede ihrer neuen Unterklassen ist feiner, nämlich mit mehr Merkmalen definiert. War das Wort für die zu weit abgesteckte Klasse ein künstliches Kinderwort, das später ganz fallengelassen wird (zum Beispiel *Bubu* für alle Felltiere), so behobelt dieser Prozeß kein Wort der Erwachsenensprache, bis es dessen Bedeutungsinhalt annimmt. Aber wo immer die zu weite Klasse mit einem Wort bezeichnet worden war, das in der Erwachsenensprache eine engere Bedeutung hat, ist jeder solche Differenzierungsschritt gleichzeitig ein Schritt zur »Normalisierung« einer Wortbedeutung.

Ein interessanter Fall von Überdehnung ist der, daß für viele Kinder um dreieinhalb Jahre *mehr* und *weniger* gleichbedeutend sind. Offenbar erfassen sie zunächst nur die beiden Begriffen gemeinsamen Merkmale »Menge« und »anders«. Das unterscheidende Merkmal »groß« oder »klein« fügen sie erst später hinzu. Etwas ganz ähnliches widerfährt häufig den Wörtern *gestern* und *morgen*. Die Kinder verwechseln sie, weil sie oft zunächst nur die Bedeutung »der Tag neben heute« wahrnehmen und erst später das semantische Merkmal hinzufügen, in dem sie sich unterscheiden, nämlich »Vergangenheit« oder »Zukunft«.

Welche Arten von Merkmalen zu Überdehnungen Anlaß geben, war eine Weile strittig. Eve Clark meinte: das Aussehen; Katherine Nelson widersprach: die Funktion. Bei Überdehnungen auf Grund des Aussehens müßte das Kind beispielsweise sein Wort für *Ball* auf Dinge anwenden, die rund sind wie ein Ball. Überdehnte es den Begriff jedoch aufgrund der Funktion, so müßte es alles, was rollt oder fliegt oder springt, einen *Ball* nennen. Die Kontroverse ist inzwischen beigelegt: Die Funktion (rollen, fliegen, brennen, lärmen, schmecken) lenkt die Aufmerksamkeit des Kindes auf einen Begriff, bewirkt, daß er in seinen Wortschatz aufgenommen wird. Das Aussehen, und da die Form vor Größe, Materialbeschaffenheit oder Farbe, ist dagegen meist die Grundlage der Überdehnung. Wenn das Kind alle kleinen Felltiere *Miez* nennt, so darum, weil ihm die Funktionen der Katze – »bewegt sich«, »macht miez« – besonders interessant erschienen sind. Aber das neuerworbene Wort *Miez* wendet es nicht etwa auf alles an, was »miez«-ähnliche Laute hervorbringt, auch auf quietschende Türen, sondern auf das, was einer Katze ähnlich sieht.

Die Überdehnung scheint eins der Grundphänomene des Spracherwerbs zu sein, nicht nur bei den Wortbedeutungen, auch bei der Syntax. Die Kinder versuchen der gehörten Sprache Regeln zu entnehmen und verallgemeinern sie versuchsweise in ihren eigenen Sprachproduktionen. Im Englischen werden Plurale bis auf wenige Ausnahmen mit der Endung -s gebildet. Ein Kind mag zunächst durchaus gemerkt haben, daß der Plural von *foot* (Fuß) *feet* heißt: Sobald es aber die s-Regel erkannt hat, wird es scheinbar zurückfallen und den regelmäßigen, jedoch falschen Plural *foots* bilden – bis es sich auch noch die Ausnahme *feet* aneignet.

Die völlig unregelmäßigen deutschen Pluralbildungen wie die vielen Unregelmäßigkeiten der deutschen Verben erlauben dem Kind in dieser Hinsicht keine praktische Regelhypothese. Es wird dennoch Versuche machen: *Onkels* (wie Autos), *Kätze* (wie Hände), *Schafen* (wie Bauern), *liegte* (für lag) – es hilft ihm nichts, es muß Plurale und Verbzeiten einzeln lernen, und erst mit vier Jahren, wenn es bereits recht komplizierte syntaktische Regeln beherrscht, wird es darin einigermaßen sicher sein. Die Plurale des ägyptischen Arabisch gar sind so kompliziert, daß selbst Fünfzehnjährige sie noch nicht völlig beherrschen.

Tschang-Zin Park in Bern untersuchte, wie ein zweijähriges Mädchen ins Hochdeutsche hineinwuchs. Wie alle, die Deutsch lernen, hatte sie große Schwierigkeiten mit den Flexionsendungen. Substantive flektierte das Mächen noch fast gar nicht; Artikel, die Kasus, Numerus und Genus anzeigen, fehlten weitgehend, und wenn solche bestimmenden Elemente auftauchten, stimmten sie meist nicht mit den Substantiven überein: *ein Räder, viele Baby, diese Messer*. Adjektive benutzte sie zunächst in zwei Formen: einer unflektierten und einer mit einem angehängten -e, das offenbar alle Flexionsendungen vertreten sollte: *große Auto, große Räuber, dumme Buch*, aber *das Buch (ist) groß*. Die Verben flektierte das Mädchen differenzierter: *Komm, komme, kommt, kommen* tauchten auf, aber häufig vom Standpunkt der Erwachsenensprache aus ungrammatikalisch. Zuerst war auch hier die Endung -e die häufigste. Es sieht ganz so aus, als hätte das Mädchen – implizit – durchaus Dan Slobins universales Arbeitsprinzip »achte auf die Wortenden« befolgt, wäre zu dem Schluß gekommen, daß diese tatsächlich immer wieder anders lauten können, und hätte daraus zunächst die Hypothese abgeleitet: Hänge immer ein -e an die Wörter, deren Enden sich verändern lassen.

Die Mutter sprach mit dem Mädchen immer in der zweiten oder dritten Person Singular: *Mama kommt, du singst.* Hätte das Mädchen jene Endungen produziert, die es am häufigsten zu hören bekam, hätten es also -st oder -t sein müssen. Statt dessen erschien in ihrer Sprache zuerst die zu Ich-Sätzen passende Form *(komme)*, obwohl sie diese fast nie gehört hatte – eine Tatsache, die sich mit der behavioristischen Theorie des Spracherwerbs durch Nachahmung und Verstärkung überhaupt nicht erklären läßt und, wie so manche andere Tatsache, gegen sie spricht. Auch die Theorie, daß in der Sprache der Kinder zuerst die »unmarkierten«, die Grundformen der Wörter auftreten müßten, weil diese irgendwie leichter, ursprünglicher, dem mutmaßlichen genetischen Sprachprogramm näher wären, bestätigte sich hier wie in anderen Fällen nicht: *komm, sing* sagte das Mädchen nicht zuerst; es sprach nur in markierten, in durch Enden gekennzeichneten Formen.

Henning Wode von der Universität Kiel untersuchte, wie im Deutschen und im Englischen, in der Muttersprache wie in der ersten Fremdsprache, die Verneinung erworben wird. Es geschieht offenbar universal in mehreren, gesetzmäßig aufeinander aufbauenden Schritten.

Als erstes erscheint im Wortschatz des Kindes, mit etwa anderthalb Jahren, ein einzelnes Verneinungswort. Und zwar ist es jenes Verneinungswort, mit dem ganze voraufgegangene Sätze oder Sachverhalte verneint werden, also die anaphorische Negation, im Deutschen *nein*, im Englischen *no*. In diesem auf Gesagtes oder Vorgefallenes zurückweisenden Sinn verwenden es auch die Kinder: *nein du mogelst nein nein.* Der Sinn dürfte sein: »das will ich nicht«, »das sollst du nicht«, »das stimmt nicht«.

Im zweiten Schritt verneint die Negationspartikel nicht mehr, was vor dem Satz liegt, sondern was im Satz auf sie folgt. Das heißt, sie bekommt nunmehr einen nicht-anaphorischen Sinn. Oft bleibt es zunächst bei dem alten anaphorischen Wort *nein* oder *no*, aber auch das nicht-anaphorische Negationswort der betreffenden Sprache tritt, wenn vorhanden, nun in Erscheinung, *nicht* oder *not*. Welches Wort auch immer, es wird jedoch unweigerlich außen vorne an die Äußerung geheftet. Das Kind bildet jetzt Sätze wie *nein/nicht böse, no/not cry.*

In der dritten Phase wandert das Negationswort ins Innere des

Satzes, zwischen Subjekt und Prädikat: *Heiko nicht Kuchen essen.* Als erstes wird auf diese Weise das Hilfsverb »sein« verneint (*that's no good* ist eine regelhafte eigene Bildung der Kinder und später ein »falsches« Idiom der Erwachsenensprache), danach erst tauchen auch Negationen von Vollverben auf.

Als nächstes müssen im Englischen *don't, doesn't, didn't* erworben werden, die Verneinung der Vollverben also, bei der die Negationspartikel in einem Wort versteckt ist, das das Kind zunächst nicht als eine Zusammensetzung von *do* und *not* erkennt, sondern für ein einziges anderes Verneinungswort hält: *don't I am smart, Henning?*

Das ganze Verneinungssystem ist damit noch lange nicht erworben. Im Deutschen muß es noch lernen, daß der Satz *das ist nicht ein Keks*, obwohl mit den Regeln gebildet, die ihm soweit zur Verfügung stehen, immer noch nicht richtig ist und daß »nicht ein« *kein* heißt. Für »nicht einmal« gibt es wiederum ein anderes Wort, *nie*; für »nicht einer« *niemand* und *keiner*; für »nicht... und auch nicht« *weder... noch.* Erst am Ende dieses langen Wegs hat sich das Kind, ausgehend von einem Ablehnung ausdrückenden anaphorischen *nein*, das ganze Verneinungswesen des Deutschen angeeignet. In anderen Sprachen vollzieht sich der Prozeß auf ganz ähnliche Weise. Die kleine Französin betritt die Welt des Negativen mit Äußerungen wie *non Papa venu*, die kleine Italienerin mit *no mangiare* (ich will nicht essen), die kleine Engländerin mit *no dirty* (das ist nicht schmutzig), die kleine Polin mit *nie Basia śpi* (nein Basia schläft). »Die Gesetzmäßigkeit, mit der diese falschen Sprachstrukturen auftreten, zeigt, daß es sich hierbei nicht um Fehler im herkömmlichen Sinn handelt. Die ›Fehler‹ stellen vielmehr einen notwendigen Schritt in der sprachlichen Entwicklung dar. Es geht nicht ohne sie« (Sascha W. Felix).

Räumliche Präpositionen oder andere Elemente, die räumliche Beziehungen bezeichnen, erscheinen in allen Kindersprachen der Welt, wie es scheint, in der gleichen Reihenfolge. Es ist die Reihenfolge, in der dem Kind die betreffenden Konzepte zur Verfügung stehen. Als erstes taucht ein Element auf, das für das Kind wahrscheinlich »befindlich an Ort X« bedeutet und im Deutschen *in* und *auf* lautet: *Wespe in Teller.* Nach *in* und *auf* erscheint *unter*, dann *bei* (auch *an* und *neben*), dann *hinter*, dann *zwischen.* Wenn das Kind ein solches Raumkonzept denkt, scheint es für jedes eine ideale, eine prototypische Vorstellung zu haben. Das prototypische *in* zum Beispiel meint irgendein kleines Ding, das sich innerhalb eines größeren befindet und dieses berührt. Ein Idealfall von *in* ist zum Beispiel ein Bonbon in einem Glas, aber nicht ein Flugzeug »in« der Luft.

Patricia Clancy (1976) hat in vier Sprachen – Englisch, Italienisch, Deutsch und Türkisch – untersucht, in welcher Reihenfolge Kinder zwischen anderthalb und viereinhalb Jahren Konjunktionen erwarben. Nicht notwendigerweise die betreffenden Wörter (*wenn, weil*...) – auch wenn die betreffenden Konjunktionswörter noch nicht vorhanden sind, kommen immer wieder kindliche Äußerungen vor, die deutlich in Beziehungen untereinander stehen, wie sie später dann mit Hilfe von Konjunktionen ausgedrückt werden. Clancy stellte fest: In allen vier Sprachen treten die einzelnen Konjunktionskonzepte etwa im gleichen Alter und in der gleichen Reihenfolge auf. Die ersten Verbindungen sind solche der austauschbaren Koordination: *Da is Brrbrr, da sich Wauwau* (Da ist ein Pferd, da sieh einen Hund). Dann kommen Koordinationen, die nicht mehr austauschbar sind, weil sie eine Folge ausdrücken: *Äst anzie, dann Ba gähn* (erst anziehen, dann Bahn fahren). Dann kommen Gegenüberstellungen: *Hei, Pot* (nein, Kompott) in dem Sinn: ich will keine Suppe, sondern/aber Kompott. Dann Begründungen: *Ekki Beim ab, Aba Hand haun* (Ekki Blumen pflücken, Vater Hand hauen) in dem Sinn: Vater haut auf die Hand, weil ich die Blumen abgepflückt habe. Dann Bedingungen: *Muß auch in de Ecke gehn de Puppe, wenn sie so schreit.* Dann wird aus dem konditionalen »wenn« ein zeitliches (sofern nicht die Sprache für beide Begriffe sowieso verschiedene Wörter bereitstellt) – im Englischen also folgen auf Aussagenverknüpfungen mit einem gedachten oder gesagten *if* (wenn) solche mit *when* (wenn, als): *When its got a flat tire, its needa go to the station* (Wenn es einen Platten hat, muß es zur Tankstelle). Dann kommt *während: Mom I cut my finger while you were in the bathroom* (Mama ich hab mir den Finger geschnitten, während du im Badezimmer warst). Dann *nachdem: Can I make him a tree after I finish this?* (Kann ich ihm einen Baum machen, nachdem ich hiermit fertig bin?) Schließlich, mit etwa vier Jahren, *bevor: You better move your legs, before I run over your legs* (Du bewegst besser deine Beine, bevor ich dir über die Beine laufe).

Andere Untersuchungen am Englischen kamen zu einem ähnlichen Ergebnis. Schon in der zweiten Hälfte des dritten Lebensjahres, wenn das Kind noch längst nicht alle Formen der Wörter beherrscht, beginnt es Sätze zu verbinden. Die Kunst, erste Satzgefüge herzustellen, erweitert die Ausdrucksmöglichkeiten des Kindes enorm. Bisher mußte es Zusammengehöriges verschiedenen Sätzen anvertrauen: *I can't do it. I not big enough* (Ich kann es nicht. Ich bin nicht groß genug – zwei Sätze, die in kausaler Beziehung zueinander stehen). Mit der Hilfe von Konjunktionen lassen sich solche Aussagen zu einem einzigen Satz verknüpfen. Als erste und auch in der Folge häufigste Konjunktion erscheint *und*, darauf *und dann* (oder einfach *dann*). Des weiteren, in etwa dieser Reihenfolge: *weil, darum, wenn, als, oder, aber, nachdem, bevor* – die beiden letzteren sind aber auch mit fünf Jahren noch selten. Wann welche Konjunktion in Gebrauch genommen wird, hängt also offensichtlich davon ab, wann das Kind den in ihr steckenden Begriff bewältigt hat.

Gegen Ende des dritten Lebensjahres erscheinen auch die ersten Relativsätze. Sie erlauben keine einfache Aneinanderreihung: Der Relativsatz ist syntaktisch nicht selbständig und muß grammatisch in den Hauptsatz »eingebettet« werden. Einiges deutet darauf hin, daß jene Relativsätze den Kindern leichter fallen, in denen es die Rollen von Objekt und Subjekt nicht vertauschen muß. Wird also das Subjekt des Hauptsatzes durch einen Relativsatz ergänzt, so scheinen den Kindern jene Relativsätze leichter zu fallen, in denen es ebenfalls Subjekt ist (*Die Katze, die den Hund biß, fraß die Ratte* ist wohl leichter als *Die Katze, die der Hund biß, fraß die Ratte*). Ergänzt der Relativsatz das Objekt, so wäre er dann leichter, wenn er das Objekt Objekt sein läßt und nicht zum Subjekt macht (*Die Katze biß den Hund, den die Ratte jagte* wäre leichter als *Die Katze biß den Hund, der die Ratte jagte*). Ganz eindeutig sind die Befunde in diesem Punkt jedoch noch nicht.

Beim Verstehen fremder Äußerungen kümmert sich das Kind in der ersten Zeit des Spracherwerbs herzlich wenig um grammatische Bezüge. Es ist, als folgte es dem Leitsatz: Greif dir die Inhaltswörter heraus und mach dir daraus etwas, das für dich Sinn ergibt. Bei einem Versuch wurden Kindern, die mit dem Passiv wohl vertraut waren, vier Sätze vorgelegt: *Die Katze jagt die Maus; Die Maus wird von der Katze gejagt; Die Maus jagt die Katze; Die Katze wird von der Maus gejagt* (Hans Strohner/Keith E. Nelson 1971). Im Alter von zwei und drei Jahren waren die Kinder fest der Meinung, alle vier Sätze hätten den nämlichen Sinn: »Katze jagt Maus«. Erst mit vier, fünf Jahren erkannten die Kinder, daß die beiden letzten Sätze den genau umgekehrten Sinn haben: »Maus jagt Katze«. Die syntaktische Information hatten sie vorher nicht zur Kenntnis genommen; sie wurde verdeckt von ihrer Überzeugung, daß alles, was man ihnen sage, auch vernünftig sei.

Es ist dies eine Strategie, die auch im späteren Leben weiter gilt. Die Maxime scheint von Anfang an zu lauten: Plausibilität geht vor syntaktischer Information. Der Hörer kommt allem, was ihm gesagt wird, mit seinen Erwartungen entgegen; sie helfen ihm beim Verstehen. Samuel Fillenbaum (1974) testete Erwachsene mit »perversen«, nämlich absichtlich unvernünftigen Sätzen wie *Frauke zog sich an und nahm ein Bad* oder *Entweder Sie drucken das, oder ich verklage Sie nicht.* Wenn die Versuchspersonen die Sätze mit eigenen Worten wiedergeben sollten, normalisierten sie durchweg den Sinn zu *zog sich aus und badete* oder *Wenn Sie das drucken, verklage ich sie.* Selbst bei näherem Nachdenken und auf ausdrückliches Befragen hin beharrten sie darauf, daß ihre Umschreibungen gleichbedeutend waren mit den gehörten Sätzen. Gespräche vollziehen sich im Vertrauen darauf, daß perverse Sätze nicht vorkommen.

Alle Gespräche nämlich werden von ungeschriebenen Gesetzen beherrscht, einer ungestraft nicht über den Haufen zu werfenden »Logik der Konversation«, wie der Philosoph H. P. Grice (1975) sie nannte. Das oberste dieser Gebote lautet: Du sollst kooperativ sein. Entsprechend nimmt jeder selbstverständlich an, sein Gesprächspartner sei ebenfalls kooperativ. Jeder erwartet vom anderen, woran er sich selber beim Sprechen hält: daß man den Gesprächspartner nicht täuscht, daß man Zweideutigkeit oder Dunkelheit oder Verwirrung nach Kräften vermeidet, daß man nur Relevantes sagt und nicht mehr und auch nicht weniger als nötig. Fragt jemand zum Beispiel einen anderen, der ein Buch in der Hand hält, was er da habe, und antwortet der andere: *Eine Videokassette*, so wäre das eine Täuschung. Antwortet er: *Ein Artefakt der westlichen Kultur*, so wäre es eine vorsätzliche Dunkelheit. Ist die Antwort: *Das ist keine Kartoffel* oder *Das ist ein Buch, und es ist drei Uhr*, so mag das richtig und unzweideutig sein, es wäre dennoch ein Verstoß gegen das Kooperationsgebot, denn die Uhrzeit wäre nicht relevant, und was der Gegenstand alles nicht ist, wäre es ebensowenig. Die Antwort *Papier* wäre zu wenig; die Antwort *Das ist ein am 10. Juni dieses Jahres für 9 Mark 80 gekaufter zwölf Bogen starker Taschenkrimi* wäre mehr als nötig und verstieße damit ebenfalls gegen das Kooperationsgebot. Die gleiche Antwort kann bei einem Frager dem Kooperationsgebot gerecht werden und bei einem anderen dagegen verstoßen. Die Antwort *Ein Buch* kann richtig sein bei einem kleinen Kind und ein Affront für einen Erwachsenen, der bereits genau weiß, daß es ein Buch ist; die Antwort *Syntaktische Strukturen* wäre eine Beleidigung für das Kind. Wer bei solchen Verstößen ertappt wird, wird als jemand angesehen, der »nicht richtig tickt«. Das andere Prinzip, an das Sprecher und Hörer sich gleichermaßen halten, nannte der Psycholinguist Herbert H. Clark das Realitätsprinzip. Es sagt dem Hörer: Alles, was du hörst, steht im Einklang mit der dir bekannten Wirklichkeit, Sätze wie *Der Ball fiel an die Decke* können also gar nicht vorkommen – vernimmst du dergleichen doch, so hast du dich vermutlich verhört, oder der andre hat sich versprochen, und also korrigierst du die Bedeutung am besten gleich selber. Für die Kinder, die syntaktische Informationen einfach überhören, haben diese beiden Prinzipien erwachsener Konversation offensichtlich bereits volle Geltung.

Die englische Sprache besitzt nur wenige Flexionsendungen, dafür aber eine eng vorgeschriebene Wortstellung. Sprachen wie Deutsch besitzen viele Flexionsendungen, welche die syntaktischen Beziehungen innerhalb des Satzes deutlich machen, und können sich darum eine wesentlich größere Freiheit bei der Wortstellung leisten. Latein besaß eine fast absolute Freiheit bei der Wortstellung, weil die syntaktischen Beziehungen allesamt durch Flexionsendungen bestimmt waren. Wie lernt das Kind, welches die zulässigen Wortstellungen des Deutschen sind? Es hört nahezu alle möglichen Wortstellungen: *Mama backt Kuchen* (Subjekt – Verb – Objekt), *Backt Mama Kuchen?* (V-S-O), *... weil Mama Kuchen backt* (S-O-V), *den Kuchen backt Mama* (O-V-S), *Das ist der Kuchen, den Mama backt* (O-S-V). Kommt hinzu, daß das Verb, wenn es aus zwei Teilen besteht, einem infiniten (backen, gebacken) und einem finiten (einer flektierten Form von haben, sein, werden, dürfen, sollen und so weiter), zuweilen auseinandertritt und zuweilen nicht: *Mama hat den Kuchen gebacken, ... weil Mama den Kuchen gebacken hat.*

Aus diesem scheinbaren Durcheinander leitet das Kind offenbar die erste Regel ab: Alle Wortstellungen sind möglich – tatsächlich scheinen bei deutschsprachigen Kindern zunächst alle Wortstellungen vorzukommen. Bald aber läßt das Kind diese Hypothese fallen, probiert jedoch nicht etwa der Reihe nach alle möglichen Wortstellungen aus. Wie der Heidelberger Sprachforscher Harald Clahsen feststellte, verwendet es im zweiten Stadium nur zwei: S-O-V *(Mama Kuchen backe)* und S-V-O *(Mama backe Kuchen)*, und diese beiden wahllos. In einem dritten Schritt wird dem Kind dann klar, daß die grundlegende Reihenfolge S-O-V ist; mit dieser Erkenntnis kann es eingebettete Sätze richtig bilden *(...weil Mama den Kuchen backt)*, und tatsächlich geraten ihm zuerst die eingebetteten Sätze ausnahmslos richtig. Für Hauptsätze muß es zusätzlich lernen, daß hier nur S-V-O richtig ist: Wenn es einen Hauptsatz bildet, muß es das Objekt umstellen, und zwar hinter das Verb. Bis diese Regel vollkommen sitzt, kommen gelegentliche »Fehler« *(Mama Kuchen backe)* neben den richtigen Sätzen vor.

Jenseits des fünften Lebensjahres wird nicht nur der Wortschatz weiter angereichert, kommen nicht nur grammatische Seltenheiten hinzu. Das Kind lernt überflüssige Markierungen zu vermeiden, also ökonomischer zu sprechen (Sätze wie *Das Mädchen hat den Hund geschubst, und dann hat der Junge auch noch denselben Hund geschubst* werden vereinfacht). Es lernt, daß einzelne Wörter mehrere Funktionen haben können: etwa daß der Artikel *die* in *die Autos* nicht nur *»mehrere Autos«*, sondern auch *»alle Autos«* bedeuten kann. Es geht von der gesunden Grundregel ab, daß das Nomen am Anfang des Satzes immer auch das »Agens« der Handlung ist, von der der Satz spricht; damit kann es Passivkonstruktionen lernen (*ich lutsche den Bonbon* wird transformierbar zu *Der Bonbon wird von mir gelutscht*). Und zwar werden die unumkehrbaren Passive früher erworben als die umkehrbaren: *Der Stein wird vom Jungen geworfen* wird schneller richtig verstanden als *Der Junge wird vom Mädchen gehauen* (denn der Satz *Der Junge wird vom Stein geworfen* ist unsinnig; *Das Mädchen wird vom Jungen gehauen* nicht). Mit etwa acht Jahren wird das Kind zu rein innersprachlichen Bezügen fähig: *Das Mädchen ... sie hat* (natürliches Geschlecht) wird nun abgelöst von *Das Mädchen ... es hat* (grammatisches Geschlecht). So jedenfalls beschrieb Annette Karmiloff-Smith von der Universität Genf die Hauptkennzeichen der anschließenden Sprachentwicklung.

Wie Roger Brown es im Hinblick auf die Frühphasen des Spracherwerbs formulierte: »All dies macht natürlich einen sehr ›biologischen‹ Eindruck, fast als teilten sich semantische Zellen von einer begrenzten Typenzahl und verschmölzen wieder, und das in einer Art und Weise, die der ganzen Gattung Mensch gemeinsam ist.«

Wörter, die früh in der Kindheit gelernt werden, »sitzen« im späteren Leben am besten – sie werden am schnellsten und am sichersten im Gedächtnis wiedergefunden. Das könnte zu einer lerntheoretischen Erklärung einladen: Die am frühesten gelernten Wörter sind meist auch die häufigsten, werden durch dauernde Wiederholungen also auch am gründlichsten eingeübt. John B. Carroll und M. N. White konnten aber demonstrieren, daß dies nicht der Grund sein kann. Sie führten ihren Versuchspersonen Hunderte von Bildern vor und maßen, wie lange es dauerte, bis diese das richtige Wort dafür gefunden hatten. Dabei zeigte sich, daß die Schnelligkeit, mit der ein Wort aus dem Gedächtnis heraufgerufen wird, eben nicht, oder nicht hauptsächlich, von seiner Häufigkeit abhängt, sondern vom Alter, in dem es erworben wurde – ein weiterer Befund, der dafür spricht, daß es in der Tat optimale Zeiten für das Erlernen einer Sprache gibt und daß keine später gelernte Sprache jemals den Status der Muttersprache erreicht.

Wörter, die man früh gelernt hat, stehen einem immer prompt zur Verfügung; sie liegen einem nie nur »auf der Zunge«. Das bekannte »Zungenspitzen-Phänomen« betrifft immer nur Wörter, die spät hinzugekommen sind, und da besonders die seltenen und schwierigen. Roger Brown und David McNeill machten 1966 ein berühmt gewordenes Experiment zum Zungenspitzen-Phänomen. Sie lasen ihren Versuchspersonen Definitionen vor wie »Ein Navigationsinstrument, das benutzt wird, um den Winkel zwischen zwei Gestirnen zu messen« und fragten, wie man das nenne. Einige wußten es sofort, andere hatten keinerlei Ahnung; jedem zehnten aber »lag das Wort auf der Zunge«. Wo dies der Fall war, stellten die Forscher weitere Fragen: Wieviel Silben hat das Wort? Mit welchem Buchstaben fängt es an? Welche Wörter klingen ähnlich? Welche Wörter haben eine ähnliche Bedeutung? Dabei stellte sich heraus, daß 30 Prozent ein Wort mit einer ähnlichen Bedeutung nannten (Kompaß, Astrolabium), 70 Prozent ein ähnlich klingendes Wort *(Secant, Sextett)*. Die Lautgestalt kann also in bloßen Umrissen gespeichert sein: Man weiß vor allem, wieviele Silben das gesuchte Wort hat, welche den Ton trägt, wie es beginnt und wie es endet, welches seine Vokale sind.

Aus solchen Beobachtungen folgt, daß das Gedächtnis Wörter keineswegs als Einheiten speichert. Es speichert vielmehr Bedeutung und Lautgestalt getrennt, und auch diese bildet im Gedächtnis keine unauflösbare Einheit, sondern ist aus verschiedenen Schichten aufgebaut. Will uns ein Wort nicht einfallen, dann kann es einmal daran liegen, daß man nicht klar genug weiß, welche Bedeutung man zum Ausdruck bringen will; oder daß man zwar die Bedeutung weiß, sich jedoch das Lautmuster nicht oder nicht in allen Schichten aus dem Gedächtnis hervorholen kann. Wenn beispielsweise in Thomas Manns »Zauberberg« die Frau Stöhr – eine Reinkarnation der Mrs. Malaprop aus Richard Sheridans Komödie »The Rivals« – statt »Turnus« *Tournee* sagt oder sich in einer *kosmischen Anstalt* maniküren läßt, sind ihr die Bedeutungen durchaus gegenwärtig, nur die Lautgestalten kann sie lediglich in Umrissen abrufen. Aber wenn jemand sagt: *Diese Sauce schmeckt... schmeckt... exaltiert*, so stockt er darum, weil er die Bedeutung nicht weiß, die er zum Ausdruck bringen möchte, und in seiner Verlegenheit dann schnell irgendein Wort einschiebt, das wenigstens das Konzept »sehr, in hohem Maß« vermittelt und so ausgefallen ist wie der Geschmack, den es beschreiben soll.

Der Spracherwerb hat seine Zeit. Vor der Pubertät fällt er leichter. Bis zur Pubertät lernt das Kind nicht nur seine Muttersprache nahezu von selbst. Ist es einer Zweit- oder Drittsprache ausgesetzt, so lernt es diese fast ebenso mühelos noch hinzu. Es benötigt keinerlei Sprachunterricht; daß es eine Sprache reichlich zu hören bekommt und selber anwenden muß, genügt ihm. Dieser spontane, unangestrengte, inzidentelle Spracherwerb verliert sich mit der Pubertät. Von jetzt an geht es langsamer und mit Mühe; explizites Lernen ist nötig. Die Grammatik wird nicht mehr aufgesogen; sie muß eingeübt werden. Zum ersten Mal wird den Schülern klar, daß es überhaupt eine Grammatik gibt und daß man sie beherrschen müßte, um eine andere Sprache wirklich zu »können«. Jene Leichtigkeit und Sicherheit, die daher rührt, daß eine Sprache automatisch, ohne Nachdenken hervorgebracht wird, will sich bei den jetzt hinzuerworbenen Sprachen nicht mehr einstellen. Aber während neue Begriffe und neue syntaktische Regeln immerhin noch lernbar sind, gibt es bei der Aussprache für die meisten Menschen unüberwindliche Schwierigkeiten. Wie sehr sie sich auch bemühen, sie werden den Akzent nicht los; ihr Leben lang wird er sie als Ausländer ausweisen. Henry Kissingers Amerikanisch ist semantisch und syntaktisch makellos, aber der deutsche Akzent ist unüberhörbar. Sein jüngerer Bruder, der einige Jahre früher in seiner Kindheit Englisch lernte, hat ihn nicht. Der Fremdsprachakzent ist ein weiteres, ein unüberhörbares Zeichen dafür, daß der Spracherwerb seine sensible Phase vor der Pubertät hat.

Bis in die sechziger Jahre hinein war die Sprachwissenschaft der Ansicht, daß Zweisprachigkeit von Übel sei. Empirische Untersuchungen zweisprachiger Kinder hatten immer wieder ergeben: Ihre Schulleistungen sind schlechter als die einsprachiger Kinder, ihre gemessene Intelligenz ist niedriger, und die sprachliche Heimatlosigkeit macht sie seelisch instabiler. Seit den sechziger Jahren hat sich das Bild verändert. Neuere Studien kamen fast einhellig zu dem Schluß, daß nicht nur die früher behaupteten Nachteile der Zweisprachigkeit nicht wirklich bestehen, sondern daß zweisprachige Kinder ihren einsprachigen Altersgenossen sogar in einiger Hinsicht überlegen sind. Ihr Denken ist flexibler, sie kommen eher auf ausgefallene Möglichkeiten, sie sind witziger.

Aber Zweisprachigkeit ist nicht gleich Zweisprachigkeit. Die beiden Sprachen können in ganz verschiedenem Verhältnis zueinander stehen. Drei Arten gibt es, mit gleitenden Übergängen: eine nebenordnende Zweisprachigkeit, bei der die beiden Sprachen sauber abgegrenzt nebeneinander bestehen; eine unterordnende Zweisprachigkeit, bei der die eine, die dominante Sprache die andere stark beeinflußt, aber nicht umgekehrt; und eine »vermischende«

Zweisprachigkeit, bei der sich beide Sprachen gegenseitig stark beeinflussen. Von diesen gegenseitigen Beeinflussungen ist die Syntax weniger betroffen; grammatisch ist jede Sprache gegen Ansteckungen relativ immun. Die Interferenzen ereignen sich im Bereich der Semantik: Die Wörter beider Sprachen infizieren sich mit ihren Bedeutungen. Wo eine Sprache in die andere hineinwirkt, spricht man von Interferenzen. Gerät eine Sprache in einer anderssprachigen Umgebung in Bedrängnis, so dringt diese andere Sprache langsam in sie ein. Aber diese Interferenz betrifft in der Regel das Lexikon und nicht die Syntax. Ein berühmter Merksatz im Milwaukee-Deutsch – Deutsch auf verlorenem Posten in amerikanischer Umgebung – lautet: *Die Kau is ober den Fenz gejumpt und hat den Käbbitsch gedämitscht – da mußten wir den Karpenter fetschen, damit er's wieder fixen tut.* In diesen Satz sind reichlich englische Wörter, aber gar keine englischen Grammatikregeln eingedrungen. Ein Amerikaner in überwiegend deutscher Sprachumgebung würde ebenso dazu neigen, die englische Syntax beizubehalten, aber deutsche Wörter einzusetzen. Heraus käme »Chris-Howland-Deutsch«: *De Kuh hat gespringt über das Zaun und geschadet das Kohl...* Die entsprechende Frage würde im Milwaukee-Deutsch lauten: *Ist die Kau ober die Fenz gejumpt?* Im Chris-Howland-Deutsch jedoch: *Tat de Kuh springen über die Zaun?* Die Grammatik einer Sprache sitzt viel fester als ihr Lexikon; sie wird darum auch weniger leicht preisgegeben.

Welche Art von Zweisprachigkeit sich einer erwirbt, hängt nicht nur, aber doch hauptsächlich davon ab, unter welchen Umständen die beiden Sprachen gelernt wurden. Fremdsprachenunterricht bringt in der Regel eine unterordnende Zweisprachigkeit hervor: Die Zweitsprache lehnt sich an die Muttersprache an. Werden im Elternhaus beide Sprachen gesprochen, so entsteht in der Regel eine vermischende Zweisprachigkeit: Beide Sprachen verschmelzen miteinander. Werden beide Sprachen in verschiedenen Umwelten erworben, so ist die Chance einer nebenordnenden Zweisprachigkeit am größten. Seit einer einflußreichen Untersuchung der amerikanischen Linguisten Susan Ervin und Charles Osgood aus dem Jahre 1954 weiß man, daß es diese ist, die angestrebt werden sollte: Sowohl unterordnende wie vermischende Zweisprachler bleiben in ihren sprachlichen Leistungen zurück.

Unschlüssige Eltern, die nicht wissen, ob sie ihre Kinder zweisprachig aufwachsen lassen sollen und in welcher Form das geschehen sollte, kann man seitdem durchaus einen Rat geben: Es kann nicht schaden und sogar von Vorteil sein – aber nur unter der Bedingung, daß beide Sprachen in verschiedenen Milieus gelernt werden, zum Beispiel die eine zu Hause, die andere in Kindergarten und Schule. Wird in jedem Milieu die Sprache wahllos gewechselt, so besteht die Gefahr, daß sich bei dem Kind die nötige Trennschärfe nicht einstellt.

Verschiedene Sprachen siedeln sich im Gehirn nicht in verschiedenen Gebieten an, sondern teilen sich ein Areal. Dafür, daß beim Polyglotten die einzelnen Sprachen dennoch selbständige Systeme sind, gibt es indessen auch ein starkes neurophysiologisches Indiz. Manche Gehirnverletzungen, vor allem solche, die bestimmte Gebiete der linken Hirnseite in Mitleidenschaft ziehen, führen zu verschiedenen Formen von Sprachverlust (Aphasie); manchmal kehrt die Sprache langsam wieder zurück. Hat der Aphasiker zwei Sprachen gesprochen, so kehren in etwa der Hälfte der Fälle beide Sprachen zusammen zurück (Friederici 1984). Zuweilen aber kehrt zunächst nur eine einzige zurück (und zwar ist es wohl meist diejenige, die vor der Erkrankung am meisten benutzt wurde; vielleicht spielt aber auch eine Rolle, in welchem Alter die Sprachen erworben wurden – wenn ja, dann müßte die früher erworbene Sprache die widerstandsfähigere sein). In einigen Fällen aber kehrte erst eine Sprache zurück, und kaum hatte sie sich wieder etabliert, begann auch die zweite zu erscheinen – aber in dem Maß, in dem diese zum Vorschein kam, verschwand die erste aufs neue. Keineswegs also scheinen die beiden Sprachen voneinander abhängig zu sein; irgendwie stehen sie sich manchmal sogar im Wege (Paradis 1977).

Der gleichen Frage nahm sich in den sechziger Jahren unter anderem Paul Kolers von der Seite der Psychologie her an. Befinden sich beide Sprachen – so seine Frage – in einem einzigen »Tank«, oder hat jede einen für sich? Weder noch, war die Antwort. In einem seiner Versuche erhielten seine zweisprachigen Probanden Listen von Begriffen in ihren beiden Sprachen und mußten angeben, welche anderen Wörter ihnen dazu einfielen – zu *Tisch* mochte es beispielsweise *Stuhl* sein. Die gleichen Begriffe, so zeigte es sich, riefen in beiden Sprachen nur zu 20 Prozent gleiche Assoziationen hervor; bei sehr viel mehr Wörtern gab es in jeder der beiden Sprachen andere Assoziationen. Ob die Assoziationen gleich oder verschieden ausfielen, hing wesentlich von der Art der Wörter ab. Bezeichnungen für konkrete Gegenstände riefen eher gleiche Assoziationen hervor, abstrakte Begriffe eher verschiedene; und am verschiedensten waren die Assoziationen zu Wörtern für Gefühle. Wörter für die konkreten Dinge der Umwelt, heißt das, haben in verschiedenen Sprachen nahezu gleiche Wertigkeit; aber abstrakte Begriffe und besondere Bezeichnungen für Gefühle haben selbst bei zweisprachigen Menschen nicht die gleichen Bedeutungen, auch wenn sie in den Wörterbüchern als Äquivalente aufgeführt werden: »*love* und *Liebe* oder *democracy* und *Demokratie* bedeuten für jemand, der Englisch und Deutsch kann, nicht dasselbe.« Wenn wir eine zweite Sprache lernen, lernen wir nicht nur neue Regeln und neue Wörter – wir lernen auch neue Bedeutungen. Anders gesagt: In die Bedeutung jedes Wortes geht mit ein, in welchem Zusammenhang wir es gelernt haben. Darum entspricht es auch nur der Erwartung, daß jemand, der zwei Sprachen im gleichen Milieu lernt, sich die feineren Bedeutungsunterschiede nicht aneignet und später keiner der beiden Sprachen ganz gerecht werden kann.

Im Gedächtnis ist der Wortschatz auf mehrere Weise organisiert: nach Bedeutung und nach Lautgestalt (und wohl auch nach Schreibweise). Am zugänglichsten ist das Lexikon der Bedeutungen. Wie alle Scrabble-Spieler wissen, ist es schwer, etwa alle Wörter aufzurufen, die drei Silben haben und mit Vi beginnen. Man weiß, es gibt sie, man kennt sie, man kommt auf diese Weise nur kaum an sie heran. Ein Silbenrätsel, dem die Bedeutungsliste fehlt, ist so gut wie unlösbar. Aber sobald man die Konzepte hat, purzeln einem die Wörter entgegen: *Vitriol*, *Visite*, *Visage*... Kolers konnte den Sachverhalt, daß sich dem Gedächtnis Bedeutungen mehr als Wörter einprägen, mit einem einfachen Experiment demonstrieren. Präsentiert man einer Versuchsperson längere Wörterlisten mit einzelnen Wiederholungen, so kann sie sich – logisch – hinterher an jene Wörter am besten erinnern, die am häufigsten vorkamen. Wiederholt man die Begriffe nun in verschiedenen Sprachen, so tut das der Erinnerung keinen Abbruch: Viermal *fold* oder viermal *pli* wird ebenso gut erinnert wie zweimal *fold* plus zweimal *pli*.

Im Prinzip, so meint Sascha W. Felix, vollzieht sich der natürliche Zweitspracherwerb nicht viel anders als der Erwerb der Erstsprache. Der Lernende analysiert, was er hört, er leitet daraus Hypothesen ab und erprobt diese. So durchläuft auch er in geordneter Weise aufeinander aufbauende Stadien. Der Heidelberger Linguist Harald Clahsen hat gezeigt, daß Gastarbeiter in Deutschland »äußerst regelmäßig und systematisch« Deutsch lernen, ohne jeden Sprachunterricht. Wer eine zweite Sprache lernt, wird aber meist älter sein als zur Zeit des Mutterspracherwerbs. Darum weiß er mehr, auch über die Beschaffenheit einer Sprache. Dieses erweiterte Wissen wird ihn an manchen »naiven« Hypothesenbildungen hindern. Er ahnt zum Beispiel schon, daß die Verneinungspartikel nicht einfach am Anfang eines Satzes stehen wird; so versucht er solche Sätze erst gar nicht, und vielleicht bringt er in seiner Befangenheit überhaupt keine Verneinungen hervor, bis er genauere Hypothesen hat, während ein Kleinkind sich nicht im mindesten geniert hätte. Sein Wissen steht seinem Spracherwerb in gewisser Weise im Weg.

Wo eine zweite Sprache nicht mehr natürlich und spontan gelernt wird, muß Fremdsprachenunterricht nachhelfen, von den Linguisten »gesteuerter L2-Erwerb« genannt (L = Language). Er ist dann leider das Gegenteil: nicht natürlich und nicht spontan, und das heißt, er spielt sich in künstlich herbeigeführten Situationen ab, kostet Mühe und zeitigt nur schüttere Erfolge. Aus der Erforschung des natürlichen Spracherwerbs konnte die Fremdsprachendidaktik leider im wesentlichen nur eines lernen: daß Fremdsprachenunterricht möglichst früh einsetzen sollte. Eine Fremdsprache so »aufzubauen«, wie sie sich unter natürlichen Bedingungen von allein aufbaute, hat sie noch nicht gewagt. Einerseits sind diese Konstruktionsprozesse noch nicht verläßlich genug beschrieben, um sie in Lernschritte umsetzen zu können; zum anderen würde die Nachahmung der natürlichen Folge wahrscheinlich bedeuten, die Kinder durch Stadien zu führen, in denen sie aus der Sicht des »idealen Sprecher-Hörers«, der den Pädagogen als die ferne Norm vorschwebt, schlicht falsch sprechen. Ausdrücklich Falsches beizubringen – das aber brächte keine Didaktik leicht übers Herz.

Immer wieder wird der Fremdsprachenunterricht von Revolutionen heimgesucht, die zwar praktisch nicht viel ändern, aber einen Teil der Lehrer in Aufbruchstimmung versetzen, so als wäre nun endlich der Stein der Weisen doch noch gefunden.

In den fünfziger Jahren wurde die audiolinguale Methode propagiert, später mit Hilfe von Dias und Filmen zur audiovisuellen Methode ausgebaut. Die Fremdsprachendidaktik hatte sich darauf besonnen, daß das Ziel des Unterrichts weniger ein Verstehen schriftlicher Texte und mehr ein Sprechenkönnen sein sollte. Die Devise hieß: weniger lesen, dafür mehr hören und sprechen. Sie kreuzte sich mit der zur gleichen Zeit populären Reiz-Reaktions-Psychologie des Behaviorismus, die behauptete, Sprache werde durch Imitation gelernt, und zwar durch eine Verstärkung (oder Belohnung) der jeweils richtigen Imitationen. Das ideale Werkzeug dieser Methodik war das Sprachlabor. Die Fremdsprache wurde in appetitliche kleine Häppchen zerlegt, und diese Sprachmuster wurden durch Wiederholung und nochmals Wiederholung »eingeschliffen«. Spracherwerb: eine Sache des »Drills«, mit Hilfe der Sprachlabormaschinerie unpersönlich dargeboten, aber auf den einzelnen und sein Lerntempo zugeschnitten. Mitte der sechziger Jahre war die Euphorie verraucht. Das Sprachlabor hatte keine Wunder gewirkt, konventionelle Methoden (Vokabeln lernen, Grammatikregeln lernen, Anwendungen üben) nicht deklassiert. Wer eine Fremdsprache lernt, tut dies, um jene unvorhersehbaren Sätze hervorbringen zu können, die er sagen will, nicht um flüssig die Formeln zu wiederholen, die ihm Pädagogen mundgerecht vorbereitet haben.

Mitte der sechziger Jahre erreichte die grammatische Revolution den Sprachunterricht, die von Cambridge, Massachusetts ausging: die Generative Transformationsgrammatik, die Noam Chomsky 1957 der Welt beschert hatte. Es war eine hochabstrakte Beschreibung der Regeln, die in der Syntax walten – Regeln nicht als praktische »Vorschriften« zum besseren Sprechen, sondern als Beschreibung einer Hierarchie von abstrakten, automatischen Denkschritten, die vorgenommen werden, um richtige, »grammatikalische« Sätze zu erzeugen. Das Verfahren rückte die Grammatik (nur die Syntax, die Formenlehre blieb weitgehend außer Betracht) in die Nähe der formalen Logik. Wie Chomsky schon vorausgesehen hatte, eignete es sich für den Fremdsprachenunterricht nicht. Es erwies sich sogar als abträglich. »Eine explizite Regel«, so resümierte F. W. Gester 1972, »hat, so scheint es, einen grundsätzlich anderen Status als ihr implizites Gegenstück und kann unter Umständen in der zum Teil recht komplizierten Notation der Transformationsgrammatik den Lernprozeß durchaus negativ beeinflussen.« Die Transformationsgrammatik ist bestenfalls ein theoretisches Modell des Grammatikwissens, das ein Sprecher anwendet; sie beschreibt jedoch nicht die psychologischen Mechanismen, mit deren Hilfe Sprache erworben und tatsächlich hervorgebracht wird. So war sie für den Sprachunterricht auch kaum fruchtbar zu machen. Hinterlassen hat sie dort vor allem eine modernere Fachterminologie.

Seitdem herrscht die Pragmalinguistik vor. Sie sieht nicht so sehr auf die Sprache selbst als auf das, wozu man Sprache benutzt. Die Korrektheit geht ihr nicht über alles; für sie zählt vor allem der Erfolg – jemand soll mit der Sprache erreichen können, was er erreichen will, selbst wenn er unrichtig spricht; er soll sich vor allem in den Situationen, die wahrscheinlich auf ihn warten, sprachlich durchschlagen können. So forciert sie das »Situationslernen« (»Auf der Post« und nicht »Unregelmäßige Verben I«), betont das große Repertoire der stehenden Redewendungen und versucht, ihre Grammatik nicht nach systematischen, sondern nach praktischen Gesichtspunkten zu gliedern; ihre Kapitel heißen nicht »Das Partizip«, sondern »Wie man etwas verlangt« oder »Wie man etwas ablehnt« oder »Wie man flucht«. Aber auch eine vor allem am Kommunikationserfolg orientierte Linguistik kommt nicht um die Tatsache herum, daß den größten und sichersten Erfolg in allen Situationen hat, wer am sichersten und richtigsten spricht; und daß sich die grammatischen Regeln einer Sprache nicht von allein und nebenbei ergeben, sondern ausdrücklich gelernt werden müssen.

Darum herrschen heute eher Skepsis und Eklektizismus. Selbst eherne Dogmen des Fremdsprachenunterrichts sind wieder ins Wanken gekommen: das Dogma, daß im Anfängerunterricht nur gesprochene, nicht aber geschriebene Sprache vorkommen solle; oder das Dogma, daß der Fremdsprachenunterricht einzig in der Fremdsprache stattfinden dürfe und jegliche Zuhilfenahme der Muttersprache (etwa um Wortbedeutungen zu erklären) seinen Erfolg in Frage stelle. Denn sicher ist heute nur, daß es den Königsweg zur »native speaker competence« nicht gibt. Es müssen bescheidenere Ziele anvisiert werden, und die sind offenbar auf verschiedenen Wegen zu erreichen. Der ganze Fremdsprachenunterricht spielt sich in der selten eingestandenen, aber unabweislichen und einigermaßen entmutigenden Einsicht ab, daß er mit seinen jahrelangen Anstrengungen nicht erreicht, was sich sozusagen von selber einstellte, wenn man die Schüler in genügend jungem Alter einige Monate lang von morgens bis abends der fremden Sprache aussetzte.

Vermutlich wird der Fremdsprachenunterricht in Zukunft weniger von neuen Sprachtheorien profitieren, von irgendeiner gerade aktuellen Lehre mit Absolutheitsanspruch, wie sie »Sprachenlernen ist Imitieren« oder »Sprechen ist Handeln« waren, auch nicht von einem neuen Grammatikmodell, sondern vielmehr von der Art und Weise, wie der Unterricht inszeniert wird. Am erfolgreichsten ist er, wenn es ihm gelingt, alle Schüler in ständiger geistiger Bewegung zu halten. Sie dürfen nicht nur passiv-rezeptiv mit der Fremdsprache beschäftigt werden; sie müssen dazu gebracht werden, im Unterricht möglichst unausgesetzt selber Sätze in der Fremdsprache zu bilden, mündlich wie schriftlich. Die Langeweile, die dem Fremdsprachenunterricht trotz allen seinen munteren entgegenkommenden Neuerungen geblieben ist, wie Harald Weinrich 1981 konstatierte, endet am ehesten, wenn der Schüler in jener lockeren Anspannung, die die beste Voraussetzung für jedes Lernen ist, selber etwas macht – und dann an sich selber beobachten kann, wie er es immer besser macht.

Schon Anfang der zwanziger Jahre, zu Beginn seiner so ergiebigen Explorationen des kindlichen Denkens und seiner Entwicklung, fiel dem Genfer Psychologen Jean Piaget auf, daß Kinder regelmäßig einen großen Teil ihrer Sprache ganz anders einsetzen als Erwachsene. Das Kind, auch wenn es in Gesellschaft ist, will nichts mitteilen, es will seine Gesprächspartner schon gar nicht beeinflussen, es erwartet keine Antwort und noch nicht einmal, daß man ihm zuhört. Diese seine Sprache ist stark verkürzt und schwer verständlich, wenn man die Situation nicht kennt, in der das Kind spricht. Sie ist eine Art »sprachliche Begleitmusik« zu seiner Tätigkeit, vor allem zu seinen Spielen. Piaget nannte sie seine egozentrische Sprache. »Egozentrisch« nicht in irgendeinem moralischen Sinn, sondern ihres monologischen Charakters wegen. Bei Drei- bis Fünfjährigen, fand Piaget, macht sie bis zu 60 Prozent ihres Sprechens aus; bei Fünf- bis Siebenjährigen noch bis zu 47 Prozent; danach verschwindet sie schnell und vollständig.

Für Piaget stand diese egozentrische Sprache in enger Beziehung zu dem, was er das egozentrische Denken des Kindes nannte. Das Kind sei noch nicht imstande, sich auf den Standpunkt seines Gesprächspartners zu stellen, ihn zu verstehen, ihm etwas zu begründen. Darum gebe es auch noch keine Diskussion mit ihm: Es prallen nur Behauptungen aufeinander. Eine Diskussion setzt voraus, daß man sich in die Lage seines Gegenübers versetzen kann; dies aber wird erst vom siebten oder achten Lebensjahr an möglich. Typisch für das egozentrische Denken davor ist die Standpunktillusion: »Das Kind sagt zum Beispiel, daß zwei Geschwister in seiner Familie leben, was richtig ist. Und wieviele Brüder hast du? – Einen, Paul. – Und Paul hat auch einen Bruder? Nein. – Aber du bist sein Bruder? – Ja. – Also hat er einen Bruder? – Nein.« Der Junge weiß wohl, daß sie zu Hause zwei Brüder sind; aber er schafft es noch nicht, sich in die Lage seines Bruders zu versetzen, für den er selber ein Bruder ist. Die Dinge versteht das egozentrisch denkende Kind nur als das, was sie ihm scheinen, und es versieht sie mit Eigenschaften, auch Absichten, die es von sich selbst kennt: Der Mond etwa »folgt« ihm, und er tut dies, »um ihm zu leuchten« oder »um auf es aufzupassen«.

Das egozentrische Denken mit seinem egozentrischen Sprechen, so meinte Piaget, stelle den notwendigen Übergangsschritt zwischen dem »autistischen« Denken des Kleinkinds und dem »realistischen« Denken des älteren Kindes dar. Das »autistische« Denken sei noch ganz unbekümmert um die Wirklichkeit und einzig auf Bedürfnisbefriedigung und Lustgewinn aus, eine quasi-halluzinatorische Träumerei; das »realistische« Denken mit seiner ganz und gar »sozialisierten« Sprache gebe dieses rein subjektive Verständnis dann auf. Die Welt kann nun objektiv gesehen werden.

Nicht von ungefähr erinnert diese Unterscheidung an eine der Grunddistinktionen, die die Psychoanalyse gezogen hat und zu ziehen liebt: die zwischen »primären« (ursprungsnäheren, lustbetonten, nach innen gewandten, um die Wirklichkeit unbekümmerten) und »sekundären« (späteren, nach außen gewandten, mit der Wirklichkeit vermittelnden) seelischen Vorgängen. Genau daher hatte Piaget seine Gegenüberstellung auch bezogen.

Und genau dagegen wandte sich der sowjetrussische Sprachforscher Lew Wygotski bereits Ende der zwanziger Jahre. Es sei ein Irrtum, die (frühe) Befriedigung von Bedürfnissen auf diese Weise der (späteren) Anpassung an die Wirklichkeit gegenüberzustellen, so als seien dies zwei psychische Vorgänge, die einander ausschlössen. »Eugen Bleuler hat recht überzeugend dargelegt, daß der Säugling die Befriedigung seines Bedürfnisses nicht dadurch erlebt, daß er Lust halluziniert – die Befriedigung seines Bedürfnisses tritt erst nach der wirklichen Nahrungsaufnahme ein... Die ganze Anpassung an die Wirklichkeit wird von Bedürfnissen veranlaßt... Bedürfnis und Anpassung müssen in ihrer Einheit betrachtet werden.«

Von dieser – wie er selber sagte: biologischen – Kritik her deutete Wygotski auch das egozentrische Sprechen des Kindes ganz anders. Es sei, sagte er, durchaus nicht notwendig die Äußerungsform egozentrischen Denkens. Schon die Sprache des Kleinkinds sei keineswegs »autistisch«, sondern durch und durch »sozial«: Wenn es spreche, dann um von den anderen etwas zu erreichen. Diese soziale Sprache teile sich erst etwas später in eine egozentrische, also monologische, und eine kommunikative, nämlich dialogische Sprache auf. Wie Wygotski im Experiment nachwies, erscheint die egozentrische Sprache vor allem immer dann, wenn das Kind sich vor einem Problem sieht. Mit der Sprache macht es sich selber die Schwierigkeit bewußt: *Wo ist der Stift? Ich brauche jetzt einen blauen Stift; macht nichts, ich male statt dessen mit einem roten und mache ihn naß, das wird dunkler und ist dann wie blau.*

Die egozentrische Sprache ist also nicht bloße Begleitmusik zur Tätigkeit, Veräußerlichung eines irrealistischen Denkprozesses. Sie ist im Gegenteil von Anfang an ein Mittel realistischen Denkens: Sie setzt Probleme dem Bewußtsein aus, um sie lösen zu können. Sie vermittelt zwischen Wirklichkeit und Bedürfnis.

Piaget nahm an, die egozentrische Sprache sterbe nach dem siebten oder achten Lebensjahr spurlos ab. Wygotski war der Meinung, daß sie keineswegs absterbe. Vielmehr geschehe etwas ganz anderes mit ihr: Sie ziehe sich nach innen zurück. Aus der egozentrischen Sprache des Kindes wird der innere Monolog des Erwachsenen. Auch er ist nicht zur Mitteilung bestimmt; auch er ist stark verkürzt, syntaktisch nicht ausgeformt, scheinbar zusammenhanglos und unverständlich. (Wygotski hielt ihn insbesondere für rein prädikativ: Der Denkende lasse alle Subjekte weg, da ihm diese ja bekannt seien – eine These, die auf Widerspruch gestoßen ist.) Die innere Stimme spricht ganz anders als der äußere Diskurs. Könnte man sie aufzeichnen, so käme eben ganz und gar kein wohlgeformter »Ulysses« heraus, sondern ein für andere unbegreifliches Konglomerat von Sprachkürzeln. Der innere Monolog, so betonte Wygotski, ist übrigens nicht mit dem Denken identisch; dieses sei ein noch viel umfassenderer oder vielmehr innererer Vorgang: »Derselbe Gedanke kann in verschiedenen Sätzen ausgedrückt werden, ebenso wie der gleiche Satz zum Ausdruck verschiedener Gedanken dienen kann... Was im Denken simultan enthalten ist, entfaltet sich in der Sprache sukzessiv. Den Gedanken könnte man mit einer hängenden Wolke vergleichen, die sich durch einen Regen von Wörtern entleert.« Hinter den Wolken der Gedanken wiederum stehen auf einer noch tieferen Ebene Gefühle und Wünsche, »dem Winde gleich, der die Wolken treibt«. Hier ist, in einem sowjetischen Werk des Jahres 1934, schon ausbuchstabiert, was sich einige Romanautoren – vor allem Nathalie Sarraute – Jahrzehnte später zum ausdrücklichen Programm machen sollten: unter die Ebene der Dialoge, auch unter die der inneren Monologe hinabzugehen zu jener der von Affekten und Bedürfnissen getriebenen Gedanken, aus denen erst Monologe und dann Dialoge hervorsteigen.

Das innere Sprechen also entsteht nicht etwa, indem das äußere kommunikative Sprechen immer leiser wird (die Flüster-Theorie); es ist die unhörbare Fortsetzung eines schon vom dreijährigen Kind entwickelten egozentrischen Sprechens, in dem es sich unbekümmert um seine eventuellen Mithörer, aber keineswegs unbekümmert um die Realität, vielmehr gerade in der Auseinandersetzung mit ihr, mit sich selber unterhält. (Piaget hat dieser Deutung später im großen und ganzen zugestimmt.)

Bis Anfang der siebziger Jahre herrschte die Ansicht, die Babysprache, in der Erwachsene zu kleinen Kindern sprechen, sei einfach primitive, verformte, verniedlichte Erwachsenensprache ohne jede Regelhaftigkeit. Seitdem ist dieses »Mutterische«, wie es auch genannt wurde, näher unter die Lupe genommen worden, und dabei kam Unerwartetes zum Vorschein.

Nicht nur die Mütter, alle Erwachsenen sprechen mit Kindern

anders als untereinander, und sie tun das so gut wie immer und überall auf der Welt. Das Mutterische unterscheidet sich in seiner Lautform durch eine stark übertriebene Sprachmelodie, überdeutliche Betonungen der markanten Redeteile und eine höhere Stimmlage. Am Max-Planck-Institut für Verhaltensphysiologie wurde auch ermittelt, wieviel höher die Stimmlage des Mutterischen ist: Sie liegt auf der ganzen Welt gewöhnlich eine Oktave über der normalen Stimmlage.

Die »Babywörter« wie *Hottehü, Aa, Piepmätzchen, Heia, Bäuerchen* sind ihr äußerlichstes und wahrscheinlich entbehrlichstes Charakteristikum. Sie sind nicht Erfindungen des Kindes, sondern der Erwachsenen und entsprechen wohl deren Vorstellung, daß klein und niedlich machende Wörter zu kleinen und niedlichen Menschen passen. Dem Kind wären *Bett* oder *Rülpser* ebenso recht.

Das Mutterische ist keineswegs falsch: Es ist viel einfacher, aber durchweg grammatikalischer als die Erwachsenensprache (Catherine E. Snow). Einfach ist es in semantischer wie in syntaktischer Hinsicht. Die Erwachsenen begeben sich auf das Verständnisniveau des Kindes und sprechen mit ihm über das Jetzt und Hier: wie die Dinge heißen, welche Geräusche sie machen, welche Farbe sie haben, was sie tun, wem sie gehören, wo sie sind. Weil nur so einfache Sachverhalte zur Sprache kommen, genügen auch einfachste syntaktische Strukturen – zunächst nur kurze Aussage- und Fragesätze. Diese aber sind syntaktisch immer völlig richtig. Kein Sprecher des Mutterischen kommt etwa auf die Idee, daß Flexionsendungen oder Plurale oder Abweichungen von der Grundwortstellung das Kind überfordern könnten. Er sagt zwar nicht: *Wenn du, wie ich hoffe, ohne zu protestieren deinen Mittagsschlaf absolviert hast, könnten wir zusammen Eis essen gehen.* Er sagt aber erst recht nicht: *Gut Kind dann geh eß Eis.* Im Mutterischen hieße es etwa, deutlich, hoch, mit übertriebener Betonung der Schlüsselwörter ausgesprochen und korrekt: *Komm. Sei lieb. Du schläfst jetzt. Dann gehen wir Eis essen.* Das Mutterische ist zudem redundant: Vieles wird doppelt und dreifach wiederholt, leicht variiert, umschrieben, erweitert. *Du schläfst jetzt. Du legst dich hin. Mama bringt dich ins Bett. Du mußt jetzt schön schlafen.*

Warum verfallen Erwachsene ins Mutterische, wenn sie mit Kindern reden? Weil Kinder Äußerungen, die sie nicht verstehen, einfach ausblenden. Was Erwachsene untereinander besprechen, was an Sprache aus Radios und Fernsehapparaten quillt: Die Kinder überhören das meiste davon, und es beeinflußt sie darum auch nicht. Sobald es der Sprache des Erwachsenen nicht mehr folgen kann, bricht das Kind die Kommunikation ab. Will der Ältere sie aufrechterhalten, so muß er die Komplexität seiner Sprache auf das Niveau des Kindes senken. Dieses also reguliert, worüber gesprochen wird und wie.

Normalerweise geschieht es so, daß das Kind den semantischen Rahmen angibt. Solange seine sprachlichen Mittel noch gering sind, nützt es dabei aus, daß es vom Jetzt und Hier spricht und das Gemeinte sich aus der Situation erklärt. Die Mutter weiß eben, daß *Mama Mütze* in einer bestimmten Situation nicht heißen soll, die Mutter habe vor drei Wochen eine Mütze verloren, daß es auch keine imaginäre Mutter namens Mütze herbeirufen soll, sondern daß es gerade seine Mütze aufsetzen will, und darüber spricht sie – nicht zu dem Kind, sondern mit dem Kind, und zwar einfach, richtig und redundant. Schon vierjährige Kinder verstellen ihre Sprache entsprechend, wenn sie mit kleineren reden. Das Kind macht den Komplexitätsgrad klar und steckt das Thema ab; die Älteren aber bleiben ihm syntaktisch immer ein Stück voraus.

Manchen Sprachwissenschaftlern hat dieser Sachverhalt sehr zu denken gegeben. Die Lage des Kindes angesichts der vollausgebildeten Erwachsenensprache ist also vielleicht doch nicht so ganz aussichtslos. Es wird nicht nur mit zufälligen und oft falschen Mustern der Erwachsenensprache in aller ihrer Komplexität konfrontiert. Die Komplexität wird ständig seinen Fähigkeiten angepaßt, und was rein sprachlich noch nicht ganz verstanden oder ausgedrückt werden kann, läßt sich weitgehend aus der Situation erschließen. Die Redundanz des Mutterischen bewirkt, daß dem Kind die richtigen syntaktischen Grundmuster an vielen Beispielen demonstriert werden. Daß dies nicht in belehrenden Predigten an die Adresse des Kindes, sondern im Gespräch mit ihm geschieht, sorgt dafür, daß es seine Hypothesen immer gleich ausprobieren kann.

In der Tat ging ja die Annahme der Chomsky-Schule, die Grundregeln der Grammatik müßten angeboren sein, von der anderen Annahme aus, daß das Kind einem zufälligen, schadhaften und gleichwohl hochkomplexen Sprachmaterial ausgesetzt sei, dem es das gesamte Repertoire der richtigen Regeln niemals entnehmen könne, und schon gar nicht so schnell und leicht und sicher und unfehlbar, wie es das tue. Wenn das Kind aber nur mit einer beständig seinem Niveau angepaßten Sprache Umgang hat, ist das Wunder nicht mehr ganz so groß, die Lernaufgabe nicht mehr ganz so hoffnungslos, und entsprechend weniger müßte ihm angeboren sein.

Bei der Erklärung des kindlichen Spracherwerbs konkurrieren also heute, grob sortiert, vier Denkrichtungen miteinander.

1. Der Behaviorismus. Lange Zeit beherrschte er die Psychologie und auch die Spracherwerbsforschung. Alle Leistungen führt er auf Lernvorgänge zurück. Nichts ist ererbt außer einem universalen Lernmechanismus, alles wird durch Lernen erworben. Eine Sprache lernen Kinder, weil sie die Sprache der Erwachsenen imitieren. Richtige Imitationen werden belohnt und damit verstärkt, oder sie belohnen und verstärken sich selber durch den größeren Erfolg, den sie bescheren. Die extremste behavioristische Position behauptet, daß das Kind irgendwie registriert, wie häufig in der Erwachsenensprache, die es zu hören bekommt, einzelne Wörter neben anderen einzelnen Wörtern erscheinen. So erwerbe es ein Sprachmodell, das alles über die relativen Häufigkeiten der einzelnen Wörter weiß. Bringt das Kind selber Sprache hervor, verknüpfe es die Wörter nach diesen ihren relativen Häufigkeiten zu Ketten, und das seien dann seine Sätze.

Dem behavioristischen Ansatz war kein Erfolg beschieden. Das Kind imitiert die Erwachsenensprache in keinem nennenswerten Maß. Es lernt augenscheinlich überhaupt nicht Einzelfälle von Sprachanwendung. Es entnimmt der Tiefe der Sprache Regeln (oder kennt diese schon vor jeder Bekanntschaft mit einer bestimmten Sprache), die es anwendet, um neue, nie dagewesene Sätze zu bilden. Ob es irgendein Wort oder irgendeine grammatische Form lernt, hängt nicht oder jedenfalls nicht hauptsächlich von der Häufigkeit ab, mit der einzelne Wörter oder Satzmuster in der ihm zu Ohren gekommenen Erwachsenensprache aufgetaucht sind. Manchmal lernt es das häufig Gehörte viel schwerer und später als etwas selten Gehörtes. Der Behaviorismus wird also vor allem einem Faktum in keiner Weise gerecht: der Offenheit und Kreativität der

Sprache. Wer ihn ganz ernst nehmen wollte, müßte der Meinung sein, daß niemand jemals etwas wirklich Neues sagen könne. Daß Kinder auf sprachliche Belehrungen nicht oder sogar negativ, durch Nichtlernen reagieren, spricht auch nicht gerade für den behavioristischen Ansatz. Schließlich behauptet er, der Lernmechanismus selber sei bei allen höheren Tieren der gleiche; dann aber müßten alle Tiere, nur in verschiedenem Umfang, auch das gleiche lernen können: die Menschen, über weite Entfernungen sicher nach Hause zu finden wie die Tauben, die Tauben, zumindest ein wenig Sprache zu erwerben wie die Menschen. Nichts dergleichen kommt vor. Den Beitrag des Behaviorismus zur Sprachforschung hat Noam Chomsky in seiner Besprechung von B.F. Skinners »Sprachverhalten« 1959 so demoliert, daß er sich nie wieder erholt hat: als »eine unnütze Tendenz in der modernen Spekulation über Sprache und Geist«.

2. Der Interaktionismus. Er ist nicht viel älter als zehn Jahre, wird von Linguisten wie Jerome Bruner und Catherine Snow vertreten und geht von der Beobachtung aus, daß die Sprache, in der Erwachsene mit Kindern sprechen, sich konsequent und systematisch von der Erwachsenensprache unterscheidet. Immer ist sie in ihrem Komplexitätsgrad auf das Niveau des Kindes abgestimmt. Einer dermaßen vereinfachten Sprache sei sein Lernvermögen gewachsen, sie stelle es vor keine unmögliche Aufgabe. Der Spracherwerb vollziehe sich in der Interaktion von Mutter und Kind: In dieser Interaktion und nur in ihr werde dem Kind Sprache in einer Weise angeboten und abgefordert, die auf die jeweilige Verarbeitungskapazität seines Gehirns abgestimmt ist.

Das experimentum crucis kann der Interaktionismus nicht machen. Er müßte prüfen, ob ein Kind auch dann seine Muttersprache lernt, wenn es immer nur Erwachsenensprache hört; und ob es sie ebenso schnell und leicht oder sehr viel mühsamer lernt. Hätte er recht, dann lernten seine Versuchspersonen ihre Muttersprache nicht oder nur mangelhaft und langsam – und wären vielleicht für ihr Leben sprachgestört. Immerhin ist ein Kind beschrieben worden, dessen Mutter sprachlich fast gar nicht auf es einging und es meist mit Bemerkungen wie »ach wirklich?« abspeiste. Sein Sprechen war zunächst voll von Wiederholungen, inhaltsarm und schwer verständlich; aber es lernte schließlich seine Muttersprache dennoch.

Auch ist die »Babysprache« der Mütter zwar einfach, redundant und grammatisch richtig, aber sie ist doch immer komplexer als die Sprache des Kindes, vor allem syntaktisch. Auch die einfachsten Äußerungen etwa kommen als Aussagen, Aufforderungen oder Fragen mit jeweils anderen Wortstellungen und Wortformen vor. Sie richtig zu analysieren, ist für das Kind zwar leichter als die Analyse kompromißloser Erwachsenensprache, aber immer noch außerordentlich schwer. Kritiker des Interaktionismus wenden darum gegen ihn ein, daß er gar keine Erklärung des Spracherwerbs sei, sondern nur eine interessante Beschreibung der Bedingungen, unter denen dieser normalerweise vonstatten geht. Sicher indessen dürfte soviel sein: Wenn das Kind regelmäßig einer ad usum Delphini vereinfachten Sprache ausgesetzt ist, braucht auch kein so detailliertes genetisches linguistisches Vorwissen angenommen zu werden.

3. Der Nativismus, auch Innatismus oder Mentalismus genannt. Er ist das Gegenteil zum Empirismus in allen seinen Spielarten, der meint, jeder einzelne habe seine Sprache ganz und gar aus der Außenwelt, er nehme sie mit seiner Erfahrung auf; auch der Behaviorismus ist ein Empirismus. Der Nativismus dagegen behauptet: Gewisse Sprach-»Kenntnisse« kommen von innen, sind angeboren. Kein Nativist ist der Auffassung, Sprache stellte sich auch dann ein, wenn der Input gänzlich fehlt. Aber nach der Ansicht der Nativisten ist der Output regelmäßig größer als der Input. So schnell und mühelos und sicher, wie das Kind seine Muttersprache lernt, könnte es sie nie und nimmer lernen, wäre es nicht angeleitet von einem erheblichen Vorwissen, das in ihm nicht anders als genetisch angelegt sein kann. Der Input, dem es normalerweise ausgesetzt ist, sei viel zu verwirrend, zu dürftig und zu unzuverlässig, als daß ein kleines Kind ihm ein so hochkomplexes Regelwerk entnehmen könnte, wie es die Grammatik einer natürlichen Sprache darstellt. Die Grundregeln müßten ihm angeboren sein.

Der moderne Nativismus ist vor allem mit Noam Chomsky verbunden, dem Linguisten am Massachusetts Institute of Technology, der mehr als irgendein anderer der Sprachwissenschaft ihr modernes Gesicht gegeben hat. Von Chomsky stammt die Idee, der Mensch verfüge über ein nur seiner Gattung eigenes Sprachorgan. Das ist keine bloße Metapher. Chomsky denkt an einen Teil der linken Großhirnrinde, ein Areal um das Broca-Zentrum, dessen Ausfall die Sprachproduktion nachweislich zum Erliegen bringt. Dieses Sprachorgan besitze nur der Mensch; es erzeuge die Syntax der menschlichen Sprachen.

Die Überzeugung, syntaktische Sprache sei dank eines einzigartigen Sprachorgans nur dem Menschen eigen und keinem Wesen außer ihm, nennen Chomsky und seine Schüler Cartesianismus. Das darum, weil bekanntlich Descartes der Meinung war, Tiere seien geist- und seelenlose Automaten; einzige Kunde vom Bewußtsein gebe die Sprache, die habe nur der Mensch, und so habe auch nur er Bewußtsein.

Die Sprachexperimente an Menschenaffen wischte Chomsky recht ungnädig vom Tisch. So sehr man sich auch anstrenge, schrieb er 1980 und einigermaßen entgegen allem Augenschein, keinem Tier werde man je etwas beibringen können, das Ähnlichkeit mit einer menschlichen Sprache habe – was zuallermindest über rekursive syntaktische Regeln verfüge. Den Begriff der Rekursivität hat die Sprachwissenschaft sich aus der Mathematik geborgt. Rekursiv nennt man eine Regel, die man auf sich selber anwenden kann. Das ergibt jene Denkfiguren, die Douglas Hofstadter fasziniert »seltsame Schleifen« nannte. Jeder Satz läßt sich in seinem Aufbau so beschreiben, als sei er Schritt um Schritt durch die Anwendung bestimmter syntaktischer Regeln gebildet worden; rekursive Regeln dabei sind solche, die mehrmals angewendet werden und im Prinzip unbegrenzt oft angewendet werden können. Eine syntaktische Regel des Deutschen zum Beispiel besagt, daß eine sogenannte Nominalphrase aus einem Artikel, einem Nomen (Substantiv) und eventuell einer Präpositionalphrase gebildet wird. Die Präpositionalphrase wird wiederum aus einer Präposition, einem Artikel und einem Nomen und eventuell einer weiteren Präpositionalphrase gebildet; diese Präpositionalphrase erneut aus Präposition, Artikel, Nomen und eventuell einer dritten Präpositionalphrase ... und so fort. Bei der ersten Anwendung der Regel entstehen Satzbestandteile (Phrasen) vom Typ *Die Frau mit dem Buch*. Bei der zweiten: *Die Frau mit dem Buch auf der Bank*. Bei der dritten: *Die Frau mit dem Buch auf der Bank in dem Park*. Und so ließe sich das endlos fortsetzen. Es leuchtet ein, daß rekursive Regeln eine Sprache kreativ machen; sie tragen viel dazu bei, daß eine begrenzte Zahl von Regeln zu einer unbegrenzten Zahl von Sätzen führen kann. Und es ist wahr, die Syntax der sprechenden Menschenaffen ist dermaßen rudimentär, daß es überhaupt keinen Zweck hat, darin nach etwaigen rekursiven Regeln zu suchen. Sie fehlen den Tieren. Aber sie fehlen auch der Kindersprache, zumindest in der Phase der Zwei- und Drei-Komponenten-Äußerungen, und die ist menschliche Sprache und in irgendeiner Weise auch Vorstufe zu der Erwachsenensprache mit ihren rekursiven Regeln. Sprache hat eben noch andere unerläßliche und interessante Eigenschaften als jene syntaktischen Regeln, die an der formalen Logik geschulte Linguisten für ihre einzig bemerkenswerte Eigenschaft halten. Auch wenn die Menschenaffen nichts hervorbringen, was den Namen Syntax verdient, blieben ihre Sprachproduktionen doch immer noch aufschlußreich genug für jeden, der sich dafür interessiert, was in der Evolution alles zusammengekommen sein muß, um am Ende menschliche Sprache möglich zu machen.

Zu einer Zeit vertrat Chomsky die Ansicht, die menschliche Sprache sei das Produkt einer einzigen Gen-Mutation – eine einigermaßen absurde Vorstellung, denn eine einzige Veränderung eines Proteinmoleküls kann unmöglich mit einem Schlag eine so komplexe Fähigkeit schaffen; Sprache kann so wenig durch eine einzige Mutation entstanden sein wie etwa das Auge. Die Chomsky-Schule analysiert unermüdlich Sätze gebildeter englischer Sprecher; sie diskutiert mit größtem Scharfsinn, warum in zwei an der Oberfläche völlig gleich gebauten Sätzen die Wörter dennoch in völlig verschiedener Beziehung zueinander stehen können (was also beispielsweise *Hans ist schwierig zu zeichnen* und *Hans ist begierig zu zeichnen* denn nun eigentlich unterscheide). Zweifellos sind das echte Fragen – aber es gibt auch noch andere. Die »cartesianische Linguistik« betreibt Sprachforschung als mehr oder minder reine Philosophie und nicht als Naturforschung. Sie erkundet introspektiv die logischen Verhältnisse in wenigen »interessanten« Sätzen, auf die sie zufällig gestoßen ist oder die sie sich selber fabriziert hat, weil sie ihr irgendeine (ihr Lieblingswort) »nichttriviale« Demonstration erlauben. Für die Psychologie des Spracherwerbs und des Sprechens hat sie wenig Interesse und noch weniger für die Neurophysiologie der Sprachverarbeitung oder gar für Fragen der Sprachevolution.

Jedoch hat Chomskys Art und Weise, das Regelwerk einer Grammatik zu durchleuchten und zu beschreiben, erst deren ganze

Komplexität ans Licht gebracht. Daß der Mensch einen genetischen Penchant zur Sprache braucht, wenn er dem zufälligen Sprachangebot, dem er ausgesetzt ist, jemals die ganze Grammatik vollständig und richtig entnehmen soll, scheint heute nahezu unabweislich. Die Frage ist nur, und an ihr gehen die Meinungen auseinander, wie sehr dieses Vorwissen ins einzelne gehen muß und auf welcher Ebene es was vorgibt. Mit Chomskys eigenen Worten: »Daß es angeborene geistige (mentale) Struktur gibt, ist offensichtlich nicht strittig. Fragen können wir uns jedoch, worin sie genau besteht und in welchem Ausmaß sie sprachspezifisch ist.«

Die extreme nativistische Auffassung meint, die Grundregeln der Grammatik seien in einem »Sprachorgan« angelegt, Spracherwerb sei ein langsames Reifen dieser Regeln, und sie seien ganz und gar sprachspezifisch, also nur auf das Verständnis und die Produktion von Sprache zugeschnitten.

Dagegen spricht, daß man den Genen grundsätzlich besser nicht allzu viele Detailanweisungen zutraut. Sie können zwar viel, aber nicht unendlich viel Information enthalten; was der Organismus ebensogut lernen kann, muß nicht in ihnen festgeschrieben sein. Dagegen spricht ebenfalls, daß eine komplexe Fähigkeit wie die Sprache nur das Werk vieler zusammenwirkender Gene sein kann – dann aber müßten einige von ihnen in mutierten, leicht abgeänderten Formen weitervererbt werden, mit dem Ergebnis, daß es genetisch bedingte individuelle Unterschiede in der Grammatikbeherrschung geben müßte, Plus- und Minusvarianten und genetische Grammatikschäden – Leute, die Virtuosen der Passivkonstruktionen wären oder Schwierigkeiten mit der Stellung des Akkusativobjekts hätten. Solche Variabilität, die bei allen polygenetisch (durch mehrere Gene) bedingten Merkmalen zu erwarten ist, bei der Körpergröße etwa oder der gemessenen Intelligenz, ist bei der Grammatik nicht bekannt. Mit Ausnahme weniger Hirnkranker »können« alle Menschen, selbst sehr unintelligente, die Grammatik ihrer Muttersprache. Dagegen spricht schließlich auch die Verschiedenheit der menschlichen Sprachen und die Veränderlichkeit einer jeden – was immer genetisch festgelegt ist, müßte sehr tief, sehr abstrakt sein und den einzelnen Sprachen in ihrer Verschiedenheit und ihrem langsamen Wandel viel Bewegungsfreiheit lassen.

Den letzten Einwand allerdings hat die von Chomsky eingeleitete

Wende in der Art, Grammatik zu analysieren und zu beschreiben, wenn nicht ausgeräumt, so immerhin sehr viel weniger zwingend gemacht. Vorher hatte man vor allem auf die Verschiedenheit der einzelnen Sprachen geachtet, die in der Tat erheblich ist; seitdem wird jedoch klar, daß sie unter der Oberfläche gar nicht so aussichtslos verschieden sind. Seitdem hofft man, hier, in der Tiefe, eine allen Grammatiken gemeinsame Kerngrammatik freilegen zu können.

Wie auch immer, der Nativismus hängt nicht an der Gültigkeit der Transformationsgrammatik und diese nicht an ihm. Aber es ist unwahrscheinlich, daß sich die Denkschritte, welche die Transformationsgrammatik beschreibt, je in die Sprache der Psychologie oder gar der Neurophysiologie und der Genetik übersetzen lassen werden.

4. Der Kognitivismus, auch Konstruktivismus genannt. Diese vierte Position bei der Erklärung des Spracherwerbs ist vor allem mit dem Werk von Jean Piaget und der Genfer Schule verbunden, die seit den zwanziger Jahren das intellektuelle Wachstum des Kindes erforscht – statt »intellektuell« sagt die heutige Psychologie lieber »kognitiv«. Sie versucht zu beschreiben, in welchen aufeinander aufbauenden Stufen sich die geistige Reifung, die Entfaltung der Intelligenz vollzieht, von den ersten Wahrnehmungen und Bewegungen bis hin zum formalen abstrakten Denken: wie sich, Stein auf Stein, die Vernunft konstruiert. Den Spracherwerb sieht der Konstruktivismus nur als eine besondere Anwendung des allgemeinen geistigen Zugewinns. Er glaubt also, ohne geistige Mechanismen auszukommen, die allein auf die Sprache gemünzt sind. Sprache ist in seinem Verständnis nichts für sich. Es gibt für ihn kein besonderes »Sprachorgan«, sondern nur einen Allzweckgeist, ein allgemeines kognitives Organ, das unter anderem auch Sprache erwirbt. Ihrerseits sind die allgemeinen Prinzipien menschlicher Kognition und ihre allmähliche Reifung genetisch vorgegeben. Auch nach diesem Modell unterliegt der Spracherwerb also indirekt genetischer Kontrolle. Aber es kommt ohne spezielle Sprach-Gene aus.

In einem offensichtlichen Sinn hat der Kognitivismus ganz zweifellos recht. Der Stand seiner geistigen Entwicklung, seine Verarbeitungskapazität begrenzt in jedem Moment, wovon und wie das Kind sprechen kann. Erst wenn es weiß, daß ein Ding ein Ding ist und auch dann bleibt, wenn es zufällig nicht sichtbar ist, wenn also das Kind das Prinzip der Dingkonstanz erworben hat, kann es beginnen, an die Dinge Wörter zu heften. Erst wenn es, etwa vom achtzehnten Monat an, mit Symbolen umgehen kann (wenn es also imstande ist, einen Bauklotz als ein Symbol für ein Auto zu behandeln), erst dann kann das Kind auch mit den Symbolen umgehen, die die Wörter sind. Wo es kein Konzept gebildet hat, kann es kein Wort dafür einsetzen; erst wenn es die Konzepte »in«, »auf«, »hinter«, »gleich«, »verschieden« besitzt, können Wörter dafür in seiner Sprache erscheinen. Erst nach dem siebenten Lebensjahr hat das Kind, was Piaget Erhaltungsbegriffe nannte – wenn man jetzt eine Flüssigkeit vor seinen Augen in ein schlankeres Glasgefäß umgießt, in dem sie höher steht und darum für das Auge des jüngeren Kindes nach mehr aussieht, kann es sich klarmachen, daß sie ja beim Umgießen nicht mehr geworden sein kann, wird es sagen, in dem neuen Gefäß befinde sich gleich viel Flüssigkeit. Und auch erst in diesem Stadium ist es imstande, Sätze so umzustellen, daß sich ihre Bedeutung gleichbleibt. Wenn eine Zweijährige den Satz *Die Wurzel aus neun ist drei* weder versteht noch sagt, dann nicht, weil er ihr sprachlich zu schwer wäre – mit dem schwereren Satz *In der Plastiktüte sind noch drei Wurzeln* wird sie ohne weiteres fertig–, aber sie kann seinen Sinn noch nicht denken.

Die Frage ist allein die: Läßt sich die Sprache vollständig, ohne jeden Rest aus der kognitiven Entwicklung ableiten? Oder bleibt da ein Rest, der nur erklärbar ist, wenn man rein sprachspezifische Prozesse zu Hilfe nimmt? Ist Sprache also doch in irgendeinem Sinn autonom?

Wie die Dinge heute stehen, ist diese Frage nicht zu beantworten. Darum empfiehlt es sich auch nicht, eine der vier Positionen vorbehaltlos zu umarmen. Eher sieht es so aus, als hätte jede irgendwo recht: der Interaktionismus, der Nativismus, der Kognitivismus und sogar an untergeordneter Stelle der Behaviorismus (denn auch etwas Lernen durch Imitation, Assoziation und Verstärkung ist beim Spracherwerb sicher im Spiel). Jede macht sich aus einer anderen Richtung an der Wahrheit zu schaffen. Irgendwann werden sie zusammenfinden.

Fragte man mich, zu welcher Position ich selber tendiere, so sagte ich vielleicht dies: Die Idee einer genetisch vorbestimmten Grammatik gefällt mir nicht besonders. Nicht, weil ich den Genen die nötigen Anweisungen für Denkoperationen nicht zutraute. Sondern weil die Unterschiede zwischen den Grammatiken verschiedener Sprachen und auch die Wandlungen innerhalb jeder einzelnen Sprache über die Zeit hin doch zu groß sind, um dahinter ohne Krampf ein einziges und immergleiches genetisches Programm zu erkennen. Es müßte, ganz gegen die Art von genetischen Programmen allgemein, sehr viel Freiraum lassen. Außerdem fällt es mir letztlich doch schwer, die syntaktische Fähigkeit als eine zu betrachten, die völlig unabhängig von den anderen geistigen Fähigkeiten des Gehirns operiert: Der ohne Beziehung zu den anderen Denkprozessen Satzstrukturen vor sich hin erzeugende Syntaxautomat kommt mir recht unbiologisch vor. Lieber glaube ich, daß die Syntax gelernt und nicht ererbt wird; aber daß die genetisch festgelegten Mechanismen unseres Denkapparats dafür sorgen, daß alle Grammatiken, die der Mensch lernen kann, einander ähneln müssen. Was den verschiedenen Grammatiken ihre Übereinstimmung verschafft, wäre dann kein Syntax-Gen, sondern der Umstand, daß wir alle eben unweigerlich denken wie Menschen.

Aber die Frage ist offen und wird es noch eine Weile bleiben. Das heißt nicht, die empirische Forschung hätte bis dahin zu ruhen.

DER LANGE WEG ZUM SATZ

Mehrmals ist bisher von der Generativen Transformationsgrammatik – oder einfach Transformationsgrammatik – die Rede gewesen; auch in dem, was folgt, werden hier und da ihre Spuren auftauchen. Da sie nicht zum Thema dieses Buches gehört, soll diese schwierige, der formalen Logik nahe Theorie mit all den Erweiterungen, Rücknahmen und Revisionen, die sie im letzten Vierteljahrhundert erfahren hat, nicht dargestellt werden. Der eine oder andere Leser aber mag es hilfreich finden, sich wenigstens ein ungefähres Bild machen zu können von der Art, wie sie sich der Sprache nähert. Darum muß sie sich an dieser Stelle dann doch eine grobe Skizze gefallen lassen. Dieser wird im Anschluß wiederum etwas Psycholinguistik gegenübergestellt: Es wird beschrieben, in welchen Schritten der Geist tatsächlich vorgeht, wenn er einen Satz zusammenbaut. Furchtsamen Lesern oder solchen, die sich auskennen oder die es gar nicht so genau wissen wollen, sei geraten, die nächsten Seiten zu überspringen und mit dem Kapitel »Die Grammatik-Erfinder« fortzufahren.

Die (Generative) Transformationsgrammatik wurde von Noam Chomsky, Linguist am Massachusetts Institute of Technology, in seinem schmalen Buch »Syntactic Structures« erstmals vorgestellt. Das war 1957, und seitdem hat sie alles Nachdenken über Grammatik tief beeinflußt, um nicht zu sagen revolutioniert. Obwohl ihr Siegeszug durch die sprachwissenschaftlichen Abteilungen der Universitäten in den letzten Jahren ins Stocken geraten ist und man ihr inzwischen hier und da mit etlicher Skepsis gegenübersteht, kann kein Sprachwissenschaftler irgendwo auf der Welt heute seine Theorien ganz an ihr vorbei konzipieren.

Grammatik: für den Linguisten bedeutet das Wort nicht das gleiche wie für den Laien. Dieser versteht darunter eine Sammlung von – miteinander nicht verbundenen – Regeln, die jemand beherzigen sollte, der richtig sprechen will. Diese Regeln besagen, wie einzelne Wörter im Satz eingesetzt werden müssen. Derartiges: »Durch, für, ohne, um, sonder, wider, gegen – sind am vierten

Fall gelegen.« Für den Linguisten ist Grammatik mehr. Sie ist eine Theorie, die jeder Sprecher einer Sprache – implizit, intuitiv, automatisch – besitzt und die ihm sagt, welche Sätze wohlgeformt, »grammatikalisch« sind und welche nicht. Sie setzt ihn instand, eine beliebige Zahl neuer, noch nie dagewesener richtiger Sätze hervorzubringen. Welche konkreten Sätze ein einzelner tatsächlich hervorbringt, seine »Performanz«, interessiert den Transformationsgrammatiker wenig. Ihn interessiert etwas Grundlegenderes, nämlich seine »Kompetenz«: der Besitz einer (teilweise vielleicht nur selten oder nie angewandten) Grammatiktheorie, die ihm sagt, was ein richtiger und was eine falscher Satz ist. (Chomskys Unterscheidung von Kompetenz und Performanz spiegelt natürlich eine ältere, ehrwürdige Distinktion, Ferdinand de Saussures Unterscheidung von *langue* und *parole*, von Sprache als Zeichensystem und Sprache als konkretem Sprechen.)

Diese intuitive Theorie will die Transformationsgrammatik erfassen, und zwar absolut lückenlos und absolut eindeutig. Sie ist der ehrgeizige Versuch, den gesamten Syntax-Teil der Grammatik als ein Bündel expliziter, quasi-mathematischer Regeln, als ein formales System zu beschreiben. Ein sehr gewagtes Vorhaben angesichts der offensichtlichen Unlogik aller Grammatiken, die ja Wildwuchs sind und zahllose Zufälle ihrer Geschichte aufbewahren. Das durch den Vergleich von richtigen mit falschen Sätzen gewonnene Regelgefüge aber muß geeignet sein, alle Arten richtiger Sätze einer Sprache zu erzeugen, zu »generieren«, und keinen einzigen falschen. Grammatik ist in diesem Verständnis eine Art Maschine, ein Computerprogramm, das aus einer begrenzten Zahl von Zeichen mit einer begrenzten Zahl von expliziten Regeln beliebig viele einwandfreie Sätze erzeugt. So wie es in einem Gedicht von Lars Gustafsson aus dem Jahre 1966 denn auch heißt: »...genau genommen ist die Grammatik/selber eine Maschine,/ die unter unzähligen Sequenzen/das Gebrabbel der Kommunikation auswirft.../Wenn die Wörter verschwunden sind, bleibt die Grammatik zurück,/und das heißt: eine Maschine./Doch was sie bedeutet,/weiß niemand. Eine fremde Sprache./Eine durchaus fremde Sprache...«

Grammatik heißt in dieser Sicht vor allem: Syntax, Satzbau. Ein Satz ist etwas anderes als die Summe seiner Worte. Ein Satz setzt Wörter untereinander in eine bestimmte Beziehung, um damit eine

Bedeutung auszudrücken, welche die der Summe seiner Bestandteile übersteigt. *Der, der, die, alt, dick, Mann, Frau, Sitzplatz, anbieten* enthält keine Aussage; aber mithilfe der Syntax lassen sich daraus eine ganze Reihe von Aussagen herstellen. Ihre Bedeutungen ergeben sich nicht nur aus den Wörtern, sondern auch aus deren Anordnung.

Ob ein Satz richtig ist, hängt offensichtlich nicht davon ab, ob er verständlich ist. Chomskys berühmt gewordener Beispielsatz *Farblose grüne Ideen schlafen wütig* wird jeder, der Deutsch kann, für völlig richtig gebildet und doch für völlig unverständlich halten. Den Satz *Müde klein die Kind feste schlafe* dagegen wird jeder recht gut verstehen und niemand grammatikalisch finden. Manche Sätze lassen sich unter Beibehaltung ihrer Wörter umstellen, ohne daß sich ihre Bedeutung dabei veränderte: *die Elemente hassen das Gebild der Menschenhand* kann durch Anwendung anderer syntaktischer Regeln zu *das Gebild der Menschenhand hassen die Elemente* oder *von den Elementen wird der Menschenhand Gebild gehaßt* umgewandelt werden, ohne daß sich die Bedeutung änderte. Diese und andere Beobachtungen haben die Chomskyaner zu der Auffassung gebracht, daß Syntax etwas Autonomes sei, ein System, das unabhängig von irgendwelchen Bedeutungen existiert und wirkt. (Und in diesem Punkt hat die Transformationsgrammatik den meisten Widerspruch herausgefordert; die Sache ist bis heute nicht entschieden.)

Die imaginäre Grammatikmaschine, der Syntaxautomat in unserm Kopf erzeugt zulässige Satzstrukturen. Er tut es sozusagen in zwei Arbeitsgängen. Sie unterscheiden sich dadurch, daß in jedem eine andere Art von Regeln zum Zuge kommt. Der erste Arbeitsgang, die sogenannte Basis, bringt eine Reihe einfacher Satzmuster hervor: das, was Chomsky früher die »Tiefenstruktur« nannte und was man auch mit Wilhelm von Humboldt als die innere Form der Sätze bezeichnen könnte. Die Tiefenstruktur ist abstrakt: ein Grundmuster des Satzes, wie Linguisten es sich denken; es tritt in den konkreten Sätzen nicht unbedingt offen in Erscheinung. Im zweiten Arbeitsgang wird die Tiefenstruktur zu den endgültigen konkreten Sätzen umgewandelt, ihrer »Oberflächenstruktur« oder äußeren Form. Hinter der großen Fülle und Verschiedenartigkeit der Oberflächenstrukturen verbirgt sich eine viel kleinere Zahl von Tiefenstrukturen.

Die Tiefenstruktur wird erzeugt durch sogenannte Phrasenstrukturregeln. Anders gesagt: Die Tiefenstruktur ist jenes gedachte Grundmuster eines Satzes, zu dessen Erzeugung die Anwendung von Phrasenstrukturregeln ausreicht. Phrasenstrukturregeln geben an, wie Gruppen zusammengehöriger Wörter – Phrasen eben in der Terminologie der modernen Linguistik – zusammengestellt werden.

Was ist eine Phrase? In jedem Satz, so sagt uns unsere Sprachintuition, gehören einzelne Wörter zusammen, und zwar mehr oder weniger eng. Würden wir aufgefordert, einen Satz langsam und sinnvoll vorzulesen, so trennten wir seine Untereinheiten, seine Phrasen, durch Pausen. Den Satz *Der Spieler verlor im Handumdrehen sein ganzes Vermögen* läse niemand, der ihn versteht, *Der – Spieler verlor – im Handumdrehen sein – ganzes – Vermögen.* Daß zwei Wörter in einem Satz nebeneinanderstehen, macht sie noch nicht zu einer Phrase; *verlor im* ist keine und *sein ganzes* auch nicht. Die traditionelle Grammatik hätte den Satz gegliedert in Subjekt *(der Spieler)*, Prädikat *(verlor)*, Adverbiale *(im Handumdrehen)* und (Akkusativ-) Objekt *(sein ganzes Vermögen)*. Das wäre nicht falsch gewesen, aber eine nur unvollständige Beschreibung seiner Phrasenstruktur. Es ignorierte deren Tiefendimension, ihre hierarchische Staffelung. So eng wie *der Spieler* zusammengehört, gehört auch *verlor im Handumdrehen sein ganzes Vermögen* zusammen, bildet also eine Phrase. Und in dieser Phrase stecken weitere Phrasen: *verlor* und *im Handumdrehen* und *sein ganzes Vermögen*; in der letzteren steckt wiederum die Unterunterphrase *ganzes Vermögen.*

Handelte es sich nur darum, vorhandene Sätze in ihre Phrasen zu zerlegen, so könnte man dies mit ein paar Klammern besorgen. Alle Wortgruppen, die irgendwie zusammengehören, brauchte man nur in Klammern zu setzen. Das ergäbe: *(Der Spieler) (verlor (im Handumdrehen) ((sein) (ganzes Vermögen))).*

Sehr viel deutlicher wird die hierarchische Phrasenstruktur eines Satzes, wenn man sie in einem stammbaumartigen Diagramm, einem sogenannten Baumgraph oder Phrasenmarker festhält. Die Phrasenstruktur des Satzes *Der Spieler traf den Ball* wird von diesem Baumgraph abgebildet:

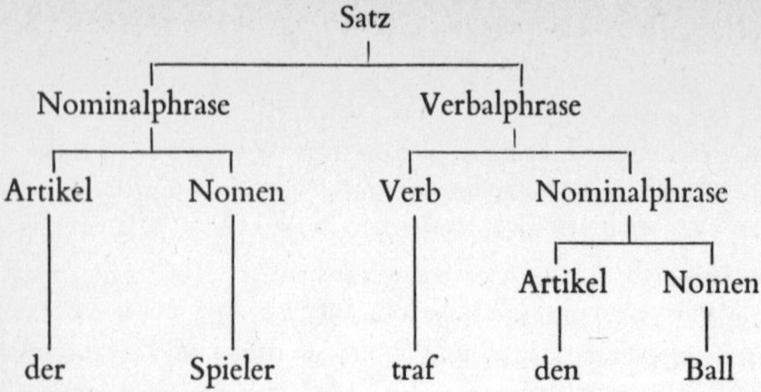

Der Satz *Der Spieler traf den Ball,* so wäre dieser Baumgraph zu verstehen, besteht aus einer Nominalphrase *(der Spieler)* und einer Verbalphrase *(traf den Ball).* Die Nominalphrase wiederum besteht aus einem Artikel und einem Nomen. Die Verbalphrase besteht aus einem Verb und einer Nominalphrase. Diese Nominalphrase besteht wiederum aus einem Artikel und einem Nomen. Der Phrasenmarker macht die hierarchische Struktur der Untereinheiten eines Satzes durchsichtig.

Handelte es sich um Anweisungen an einen Computer, einen Satz dieses Baumusters zu erzeugen, so müßte man das gleiche in einer Reihe von Schritten ausdrücken, die die Maschine zu vollziehen hat. Jeder dieser Schritte wird ihr in einer sogenannten Ersetzungsregel vorgeschrieben; die Ersetzungsregel X → Y + Z beispielsweise wäre zu lesen als »X besteht aus Y und Z« oder als die Anweisung »ersetze X durch Y und Z«. (Alles dies ist sehr viel simpler, als es dem Laien zunächst scheinen mag. Seine Schwierigkeiten mit derlei linguistischen Prozeduren kommen vielleicht gerade daher, daß er sich zunächst gar nicht vorzustellen wagt, wie im Grunde einfach die Denkoperationen sind, die hier an unschuldigen Sätzen vorgenommen werden.) Die Grammatik des Satzes *Der Spieler traf den Ball* läßt sich mit einigen wenigen Ersetzungsregeln vollständig und eindeutig beschreiben:

Satz (S) → Nominalphrase (NP) + Verbalphrase (VP)
NP → Artikel (Art) + Nomen (N)
VP → Verb (V) + NP

Mit diesen drei Regeln versehen und sie eine nach der anderen anwendend, könnte der Computer von links nach rechts Sätze der Bauart *Der Spieler traf den Ball* erzeugen. Oder fast. Im Englischen reichten die drei Regeln zur Hervorbringung von Sätzen wie *The player hit the ball* aus; im Deutschen wäre eine vierte Regel nötig, die dafür sorgte, daß der Artikel des Nomens in der Verbalphrase *den* und nicht *der* heißen muß. Fütterte man den Grammatikautomaten mit diesen vier Regeln und stellte ihm die nötigen Wörter zur Verfügung (N = *Spieler, Ball;* V = *traf*; Art_1 = *der*, Art_2 = *den*), so könnte er daraus vier Sätze konstruieren: *Der Spieler traf den Ball, Der Ball traf den Spieler, Der Spieler traf den Spieler, Der Ball traf den Ball.* Gäbe man ihm eine weitere Regel, etwa daß in der zweiten Nominalphrase wahlweise ein Adjektiv zwischen Artikel und Nomen untergebracht werden kann, so wäre er imstande zur Bildung von Sätzen wie *Der Spieler traf den harten Ball.* Stellte man ihm mehr Wörter zur Verfügung, so verarbeitete er sie unfehlbar zu Sätzen genau dieser Bauart: *Der Berliner aß den dünnen Hamburger, Der Hamburger aß den dünnen Berliner...*

Es wäre wohl denkbar, jeden Satztyp, der in einer Sprache möglich ist, durch eine Kette solcher Ersetzungsregeln zu beschreiben beziehungsweise zu erzeugen: das heißt, eine ganze Grammatik nur aus Phrasenstrukturregeln aufzubauen. Dazu brauchte man jedoch eine große Zahl solcher Ketten, und jede stünde völlig beziehungslos neben der anderen. Manche Sätze aber sind eng miteinander verwandt, Satztypen haben ganz offenbar oft etwas miteinander zu tun: Der eine ist aus dem anderen ableitbar. Bestimmte Satztypen lassen sich in bestimmte andere Satztypen verwandeln, ohne daß sich die Bedeutung dabei fundamental änderte. So kann man einen Satz vom Typ *Er liest das Buch* in einen vom Typ *Das Buch wird von ihm gelesen* verwandeln. (Aber aus logischen Gründen nicht immer: *Biber bauen Dämme* kann nicht zu *Dämme werden von Bibern gebaut* werden.)

Eben um diesen Verwandtschaften Rechnung zu tragen, führte Chomsky in seiner generativen Grammatik die andere Klasse von Regeln ein, die Transformationsregeln, die aus der (abstrakten) Tiefenstruktur eines Satzes verschiedene konkrete Oberflächenstrukturen machen. Eine Phrasenstrukturregel besorgte immer nur jeweils einen Schritt an jeweils einem der »Knoten« des Strukturbaums, setzte also zum Beispiel an jedem Knoten mit dem Symbol »Nominalphrase« einen Artikel und ein Nomen ein. Die Transformationsregel aber kann mehr: Sie greift an verschiedenen Knoten gleichzeitig, auch an verschiedenen ganzen Sätzen, die sie zu einem einzigen zusammenfügen kann. Eine Kette von Phrasenstrukturregeln erzeugt einen einzigen Phrasenmarker, nicht mehr, nicht weniger, nichts anderes. Eine Transformationsregel verwandelt einen ganzen Phrasenmarker in einen anderen (oder mehrere in einen).

Drei Arten von Transformationen scheint es zu geben. Die eine kann die Reihenfolge der Konstituenten eines Satzes umstellen, permutieren. (So könnte sie aus *Der Spieler traf den Ball* den gleichbedeutenden, aber anders gebauten Satz *Den Ball traf der Spieler* machen.) Die zweite Art von Transformation löscht unter bestimmten Bedingungen einzelne Konstituenten des Satzes vollständig und ersetzt sie unter Umständen durch andere. (So machte sie aus den Sätzen *Der Spieler traf den Ball. Der Ball flog weit* durch Löschung, Ersetzung und Umstellung *Der Spieler traf den Ball, der weit flog*; oder aus dem ersten Satz die Fragesätze *Wer traf den Ball* oder *Was traf der Spieler.*) Bei der dritten Art von Transformation werden dem Phrasenmarker neue Konstituenten eingefügt. *(Der heute schon wieder sehr nervöse Spieler...)*

Daß diese Chomskysche Grammatikmaschine zwischen der Tiefen- und der Oberflächenstruktur eines Satzes unterscheidet, also zwischen dem abstrakten Grundmuster vor der Anwendung von Transformationen und einer konkreten Endform danach, erlaubt ihr, einige Phänomene zu erklären, mit denen herkömmliche Grammatiken sehr große Schwierigkeiten hatten. Warum haben manchmal ganz verschieden gebaute Sätze die gleiche Bedeutung? Und warum haben manche Sätze ganz verschiedene Bedeutungen? *Der Missionar kocht Essen* und *Das Essen wird vom Missionar gekocht* und *Das Essen kocht der Missionar* sind verschieden gebaute Sätze, aber sie haben die gleiche Bedeutung. Sie haben sie darum, weil ihnen die gleiche Tiefenstruktur zugrunde liegt: *der Missionar* als oberste Nominalphrase, *kocht Essen* als Verbalphrase, die ihrerseits in das Verb *kocht* und die Nominalphrase *Essen* zerfällt. Diese Tiefenstruktur ist auf drei verschiedene Weisen transformiert worden. Durch drei verschiedene Oberflächenstrukturen hindurch erkennen wir immer die gleiche Tiefenstruktur. Darum ist der Sinn dreimal der gleiche. Der Satz *Der Missionar kocht schon eine Stunde* ist dagegen mehrdeutig. Seine Mehrdeutigkeit liegt nicht an der Mehrdeutigkeit eines seiner Wörter (so wie der Satz *Das ist ein schöner Zug* seine Mehrdeutigkeit der des Wortes *Zug* verdankt); es ist keine lexikalische, es ist eine syntaktische Mehrdeutigkeit. Sie rührt daher, daß er auf zwei verschiedenene Tiefenstrukturen zurückzuführen ist – auf die Tiefenstruktur *Der Missionar kocht (etwas)* und auf *Jemand kocht den Missionar.*

Die Transformationsgrammatik beschreibt also Sätze nicht nur, indem sie die Beziehungen zwischen ihren Elementen beschreibt. Sie beschreibt gleichzeitig, in welcher Beziehung ein Satz zu unähnlich gebauten Sätzen gleicher Bedeutung und zu gleich gebauten Sätzen unähnlicher Bedeutung steht; von welchen Sätzen er abgeleitet werden kann und welche Sätze sich aus ihm ableiten lassen. Unser Sprachohr, so impliziert sie, durchdringt die Oberflächenstrukturen in ihrer großen Mannigfaltigkeit und hält sich an die Tiefenstrukturen, die ihnen zugrunde liegen.

Welches aber ist der Status dieser Grammatik? Existiert sie nur in den Köpfen der Linguisten oder auch in denen gewöhnlicher Sprecher, Hörer, Leser, Schreiber? Hat sie psychische Realität? In einem bestimmten Sinn muß sie psychische Realität haben: Sie beschreibt, wenn sie funktioniert, die Theorie, die der Sprecher intuitiv befolgt. Aber sie ist nur ein Bauplan, ein Modell, nicht das Abbild der psychischen Vorgänge, die sich beim Verstehen und Produzieren von Sprache tatsächlich abspielen. Es muß nicht so sein, ja es ist gewiß nicht so, daß man bei der Formulierung eines Satzes in einer Folge von Schritten erst einen abstrakten Phrasenmarker erzeugt, dann Wörter daran heftet und die so hervorgebrachte Kette schließlich nach bestimmten Regeln transformiert, und beim Verstehen eines Satzes läuft kein solcher Prozeß rückwärts ab. Die psychischen Vorgänge beim Verstehen und Hervorbringen von Sprache sind wahrscheinlich ganz anders. Um noch einmal Chomsky selber zu zitieren: »Obwohl wir die Grammatik als ein System von Regeln beschreiben können, die in gewisser Reihenfolge angewandt werden, um Laut und Bedeutung in Beziehung zueinander zu setzen, sind wir nicht berechtigt, dies als die Beschreibung der aufeinander folgenden Akte eines Performanz-Modells aufzufassen – es wäre sogar völlig absurd, dies zu tun.« Darum hilft die Transformationsgrammatik als solche auch nicht, die psychischen Vorgänge beim Verstehen, beim Sprechen und beim Spracherwerb zu klären.

Bald ist die Transformationsgrammatik dreißig Jahre alt, und bisher ist nicht heraus, ob ihre Art, den Satzbau zu analysieren, wirklich das Nonplusultra ist. (Daß sie sich auch durch besondere Einfachheit auszeichnen könnte, glaubt inzwischen niemand mehr.) Manchen Linguisten, die sich einst viel von ihr versprachen, sind inzwischen Zweifel gekommen, ob sie überhaupt geeignet ist, die Grammatik einer Sprache in ihrer Gesamtheit zu beschreiben. Transformationsgrammatiker untersuchen meist nur einzelne, mehr oder weniger zufällig gefundene Sätze, an denen sich jene logischen Probleme exemplifizieren lassen, die sie gerade bewegen. Es gibt keine vollständige Transformationsgrammatik irgendeiner Sprache, selbst der englischen nicht, die mit Abstand am intensivsten untersucht worden ist; selbst als Ziel ist sie aus dem Blick geraten. Eine Arbeitsgruppe um den Linguisten Maurice Gross von der Universität Paris hat über ein Jahrzehnt lang versucht, eine Transformationsgrammatik für das Französische zu erarbeiten. Es ist nicht gelungen. Eine der Transformationen, die sie dabei studierten, war die Tilgung des Subjekts in eingebetteten Nebensätzen, wenn es gleich ist mit dem Subjekt des Hauptsatzes. (Die Transformation verwandelt die Tiefenstruktur-Sätze *Max hofft. Max trifft Moritz* zu der Oberflächenstruktur *Max hofft Moritz zu treffen.*) »Wir studierten diese Transformation zu einer Zeit, als im Englischen ausgiebig über sie theoretisiert wurde; im Französischen aber funktionierte sie nicht, denn wann immer wir ein neues Beispiel einführten, mußte die Regel auf eine ganz neue Weise angewendet werden... Das zwang uns den Schluß auf, daß eine Verallgemeinerung erst dann möglich wäre, wenn man vorher mehr oder weniger alle Wörter einer Sprache und ihren syntaktischen Gebrauch studiert hätte.« Gross erarbeitete schließlich eine explizite formale Grammatik des Französischen, die mit 12000 Wörtern umgehen konnte. Sie aber bestand aus 600 Einzelregeln, die mehr den Regeln der konventionellen Grammatik glichen. Gross' Schlüsse aus seinen Erfahrungen fielen vernichtend aus: »Der generative Ansatz, der anfangs legitimiert war durch seinen Beitrag zur Präzisierung verschiedener grammatischer Prozeduren, hat ein Stadium erreicht, in dem die auf systematischer empirischer Arbeit beruhende linguistische Forschung als irrelevant abgetan wird. Ein möglichst vollständiges und detailliertes Bild irgendeiner Sprache zu erhalten, betrachtet diese ›Linguistik‹ nicht mehr als ihre Aufgabe. So ist die generative Syntax zu einer neuen Rhetorik geworden, die ihr Vokabular aus der Logik, der Syntax, den Computerwissenschaften bezieht. Ihr Zweck scheint darauf beschränkt, abstrakte Repräsentationen für eine kleine Zahl selbstgebastelter (hauptsächlich englischer) Sätze zu konstruieren... Einziges Ziel ist die symbolische Manipulation einiger wohlbekannter Tatsachen, um zu demonstrieren, daß sich der menschliche Geist auf ein formales System abstrakter Automaten reduzieren läßt. Die Universitäten haben Linguistikabteilungen eingerichtet, um das Wissen über die Sprache zu mehren, und jetzt sind Philosophieabteilungen einer sonderbaren und vielleicht nicht so sehr wünschenswerten Richtung daraus geworden. Linguistik ist verschwunden... Sie ist versunken im Sumpf eines Pseudo-Cartesianismus.«

Die Transformationsgrammatik beschreibt nicht, wie der Geist vorgeht, wenn er einen Satz zusammenbaut. Sie gibt auch nicht vor, die psychischen und die neurophysiologischen Vorgänge bei der Hervorbringung von Sprache jemals beschreiben zu können. Das ist unter anderem eine Sache der Psycholinguistik. Diese tritt natürlich gegen ein fatales Handicap an. Dem Gehirn kann man beim Zusammenfügen von Sprache nicht zusehen; vorläufig ist keine Methode in Sicht, mit der sich geistige Prozesse wirklich beobachten ließen. Will die Psycholinguistik hier etwas in Erfahrung bringen, so muß sie es indirekt erschließen. Tatsächlich hat sie in groben Zügen herausbekommen, in welchen Schritten die Planung eines Satzes vonstatten geht. Im wesentlichen verdankt sie dieses Wissen der Untersuchung von Sprechfehlern, der sich eine Handvoll Sprachwissenschaftler gewidmet hat. Der ganze Fall demonstriert sehr schön, wieviel der Psycholinguist trotz seines Handicaps in Erfahrung bringen kann, indem er geduldig Sprecher beim Sprechen beobachtet, Material sammelt, und sei es so unscheinbares wie Versprecher, und dieses dann mit all dem ihm zu Gebote stehenden Scharfsinn systematisch analysiert.

Jeder verspricht sich gelegentlich, auch der Gebildetste und Beredteste. Solche Versprecher haben Psychoanalytiker zu verwegenen Spekulationen über die Natur »des Unbewußten« veranlaßt, anderen Menschen waren und sind sie ein Born fortwährender Belustigung. Gewollte, geplante Versprecher gehören zum Standardarsenal von Komikern. Geplant waren wahrscheinlich auch die vielen komischen Wort- und Lautvertauschungen des Oxforder Geistlichen William A. Spooner (1844–1930), nach dem sie bis heute »Spoonerismen« heißen, Entgleisungen wie *you have tasted a whole worm* (statt »wasted a whole term«). Einer der wenigen übersetzbaren Spoonerismen lautet: *Arbeit ist der Fluch der saufenden Klassen.*

Die Sprechfehler, die tatsächlich vorkommen, sind keine beliebigen Entstellungen der Sprache. Gemessen an dem, was der gesprochenen Sprache theoretisch alles zustoßen könnte, kommen »in der Natur« sogar nur sehr wenige Sprechfehler vor, und die, welche vorkommen, lassen sich einigen wenigen Typen zuordnen. Zum Beispiel vertauscht man nie *Artikel den* mit dem Substantiv, und die Laute geraten so gut wie nie dermaßen durcheinander, daß sie nicht mehr als Sprache erscheinen und nur noch als Geräusch aufge*tßnöenfnnnearwdezsztssß.*

Vielmehr bestehen die allermeisten vorkommenden Sprechfehler darin, daß die Äußerung in nur einer einzigen Hinsicht entstellt ist. Ein einziges Element wird ausgelassen (Omission) oder durch ein anderes ersetzt (Substitution) oder mit einem anderen verschmolzen (Kontamination) oder vertauscht, oder es beeinflußt ein anderes Element, das vor ihm oder hinter ihm steht; im ersteren Fall ergibt sich ein Vorklang, im letzteren ein Nachklang. Eine Auslassung: *Neue Fresse* (statt »Neue Freie Presse«), *Dektiv* (statt »Detektiv«). Eine Substitution: *das Spiel der Supermärkte* (statt »Supermächte«). Eine Kontamination: *ein hölles Gelächter* (entstanden durch die Verschmelzung von »hell« und »höllisch«). Eine Vertauschung: *Verteidigung ist die Spiele des Seels, hein Kerz für Inder.* Ein Nachklang: *einfacher ist die Eindrucksweise.* Ein Vorklang: *Antzlitz.* Vorklänge, Vorwegnahmen für später vorgesehener Laute oder Silben, sind die mit Abstand häufigsten Sprechfehler überhaupt: *Pasternoster, Griebesgram, weise Mäuse, meine Erpfahrungen zu Pferd.* (Fast alle diese Beispiele wie auch viele der folgenden stammen aus der 1895 veröffentlichten Sammlung des Grazer Indogermanisten Rudolf Meringer, die, mit ihren 8800 Fehlern, bis heute mit Abstand die größte einschlägige Kollektion geblieben ist. Einige Beispiele habe ich selber gehört oder, wo die Verwandtschaft des Englischen und Deutschen dies zuließ, sinngemäß aus der 600 Beispiele umfassenden Sammlung der kalifornischen Sprachwissenschaftlerin Victoria Fromkin [1973] übersetzt, auf deren Untersuchungen sich diese Passagen am meisten stützen.)

Welches sind die Einheiten, aus denen der Geist sich Sprache zusammensetzt? Sind es Wörter? Sind es Silben? Sind es Laute? Eine Einheit, die im Geist fertig vorliegt, bereit, bei Bedarf abgerufen zu werden, kann zwar bei der Artikulation immer noch beschädigt werden (zum Beispiel verschluckt oder verschliffen); in dem Planungsprozeß aber, in dem die Äußerung zusammengebaut wird, könnte ihr nichts zustoßen. Wären es zum Beispiel die Wörter, die im Geist festliegen, so könnten sie wohl an eine falsche Stelle geraten, aber selber blieben sie immer intakt. Tatsächlich geraten intakte Wörter zuweilen an die falsche Stelle oder werden durch andere ersetzt *(wes Brot ich eß, des Lob ich trink)*, zuweilen aber auch ganze Wendungen *(da gehen die Türen immer aus und ein* statt »auf und zu«). Manchmal sind Silben betroffen (*ein zwecktischer Park* statt »praktischer Zweck«), manchmal Lautgruppen (bei dem bizarren Sprechfehler *Reidflinsch* für »Rindfleisch« wurden die Mittelteile der Silben miteinander vertauscht), manchmal einzelne Laute (*Stutaten* statt »Statuten«). Manchmal aber trifft es nur bestimmte Merkmale oder Eigenschaften einzelner Laute, so bei dem Versprecher *der glare plaue Himmel*, bei dem nur die Stimmhaftigkeit des Anlauts den Platz gewechselt hat. Alles das, so muß man schließen, sind reale Einheiten: Lautmerkmale, Laute, Lautgruppen, Silben, Wörter, Wendungen. Auf der Ebene jeder dieser Einheiten kann es zu einem Patzer kommen.

Wenn eine Äußerung in der Regel nur in einer einzigen Hinsicht lädiert ist, so wird auch nur ein einziger in dem Planungsprozeß unterlaufener Fehler zu dem Versprecher geführt haben. Häufig aber betrifft dieser eine Fehler mehrere Stellen in der Äußerung gleichzeitig, zum Beispiel bei der Vertauschung, in deren Folge zwei Elemente an die falsche Stelle zu stehen kommen: *Die Milo von Venus.*

Und daraus läßt sich nun eine ganze Menge entnehmen. Es könnte ja sein, daß zum Beispiel eine Stammsilbe den Platz mit einer Endung tauscht (das machte aus »praktischer« dann *tischpraker*). Dann hätte man daraus zu schließen, daß Stammsilben und Endungen gleichzeitig, aber getrennt in die geplante Äußerung eingebaut werden. Wenn aber Vertauschungen von Stammsilben und Affixen so gut wie nie vorkommen (und sie kommen fast nie vor), so ergibt sich daraus, daß ihre Montage in zwei verschiedenen Schritten stattfinden muß – was in dem einen Schritt verpatzt wird, kann die Ergebnisse voraufgegangener Schritte nicht mehr in Mitleidenschaft ziehen. So kann man untersuchen, welcherlei Elemente einer Äußerung von ein- und demselben Planungsfehler betroffen sein können – und so erschließen, in welchen Schritten die Planung einer Äußerung vonstatten geht.

Die beiden Stellen, die von einem einzigen Planungsfehler betroffen sind, liegen so gut wie nie weiter als sieben Silben auseinander. Die gesprochene Sprache wird also wohl in Blöcken von nicht mehr als sieben Silben Länge montiert. Daß es gerade sieben sein sollen, mutet zunächst merkwürdig an. Aber es läßt an eine andere Siebenzahl denken. Unser Kurzzeitgedächtnis, das uns Vorstellungsinhalte für eine Dauer von etwa zehn Sekunden zur Verfügung hält, ehe sie zerfallen, wenn sie nicht ins Langzeitgedächtnis überführt werden, faßt ebenfalls etwa sieben Einheiten, gleich welcher Art – Ziffern, Buchstaben, Symbole, alles. Die Siebenzahl der Silben könnte sehr wohl durch die Kapazität des Kurzzeitgedächtnisses bedingt sein, das mehr auf einmal nicht bewältigt; dann dürfte man umgekehrt aber auch den Schluß ziehen, daß die Silbe die grundlegende Einheit bei der Verfertigung von Sprache darstellt. Es wäre kein Wunder, denn meist ist die Silbe ja auch die kleinste sinntragende Einheit.

Weiter fällt beim Vergleich der beiden von ein- und demselben Fehler betroffenen Stellen zum Beispiel auf, daß Inhaltswörter – Substantive, Verben, Adjektive – fast immer nur mit Inhaltswörtern vertauscht werden und nie mit Funktionswörtern wie Artikeln, Präpositionen, Konjunktionen. Folglich – so darf man schließen – werden Inhalts- und Funktionswörter wohl in zwei verschiedenen Schritten in die geplante Äußerung eingesetzt. Und da sich die Funktionswörter (etwa die Artikel) erst richtig einsetzen lassen, wo die Inhaltswörter bereits feststehen, ist auch klar, in welcher Reihenfolge das geschieht: erst Inhaltswörter, dann Funktionswörter. Wenn Sprechfehler wie *das Glatz platzt* (ein Vorklang des tz) häufig vorkommen, nicht aber Fehler wie *das Dlas platzt* (es wäre ein Nachklang des d aus »das«), so legt das den gleichen Schluß nahe: Ein Inhaltswort kann die Laute eines anderen Inhaltsworts einfärben, aber die Laute eines Funktionsworts wirken in kein Inhaltswort hinein – wenn die Funktionswörter ihren Auftritt haben, sind nämlich die Inhaltswörter bereits fertig.

Wo zwei Inhaltswörter miteinander verwechselt werden, haben diese sehr oft etwas miteinander gemein: Sie klingen ähnlich, oder sie bedeuten etwas Ähnliches (*ich gebe die Präparate in den Briefkasten* statt »Brutkasten«, *er kommt mit dem Dampfer* statt »mit der Eisenbahn«). Das aber heißt, daß unser Lexikon, unser Wortschatz nach mindestens zwei Prinzipien geordnet ist – nach der Bedeutung der Begriffe und nach dem Klang der Worte. Wenn wir bei der Montage eines Satzes unser inneres Lexikon wälzen, wählen wir oft versehentlich eines, das dem eigentlich gesuchten im Klang oder in der Bedeutung benachbart ist. Gar nicht so selten passiert es, daß fälschlich ein Wort in den Satz eingesetzt wird, das seinen Sinn ins genaue Gegenteil verkehrt: *ich kann ihr nichts Gutes ... äh Schlechtes nachsagen*; *er steckt seinen Kindern in die Sparbüchse, was er verliert* (statt »gewinnt«); *später wird's besser* (statt »schlechter«). Die Psychoanalyse rankt phantasievolle Spekulationen um derlei »Fehlleistungen«. Sie meint, in ihnen drücke unser innerer Dämon, »das Unbewußte«, seine geheimen Wünsche aus, die unsere wahren Wünsche sind und das Licht des Tages zu scheuen haben. Als Fehler im Planungsprozeß wie alle anderen Versprecher auch lassen sie sich indessen leichter und vollständiger erklären. Wir wählen zwar ein falsches Wort, aber eins, das dem eigentlich gesuchten semantisch sehr nahe ist. Es unterscheidet sich in der Tat nur durch ein einziges Bedeutungsmerkmal: »schlecht« statt »gut«, »früher« statt »später« (aber nicht etwa »schlecht« statt »später« oder dergleichen).

Bei allem Versprechen ist es eine sehr auffällige Tatsache, daß einzelne Laute und Lautgruppen im Fall ihrer Vertauschung ihre Stellung behalten: Anlaut gegen Anlaut, Vokal gegen Vokal, Auslaut gegen Auslaut. Aus »Lautgruppe« würde *Grautluppe*, aber nie und nimmer *Pautgrulle*. Überliefert ist der Versprecher *Taps und Schnabak*; *Kaps und Tabaschn* wäre undenkbar. Das heißt, wenn wir Silben zusammensetzen, so gruppieren wir An- und Auslaute um einen Vokal und stecken sie dabei zuweilen in den falschen »Schlitz«. Wie sich zeigt, wenn uns ein Wort auf der Zunge liegt, kommt uns ein Wort nicht unbedingt in einem Stück aus unserem Lexikon entgegen. Zunächst wissen wir nur seine Länge, seine

Silbenzahl und wo sein Ton liegen müßte; dann entsinnen wir uns meist ungefähr der Farbe seiner betonten Vokale; und ganz zuletzt erst stellen sich die Konsonanten der An- und Auslaute seiner Silben ein. Haben wir die, so ist das Wort komplett.

Auffällig ist weiter, daß die Satzbetonung auch dann gleich bleibt, wenn Wörter vertauscht werden. Seine eigene Betonung nimmt ein Wort bei einer Vertauschung mit; sie ist also fest mit ihm verbunden und wird mit ihm zusammen versetzt. Wenn »ein Wochenende für Verrückte« durch Vertauschung zu *ein Verrückter für Wochenenden* entstellt wird, dann tritt nicht etwa ein Wort in die Betonung des anderen ein (*VERrückte*, *WoCHENende*), sondern jedes behält die ihm eigene Betonung. Anders aber der Satzton. Der Hauptton in »das ist ein Wochenende für Verrückte« liegt auf dem letzten Wort (»Verrückte«), das durch ihn am stärksten hervorgehoben wird – es ist das wichtigste Wort des Satzes, auf das hin er geplant wurde. Den zweitstärksten Ton hat »Wochenende«. An diesen Stellen bleibt der Satzton auch dann, wenn beide Wörter vertauscht werden, unsinnigerweise, denn nun erscheint *Wochenenden* als die Hauptsache. Also muß die Satzbetonung festgelegen haben, ehe bestimmte einzelne Wörter eingesetzt wurden, in einem sehr frühen Stadium der Satzplanung.

Manchmal scheinen Wörter mitsamt all ihren Vor- und Nachsilben eine Einheit zu bilden, manchmal aber werden den aus dem Lexikon aufgerufenen Stammsilben Affixe offenbar erst in einem späteren Schritt angeheftet. Nur darum kann es zu Entgleisungen wie *Gebrecherverhirne* oder *ein distinguenter Fremder* kommen: Hier hat das -emd- aus Fremder vorausgewirkt, aber nicht zu einem *distinguemden* Fremden geführt, sondern zu einer zwar in diesem Fall unrichtigen, aber plausiblen Nachsilbe.

Flexionsendungen (also Endungen, die durch die Deklination von Substantiven und die Konjugation von Verben notwendig werden) werden in einem noch späteren Schritt angehängt. Das ergibt sich aus Fehlleistungen wie *du leichst dir merk seinen Namen*. Hier wurden die Stammsilben »merk« und »leicht« vertauscht. Das -st kann dem (falschen) Verb aber erst hinterher angeheftet worden sein, als sie ihre Plätze schon gewechselt hatten. Ein englischer Sprecher wollte »an eating marathon« (ein Eßmarathon) sagen; heraus aber kam es als *a meeting arathon* – das m war ihm irrtümlich nach vorn gewandert. Aber er sagte nicht *an meeting arathon*. Die Wanderung des m hatte Folgen auch für den unbestimmten Artikel. Vor einem Konsonanten muß er nach den im Englischen gültigen Regeln »a«, nicht »an« lauten, und entsprechend war er redigiert worden. Artikel und ähnliche Funktionselemente, heißt das, werden erst in einer sehr späten Phase eingefügt – sie erhalten die Chance, sich nach den vorher versammelten Inhaltswörtern zu richten, auch wenn diese falsch plaziert wurden.

So also läßt sich im groben skizzieren, in welcher Reihenfolge wir vorgehen, wenn wir eine Äußerung zusammensetzen.

1. Am Anfang steht etwas Gedachtes, die Vorstellung einer Bedeutung. Sie ist noch nicht in eine Abfolge einzelner Elemente zerlegt, sondern noch simultan. Und sie ist noch ganz und gar sprachlos, ohne Grammatik und ohne Wörter, aber existiert in einer in Sprache überführbaren Form.

2. Dieser simultanen vorsprachlichen Bedeutungsvorstellung wird eine grammatische Form gegeben; dabei entscheidet sich, auf welchen Bedeutungselementen (noch hat die Äußerung kein einziges Wort) der Ton zu stehen kommen wird – eine Tonkontur für den Satz wird entworfen. Die Satzbetonung steht von nun an nicht mehr zur Disposition; das macht sie sicher vor Entstellungen.

3. Das innere Lexikon wird abgesucht. Zunächst werden passende Inhaltswörter an die betonten Stellen gesetzt, manchmal gleich mit etwaigen Vor- und Nachsilben, manchmal werden diese aber auch erst in einem weiteren Arbeitsgang angekoppelt. Beim Absuchen des semantischen Lexikons können Wörter mit dem falschen (aber meist einem benachbarten) Sinn, beim Absuchen des phonetischen Lexikons solche mit dem falschen (aber meist einem benachbarten) Klang eingesetzt werden. Bisweilen werden im Lexikon zwei semantisch oder phonetisch benachbarte Wörter herausgesucht, wo nur eines gebraucht wird; dann können diese beiden verschmelzen (so wird aus »hastig« und »rastlos« ein *hastlos*.)

4. Dann werden Funktionswörter und andere Elemente in das entstehende Satzgebilde eingebaut, die die grammatischen Bezüge innerhalb des Satzes klarmachen (Plural-, Kasus- und Verb-Endungen).

5. Die soweit nunmehr fertige Äußerung wird in eine exakte Abfolge von Lauten verwandelt. Hierbei kann es zu vielen Pannen

kommen, bei denen einzelne Laute oder Lautgruppen an die falsche Stelle geraten oder besonders markante Laute auf andere einwirken.

6. Die so entstandene Lautserie wird einer Schlußredaktion unterworfen. Hat ein voraufgegangener Fehler zu Lautgebilden geführt, die in der betreffenden Sprache nicht möglich sind, so werden diese normalisiert. So wird aus »du leichtst dir merk...« ein *du leichst*, um das im Deutschen ungewöhnliche, uns geradezu unaussprechlich vorkommende -chtst zu vermeiden.

7. Nun steht der Satz Laut für Laut fest und wird als serielles Bewegungsprogramm in einen »Motorpuffer« geschickt, einen Zwischenspeicher des Gehirns, von dem aus er Signal für Signal abfließt und die raschen, koordinierten Bewegungen von jenen etwa hundert Muskeln steuert, mit deren Hilfe wir etwa zwanzig Laute pro Sekunde hervorbringen können. Dabei werden ihm auch noch seine »emotionalen« Eigenschaften aufmoduliert – Lautstärke, Tempo, Rhythmus, Tonfall.

Dieses Modell, das sicher in Einzelheiten korrekturbedürftig ist und keiner Verfeinerung Grenzen setzt, steht natürlich nicht im Widerspruch zur Transformationsgrammatik. An irgendeiner Stelle, und zwar sehr früh, noch ehe der Satz irgendwelche Wörter besitzt, muß eine grammatische Struktur in den Planungsprozeß eingeschossen werden. Wenn an der psychischen Realität der Transformationsgrammatik Zweifel bestehen, so aus anderen Gründen. Zum Beispiel wurde im Experiment überprüft (Tannenbaum/Williams 1968), ob die Herstellung von Passiv-Sätzen *(das Auto wird vom Zug gerammt)* länger dauert als die von Sätzen im Aktiv *(der Zug rammt das Auto)*. Sie müßte länger dauern, denn Passiv-Sätze müssen ja erst noch transformiert werden. Sie dauert aber nicht länger, jedenfalls dann nicht, wenn man die Aufmerksamkeit der Sprecher durch ein paar Vorbemerkungen auf das Ding lenkt, dem die Handlung zustößt (das Auto). Tut man es nicht, so dauert sie zwar länger, aber offenbar nicht wegen der nötigen grammatischen Transformation, sondern weil der Sprecher zunächst seine Aufmerksamkeit umschalten muß.

Die Transformationsgrammatik, so kann man wiederum nur schließen, beschreibt nicht, was im grammatikerzeugenden Geist tatsächlich vorgeht. Das Gehirn hütet sein Grammatikgeheimnis weiter.

DIE GRAMMATIK-ERFINDER

Die Worte sind verklungen, ohne Spuren zu hinterlassen, die man heute befragen könnte. Wie die Wörter lauteten, die in den Horden werdender Menschen vor jeder Geschichte gesprochen wurden, läßt sich auf keine Weise mehr rekonstruieren.

Wenn Richard Fester, der sich selber als den ersten »Paläolinguisten« der Welt sieht, auf der Suche nach der menschlichen Ursprache heutige Sprachen nach gleichen Morphemen mit gleicher Bedeutung durchmustert, in der Hoffnung, aus solchen Übereinstimmungen die eine erste Sprache erschließen zu können, so bewegt er sich im Reich der Fantasy und nicht in dem der Wissenschaft. Viele Sprachen, so zeigt er beispielsweise, besitzen Morpheme, die eine gewisse, wenngleich meist recht ferne Ähnlichkeit mit der Silbe *kall* haben; und manches, was diese verschiedenen Wörter bezeichnen, läßt sich bei genügend langem Grübeln mit irgend etwas Hohlem in Verbindung bringen. Dieser Umstand aber beweist leider noch lange nicht, daß irgendwann einmal eine Ursprache gesprochen wurde, in der es ein Wort *kall* gab, welches die »Höhle« bezeichnete. Bei der relativ kleinen Zahl von Lauten, welche die menschliche Stimme hervorbringen kann, ist es nämlich ganz unausbleiblich, daß in vielen Sprachen ähnliche Lautverbindungen vorkommen. Es wäre geradezu seltsam, fehlte in irgendeiner Sprache die Kombination k, Vokal und l. Verwandt, homolog müssen diese Sprachen darum noch keineswegs sein.

Und die Nähe der Bedeutungen? Gut, im Litauischen gibt es ein Wort, das heißt *kaulas* und bedeutet »Knochen«. Im Bengalischen gibt es ein *kandh* in der Bedeutung »Hals«, im Baskischen ein *kalipu*, das für »Mut« steht, im Norwegischen heißt »Glück« *lykke*, im Finnischen »Flirt« *heilakka*, im Chinesischen ist *xing* »Stern«. Lautlich sind sich diese Wörter unähnlich genug, und semantisch, möchte man meinen, können sie gar nicht weniger miteinander zu tun haben. Fester aber sieht durch alle das eine *kall* seiner Ursprache hindurchschimmern: Höhle, hohler Knochen, hohle Hand, hohler Schädel, hohler Schoß, hohler Himmel... Er gleicht dem Freudianer, der in jedem halbwegs länglichen Ding einen Penis zu erkennen glaubt. Was der »Paläolinguist« für frappierende Übereinstimmungen hält, sind wahrscheinlich nur seine Projektionen. Es sind schwer zwei Wörter vorstellbar, die sich nach diesem Verfahren nicht miteinander in Verbindung setzen ließen. Was hier auf Entdeckungen ausgeht, ist ein spezialisierter Beziehungswahn. Die historische Sprachforschung, die den übersehbaren Sprachwandel in den zurückliegenden Jahrhunderten, bestenfalls Jahrtausenden beschreibt, lehrt, daß Rekonstruktionsversuche dieser Art völlig zwecklos sind. Sowohl die Lautgestalt wie die Bedeutung der Wörter verschiebt sich viel zu stark und zu schnell und vor allem zu unvorhersehbar, als daß man irgendein Wort mit auch nur einiger Sicherheit weit in die unbelegte Zeit hinein zurückverfolgen könnte. Wenn man weiß, daß mehrere Sprachen aus einer gemeinsamen Wurzel entstanden sind, weil sie viele ganz ähnliche Wörter in ganz ähnlichen Bedeutungen haben und weil dazu paßt, was man überhaupt über die Geschichte der betreffenden Völker weiß, dann kann man vorsichtig raten, wie irgendeins dieser Wörter in der Wurzelsprache gelautet haben könnte. Aber solche Konjekturen lassen sich nicht um Jahrzehntausende oder Jahrhunderttausende ins Dunkel der Vergangenheit zurückschieben. Selbst wenn es eine einzige Ursprache gegeben haben sollte und in dieser ein Wort *kall* für die »Höhle«, so wären dessen Abkömmlinge heute so völlig unberechenbar verändert, daß sich das Urwort in ihnen nicht mehr erkennen ließe.

Ist das Lexikon der hypothetischen Ursprache nicht mehr auffindbar, so doch vielleicht ihre Grammatik? Die Hoffnung der ethnologischen Ära, irgendwo auf der Welt auf eine wirklich »primitive«, nämlich auf eine Frühform von Sprache zu treffen, hat sich nicht erfüllt. Zwar gibt es Sprachen mit einem sehr viel ärmeren Wortschatz. Die Arunta-Sprache der australischen Ureinwohner zum Beispiel hat Wörter nur für konkrete Begriffe und zählt nur bis drei; jede höhere Zahl heißt »viele«. Auf Arunta ist also das meiste, worüber sich Menschen anderer Sprache unterhalten können, nicht sagbar. Aber keine Sprache scheint prinzipiell außerstande zu sein, Wörter und Sätze so zu bilden, daß alles Sagbare auch in ihr sagbar wird. Alle Sprachen scheinen eine voll ausgebildete Grammatik zu besitzen. Das jedenfalls war die Kunde, die

Anthropologen um Franz Boas nach dem Ersten Weltkrieg aus allen Himmelsrichtungen nach Hause brachten. Sie wurde freudig akzeptiert, denn sie sagte, was das schlechte Gewissen der Weißen nun gerne hörte: daß die vormals von ihnen unterdrückten, versklavten, ausgeraubten, ausgerotteten Völker ihnen völlig gleich seien – eine ideelle Wiedergutmachung. Der amerikanische Linguist Edward Sapir, ein Schüler von Franz Boas, drückte die Überzeugung 1921 so aus: »Auf jedem Kulturniveau werden sowohl einfache als auch komplexe Sprachtypen jeder Art gesprochen. Was die linguistische Form anbelangt, geht Plato Seite an Seite mit dem mazedonischen Schweinehirten, Konfuzius mit dem Kopfjäger von Assam.« Das gilt bis heute. Es könnte aber auch sein, daß wir einfach noch nicht wissen, welches eigentlich die primitiven Merkmale einer Sprache wären. So könnten wir sie auch nirgends finden.

Die Sache scheint aussichtslos zu sein. Vorhistorische Syntaxen und Lexika haben Zeugnisse nicht hinterlassen, und erschließbar sind sie auch nicht. Die phylogenetischen Vorläufer der heutigen menschlichen Sprache sind verschollen. Aber vielleicht hatte jener ägyptische König Psammetich doch recht, als er meinte, die Menschen könnten eine Sprache auch spontan, aus sich heraus, ohne Nachhilfe der Außenwelt entwickeln, und dies sei die Grundsprache der Menschheit (und die Grundsprache dann auch die Ursprache)? Es wäre sehr verlockend, Psammetichs Experiment zu wiederholen. Natürlich würde den modernen Sprachforscher kaum interessieren, welche Lautung die spontan erfundenen Wörter hätten – das Lexikon ist ja der äußerlichste, unbeständigste Teil der Sprache. Was sie um so mehr interessieren würde, wäre die spontan erfundene Syntax, wenn denn eine erfunden werden sollte. Und wenn die in völliger Isolation aufgewachsenen Kinder unabhängig voneinander sich jedes eine Syntax erfinden sollten, und alle diese Syntaxen wären einander ähnlich – dann wäre klar, daß sich in ihnen ein genetisches Programm ausdrückte, und man könnte endlich genauer bestimmen, worin der genetische Anteil an den Grammatiken natürlicher menschlicher Sprachen bestünde, die »Disparität zwischen Kenntnis und Erfahrung« (Chomsky) wäre geklärt, das Rätsel gelöst. Man könnte ... aber Isolations- und Deprivationsexperimente mit höheren Tieren sind schon schwer zu rechtfertigen und mit Menschen ganz und gar ausgeschlossen. Muß die Neugier also ungestillt bleiben? Zuweilen macht das Leben selbst seltsame Experimente, die der idealen Versuchsanordnung nahekommen; und zuweilen sind auch findige Forscher zur Stelle, die Ergebnisse in Augenschein zu nehmen.

Manche Kinder haben das Unglück, taub geboren zu sein oder noch vor dem Erwerb einer Sprache taub zu werden. Sie hören niemals ein Wort, können sich Laute überhaupt nicht vorstellen. In den Vereinigten Staaten ist einer von vierhundert Menschen vor dem Spracherwerb gehörlos geworden. Neunzig Prozent dieser Gehörlosen wachsen in Familien auf, in denen gesprochen wird, so daß sie dort keine Sprache lernen können. Sie lernen statt dessen die Zeichensprache ASL(American Sign Language), aber der Unterricht beginnt frühestens mit fünf, sechs Jahren und manchmal erst im Erwachsenenalter. Des öfteren bringen ihnen die Eltern schon vorher etwas ASL bei. Manche Schulbezirke Amerikas aber hängen an der Theorie, daß die Kinder auf gar keinen Fall irgendeinen Unterricht in irgendeiner Zeichensprache erhalten sollten, denn diese Deprivation und nur sie würde sie bewegen, den Mitmenschen die Sprache von den Lippen abzulesen und so selber doch vielleicht noch die Lautsprache zu lernen. Diese Kinder also wachsen fast so sprachlos auf wie die in Psammetichs Versuch. Zwar umgibt sie Sprache, aber sie hören sie nicht; Unterricht in einer Zeichensprache erhalten sie nicht, ihre Eltern können selber keine und wollen in der Hoffnung auf die Früchte der Lippen-Theorie (die recht mager zu sein scheinen) auch gar keine können, so daß sie allenfalls gelegentlich irgendeine ausdrucksvolle Handbewegung improvisieren.

In Philadelphia wurden ab Mitte der siebziger Jahre sechs solche Kinder von Heidi Feldman, Susan Goldin-Meadow und einigen anderen Sprachforscherinnen über Jahre hinweg regelmäßig beobachtet. Und dabei zeigte sich, daß diese Kinder, die keinen oder nur den allerdürftigsten sprachlichen Input erhielten, nicht nur einen fast normalen Mitteilungsdrang entfalteten, sondern auch Mittel und Wege fanden, sich mitzuteilen – ähnliche Mittel und Wege.

Jedes für sich erfand sich eine Zeichensprache, und zwischen diesen Sprachen gab es ebenso Übereinstimmungen wie zwischen ihnen insgesamt und der normalen gesprochenen Kindersprache. »Alle begannen wie Kinder mit gesundem Gehör einfach auf Leute und Dinge in ihrer Umwelt zu zeigen, während sie den Blick ihrer Zuschauer suchten (das heißt, sie zeigten nicht, wenn niemand zusah)... Diese Zeichensprache nimmt bei Kindern mit intaktem Gehör ab, wenn die Sprache in Erscheinung tritt. Als aber unsere Versuchspersonen älter wurden, vollzogen sich zwei auffallende Änderungen in ihren Kommunikationsversuchen. Sie fingen an, die Zeigegesten in Kombination miteinander zu verwenden, und zwar in einer Art, die eindeutig semantische Beziehungen zwischen dem ausdrücken sollte, was die Zeigegesten bezeichneten. Und sie begannen bildhafte Gesten zu erfinden, die Prädikate verschiedener Art zu vertreten schienen. Sie wurden bald mit den Zeigegesten kombiniert, und zwar auf strukturierte Weise« (Feldman u.a. 1978).

Die Hinweisgesten waren sozusagen die »Substantive« dieser improvisierten Gebärdensprachen. Hörende Kinder müssen für jedes Ding, von dem sie reden wollen, ein anderes Wort lernen; gehörlose Kinder verwenden immer die gleiche Hinweisgeste. Man sollte darum erwarten, daß in ihren Sprachproduktionen »Substantive« viel zahlreicher sind. Das aber ist nicht der Fall. Sie sprechen von den gleichen wenigen Dingen, von denen auch hörende Kinder sprechen: von Gegenständen, Leuten, Körperteilen, Tieren, Eßbarem, Kleidungsstücken, Fahrzeugen; von Möbeln und Orten aber etwa schon kaum noch, von der eigenen Befindlichkeit nie.

Diese Substantive verbinden die Kinder mit selbsterfundenen Zeichen, die ihre Beobachter als Prädikate verstanden: hämmernden Handbewegungen, um »schlagen« auszudrücken; rotierenden Fäusten mit der Bedeutung »radfahren«, einem Übergabezeichen für »geben«. Wie bei Kindern mit intaktem Gehör ist die Zahl der Prädikate, die Handlungen oder Bewegungen bezeichnen, wesentlich höher als die »Verben« für Attribute (»...ist groß«) oder seelische Zustände (»...freut sich«).

Die gestischen Äußerungen sind kurz, kürzer als die Äußerungen der sprechenden Kinder. Die meisten bestehen aus einem oder zwei Zeichen, und dabei bleibt es: Was sie ausdrücken wollen, zerlegen diese Kinder in die baren Propositionen. Ihre Sprache ist telegraphischer noch als die normaler Kinder. Aber wie diese werden sie mit zunehmendem Alter fähig, auch längere Sätze zu bilden, aus bis zu sechs, ja bis zu neun oder zehn Zeichen.

Die Bedeutung des Satzes wird, wie in der gesprochenen Sprache, durch die Reihenfolge der Zeichen ausgedrückt. Diese ist nicht zufällig oder beliebig. In der typischen Zwei-Zeichen-Äußerung nennt das erste entweder die Handlung (»geben«, »beißen«, »spielen«), das zweite den Empfänger (»geben Mutter«); oder aber das erste nennt den »Patienten«, also das Ding, mit dem irgend etwas getan wird, das zweite dann entweder die Handlung oder den Empfänger. Manchmal kommt als drittes Zeichen eins für den Handelnden (quasi das Subjekt) oder eins für den Ort hinzu.

David, das gestisch beredteste der sechs Kinder, gab etwa mit vier Jahren diese Folge zu Protokoll, als man ihm das Bild einer Schneeschaufel zeigte: Schaufel – schippen. (Neutrale Haltung der Hände, Satz zuende.) Schaufel – Stiefelanziehen – draußen – Keller – Schaufel – schippen – Stiefelanziehen. David. Schippen – draußen – Schnee – Schaufel – Schnee. Schippen – ja. Schaufel – Keller – schippen – Keller. Die Sprachforscherinnen lasen daraus sechs Sätze, die sie wie folgt übersetzten: »Die Schaufel ist zum Schippen da. Ich ziehe die Stiefel an und nehme die Schaufel aus dem Keller und geh nach draußen und schippe. Ich! Ich schippe, wenn draußen Schnee liegt, und ich schippe den Schnee. Ja, ich schippe. Die Schaufel ist im Keller, womit ich schippe, ist im Keller.«

Alles dies erfinden sich, wie gesagt, die Kinder selber. Die Linguistinnen achteten besonders darauf, ob die Regelmäßigkeiten ihrer Syntax auf irgendein Vorbild zurückgehen konnten. Sie konnten es nicht, sie wichen entscheidend von den sehr kümmerlichen, in keinem Fall überlegenen Zeichensprachversuchen ihrer Mutter ab. Es ist somit wohl denkbar, daß die übereinstimmenden Regelmäßigkeiten ihrer spontanen Sprache ein genetisches grammatisches Vorwissen zum Ausdruck brachten, jenes Grammatikprogramm, das auch allen gesprochenen Sprachen zugrunde liegt – und das gleichzeitig das primitive Minimalprogramm ist, welches den heute kulturell weit aufgefächerten Sprachen einmal zeitlich voraufging.

Unverhoffte Evidenz für eine angeborene und allen Sprachen zugrunde liegende Grundgrammatik könnten auch die Kreolsprachen sein. Dies ist die Hypothese des Linguisten Derek Bickerton von der Universität Hawaii, die in der Sprachwissenschaft seit einigen Jahren für einiges Aufsehen sorgt.

Kreolsprachen ist die Sammelbezeichnung für jene gut dreißig Sprachen, die sich zwischen dem sechzehnten und neunzehnten Jahrhundert unter den aus vielen verschiedenen Sprachgemeinschaften stammenden Arbeiter- und Sklavenheeren der ehemaligen europäischen Kolonialmächte ausgebildet haben. War eine Kolonie gegründet, schafften die Kolonialherren alsbald billige Arbeitskräfte aus aller Welt herbei, Menschen, deren durchschnittliche Lebenserwartung dann nur noch sieben Jahre betrug. Ihr Zusammenleben schuf auch Verständigungsprobleme.

Wenn Menschen verschiedener Sprachen miteinander zu tun bekommen, erfinden sie sich ein Verständigungsmittel. Bei flüchtigen und nicht besonders wichtigen Kontakten mag es eine Zeichensprache sein. Werden die Kontakte enger, so wird die gesprochene Sprache zu Hilfe genommen. Die Behelfssprache, die sich dabei ergibt, heißt Pidgin. Ein Pidgin war beispielsweise die Behelfssprache, in der sich russische Kaufleute und norwegische Fischer verständigten, wenn sie am Nordmeer in eisfreien Zeiten gelegentlich Handel miteinander trieben – es hieß Russenorsk und kam ohne die vielen Flexionsendungen des Russischen aus, kennzeichnete aber Verben durch eine Nachsilbe, um sie von Substantiven zu unterscheiden. Die Unterscheidung von zwei Wortklassen, Substantiven und Verben, scheint zur grammatischen Mindestausstattung aller Sprachen zu gehören. Die Wörter der Pidgin-Sprachen sind meist jene der jeweiligen Herren und Bosse, also englisch, französisch, spanisch, portugiesisch, niederländisch. Die Aussprache ist stark von der Muttersprache des Pidgin-Sprechers beeinflußt. Die Grammatik ist stark reduziert und fließend: Je nach Situation streift der Pidgin-Sprecher von der Grammatik seiner Muttersprache alles ab, was ihm entbehrlich scheint. So haben die Pidgin-Sprecher einen ungefähr übereinstimmenden kleinen Wortschatz, aber unbeständige, improvisierte und nur ganz kümmerliche Grammatiken. Ein Satz im Hawaii-Pidgin mit seinem englischen Wortschatz, gesprochen von einem alten Mann japanischer Herkunft, geht so: *Before mill no more Filipino no nothing* (»Ehe die Mühle gebaut wurde, gab es hier gar keine Filipinos«). Pidgin reicht nur zu einer rudimentären Verständigung.

Was aber geschieht mit den Kindern der Pidgin-Sprecher? In dem Maß, in dem sie vorwiegend oder ausschließlich Pidgin zu hören bekommen und es selber gebrauchen, wird dieses zu ihrer Muttersprache. Und in dem Augenblick, da eine Behelfssprache der Erwachsenen zur Muttersprache ihrer Kinder wird, stößt ihr etwas zu. Die Behelfssprache hatte noch keine festen Regeln; die Kinder aber geben ihr eine verbindliche Grammatik. Das Pigdin gerinnt zu einem Kreol, es »kreolisiert«. Woher aber nehmen die Kinder diese neue, kreolische Grammatik, die das Pidgin nicht aufwies? Aus den Sprachen, aus denen sich das Pidgin rekrutiert hat? Bickerton ist der Meinung, und er weist es in einigen Fällen nach, daß in dem neuen Kreol grammatische Formen vorkommen, die es in keiner der Sprachen der Pidgin-Eltern und auch in keiner der sonstigen »Kontaktsprachen« gab. Soweit besagt das Argument nur, daß Kinder – bemerkenswert genug – irgendwelche Grammatiken erfinden können. Bickerton aber ist darüberhinaus der Ansicht, daß diese neu erfundenen Formen in allen unabhängig voneinander entstandenen Kreolsprachen mehr oder weniger gleich sind. Diese Übereinstimmung unter den neuerfundenen Grammatiken aber könnte dann sehr wohl der Ausdruck eines universalen, genetisch vermittelten Syntaxprogramms sein.

Mehr oder weniger – die Pidgins nämlich sind nicht alle gleich defekt. Je defekter sie sind, je geringer und widersprüchlicher der grammatische Input ist, dem die Kinder ausgesetzt sind, desto deutlicher und reiner tritt in dem von ihnen geschaffenen Kreol das sprachliche »Bioprogramm« hervor. Es überbrückt den Abstand zwischen Input und Output, zwischen Erfahrung und Wissen. Das in diesem Sinn reinste Kreol glaubt Bickerton im Saramaccanischen aufgespürt zu haben. Die Saramaccaner gehören zu den sogenannten Buschnegern im heutigen Surinam. Es sind Nachfahren jener afrikanischen Sklaven, die wahrscheinlich 1668 von den Plantagen in den Wald am Saramacca-Fluß flohen, dort sehr »wilde« Lebensformen bewahrten und auch ihre eigene Kreolsprache, die sich von dem in Surinam gesprochenen nationalen Kreol, dem Sranantongo oder Taki-Taki, unterscheidet. Die geflohenen Sklaven waren alle noch in Afrika geboren, hatten von dort also verschiedene Muttersprachen mitgebracht, die ihnen zur Verständigung untereinander wahrscheinlich nur wenig nützten, und sie waren alle seit weniger als zehn Jahren in Amerika gewesen, hatten also von den Kolonialsprachen ihrer Herren, dem Englischen und Portugiesischen, wahrscheinlich noch nicht viel mehr angenommen als eine Handvoll Wörter. Grammatisch war ihr Pidgin wohl besonders regellos. Fast hundert Jahre lang lebten sie und ihre Kinder als Wilde isoliert im Urwald. Keine Kontaktsprache lieferte ihnen in dieser Zeit irgendeinen nennenswerten Input. Bei der Erfindung der saramaccanischen Grammatik müßten die Kinder also in besonderem Maß auf die Grammatik angewiesen sein, die ihnen von selbst im Kopf wuchs.

Die Eltern bleiben bis ans Lebensende, auch wenn inzwischen ein Kreol geschaffen ist, bei ihrem inkonsequenten Pidgin – ein weiteres Argument dafür, daß der Spracherwerb (beziehungsweise die Grammatikschöpfung, was sich als ungefähr dasselbe erweisen mag) seine sensible Phase hat. Man bleibt bei der vor der Pubertät erworbenen Sprache oder, wie im Fall des Pidgin, bei ihren verstümmelten Derivaten, auch wenn sie in ihrer Leistung sehr offensichtlich zu wünschen übrigläßt und tüchtigere Sprachen zur Verfügung stünden.

Ohne daß sich ihre Übereinstimmungen auf ein gemeinsames Vorbild zurückführen ließen, sind sich die verschiedenen Kreolsprachen in einiger Hinsicht grammatisch ähnlich, so Bickertons Argument. Sie enthalten nur, was in der herkömmlichen europäischen Grammatik Substantiv und Verb heißt, dazu Elemente, die diese beiden Wortklassen modifizieren. Präpositionen und Adverbien haben sie nur sehr wenige. Die Substantive werden nicht flektiert, »Fälle« also nicht gekennzeichnet. Die Substantive erhalten einen Artikel, um ein bestimmtes Exemplar seiner Klasse zu bezeichnen (»die Schlange«); generische Substantive bleiben ohne Artikel (»Schlangen sind gefährlich«; »Schlange ist hier nicht«). Fragen bilden die Kreolsprachen nicht, wie das Deutsche, durch Veränderungen der Wortstellung oder, wie Latein, durch Fragepartikeln, sondern allein durch eine besondere, steigende Satzmelodie: *You can fix this?* Zusätzlich zu einem verneinten Verb verwenden sie oft ein verneintes Subjekt: *No dog did not bite no man* im Guyana-Kreol. Diese mehrfache Negation scheint einer weitverbreiteten Phase im kindlichen Spracherwerb zu entsprechen, die etwa mit dreieinhalb bis vier Jahren durchmessen wird *(Keiner mag mich nicht)*. Auch Primitiv-Deutsch tendiert dazu: *Ich hab kein Geld nicht.*

Die verblüffendsten Übereinstimmungen aber zeigten sich darin, wie sechs von Bickerton analysierte Kreols das Verbum konjugieren. Flektiert wird es in keiner. Aber jede hat Mittel, um Zeit, Modalität und Aspekt anzuzeigen. Und zwar werden dem Verb unveränderliche Partikeln vorangestellt. Die unkonjugierte, also partikellose Form bedeutet bei Handlungsverben Gegenwart und Vergangenheit, bei Zustandsverben wie »lieben« oder »wissen« nur die Gegenwart. Bezugspunkt ist nämlich nicht die Kalenderzeit, sondern die subjektive Gegenwart, also die Zeit, von der gerade berichtet wird (Sranantongo *a waka*; Haiti-Kreol *li maché*; Hawaii-Kreol *he walk*). Was dieser Zeit vorausgegangen ist, erhält eine Vergangenheitspartikel: *a ben waka; li té maché; he bin walk* (»er war gegangen«). Daneben gibt es eine irreale Form, die angibt, was nicht ist, aber sein könnte, sein sollte, sein wird (also auch das Futur): *a sa waka; l'av maché; he go walk.* Handlungsverben schließlich können ein drittes Element führen, das die Handlung als eine von Dauer ausweist, also einen durativen Aspekt ausdrückt, ähnlich der progressive form des Englischen (»he is walking«): *a e waka; l'ap maché; he stay walk* (»er geht und geht und geht«). Zustandsverben erhalten diese Partikeln nie, da sie ja schon selber einen dauerhaften Vorgang bezeichnen. Die drei Partikeln sind in allen untersuchten Sprachen miteinander kombinierbar, und zwar immer in der Reihenfolge Zeit-Modus-Aspekt, bis Formen entstehen wie *a ben sa e waka; li t'av ap maché; he bin go stay walk* (etwa »er wäre davor unausgesetzt gelaufen«).

Wenn aber tatsächlich ausgeschlossen werden kann, daß die über die ganze Welt verstreuten Kreolsprachen ihre Ähnlichkeiten einer gemeinsamen »Kontaktsprache« verdanken (eine ältere Theorie hielt das Portugiesische für eine solche, aber aus historischen Gründen – zu den fraglichen Zeiten waren die für die Theorie benötigten Sprecher selten am richtigen Ort nachzuweisen – scheint es auszuscheiden), dann ist Bickertons »Sprachbioprogramm-Hypothese« kaum von der Hand zu weisen: »Da die grammatischen Strukturen der Kreolsprachen einander ähnlicher sind als den Strukturen irgendeiner Sprache sonst, muß man annehmen, daß die meisten, wenn nicht sogar alle Kreolsprachen von den Kindern der Pidgin sprechenden Einwanderer erfunden wurden. Da sie außerdem unabhängig voneinander erfunden sein müssen, ist wahrscheinlich irgendeine allen Menschen gemeinsame Fähigkeit verantwortlich für diese Übereinstimmungen... So mag es möglich sein, die Struktur der menschlichen Sprache in ihren frühen Entwicklungsstadien wenigstens in groben Umrissen zu rekonstruieren.« Oder: in den kreolischsten der Kreolsprachen, den mit dem minimalsten Input gebildeten, können wir heute die Grammatik der Altsteinzeit erblicken, von der die vielfältigen Grammatiken der heutigen Sprachen einmal ihren Ausgang genommen haben.

Bickerton glaubt wie Chomsky an die Existenz eines angeborenen, speziell-linguistischen Programms, das uns vorschreibt, wie unsere Grammatik beschaffen sein soll. Er hält dieses Programm aber für viel weniger umfangreich und detailliert als Chomsky. Chomskys genetisch geformte Kerngrammatik enthält alle Prinzipien und Regeln, die in sämtlichen menschlichen Sprachen auftreten könnten; im Laufe seiner Sprachakquisition erwirbt jeder Mensch dann nur noch das Wissen, welche dieser Regeln in seiner Muttersprache gelten sollen, wählt aus der Kerngrammatik also sozusagen eine, seine eigene Grammatik aus, indem er im Licht seiner konkreten Spracherfahrung in der Kerngrammatik Parameter setzt. Das Sprachprogramm der Gene müßte in diesem Fall sehr viel Detailinformationen enthalten. Das stört Bickerton weniger. Es irritiert wohl auch nur darum, weil uns die Vorstellung, es gebe detaillierte genetische Programme auch für geistige Funktionen, noch sehr ungewohnt ist und sich der menschliche Stolz sehr energisch gegen sie sträubt. Aber die genetische Programmierung langfristiger körperlicher Abläufe erfordert ebenfalls sehr große Mengen an Information; der Körper mag im Zusammenspiel seiner Funktionen überhaupt nicht einfacher sein als der Geist, auch wenn der es sich angewöhnt hat, ihn als eine schnöde, primitive Maschine zu verachten. Was Bickerton an Chomskys Kerngrammatik stört, ist nicht so sehr die schiere Menge an Information, die sie enthalten müßte, sondern deren Widersprüchlichkeit. Sie müßte zum Beispiel irgendeine Regel enthalten, derzufolge das Adjektiv, wie im Deutschen, immer vor dem Substantiv zu stehen hat, aber ebenso eine, derzufolge sein Platz hinter dem Substantiv ist, um die reguläre französische Form hervorzubringen. Sie gäbe nicht nur viele, sondern oft entgegengesetzte Anweisungen.

Darum glaubt Bickerton, das Bioprogramm stelle nur eine sehr einfache kleine Grundgrammatik zur Verfügung, die dann von den einzelnen Sprachen erweitert, ausgebaut, abgeändert, aber nie einfach übergangen wird. Angeboren wäre also zuzusagen eine Grammatik für Notfälle, die in Aktion tritt, wenn dem Kind keine Grammatik oder nur ein grammatisches Chaos angeboten wird. Das ist der Fall des Kreol. Der Mensch kann unendlich viele semantische Unterschiede machen. Seine Grammatiken setzen immer nur einen Teil davon in Regeln um. Die Kerngrammatik enthielte die denknotwendigsten dieser (binären) Unterscheidungen: Ein Wesen oder Ding ist bestimmt oder unbestimmt, eine Handlung spielt in der Berichtszeit oder davor, ist wirklich oder vorgestellt, ist punktuell oder andauernd. Diese einfachsten Unterscheidungen, so meint Bickerton, können in keiner Sprache unterschritten werden und werden auch nirgends unterschritten.

In der Wissenschaft sind wilde Theorien nicht gefragt, sie bewegt sich sehr bedächtig und vorsichtig voran, und so ist es klar, daß eine relativ kühne Hypothese wie die Bickertons auf viel Skepsis stößt. Ihre Schwachstelle ist die, daß das letzte Kreol zu Anfang dieses Jahrhunderts entstand und man darum heute leider nirgendwo mehr ein Kreol in statu nascendi beobachten kann, im Unterschied zur Sprache der gehörlosen Kinder, die man untersuchen kann, noch während sie entsteht. Es ist sehr schwer, in den meisten Fällen wohl sogar ganz aussichtslos, nachträglich mit einiger Sicherheit zu eruieren, wieviel und welche Art Input die Kinder, die ein Kreol schufen, denn nun tatsächlich hatten – so wenig, wie Bickerton meint, oder doch mehr. Aber vielleicht macht das Leben wieder einmal ein Experiment, und irgendwo entsteht ein neues Kreol, das die Linguisten samt dem Pidgin ihrer Eltern auf Tonband aufnehmen können.

Ein dritter und wieder ganz anderer Weg, dem angenommenen grammatischen Vorwissen auf die Spur zu kommen, wird von dem kalifornischen Psycholinguisten Dan I. Slobin beschritten. Er vergleicht, wie der Spracherwerb in verschiedenen Sprachen verläuft.

Dabei waren ihm schon um 1970 einige Sonderbarkeiten aufgefallen. Zum Beispiel die, daß zweisprachig aufwachsende Kinder, die gleichzeitig Ungarisch und Serbokroatisch lernten, im Ungarischen örtliche Beziehungen, wie sie im Deutschen durch die

Präpositionen »in«, »auf«, »unter« ausgedrückt werden, viel eher beherrschten als im Serbokroatischen. Erwirbt ein Kind einen bestimmten Begriff später als ein anderes, so nähme man normalerweise an, daß ihm das entsprechende Konzept erst später zur Verfügung stand, denn natürlich wird ein Kind nur das sagen, was es auch denken kann. Dies aber konnte hier nicht der Fall sein. Da sie den Begriff in der einen Sprache, im Ungarischen, ausdrücken konnten, mußten sie ihn auch denken können. Und wenn sie ihn in der anderen Sprache, dem Serbokroatischen, noch nicht ausdrücken konnten, so mußte das an der Sprache liegen; sie machte den Kindern den Ausdruck dieser Begriffe offenbar schwerer. Tatsächlich hat das Ungarische eine ganz andere Art als das Serbokroatische, örtliche Beziehungen zum Ausdruck zu bringen. Serbokroatisch verfährt wie Deutsch und alle indoeuropäischen Sprachen: Es stellt eine Präposition vor das betreffende Substantiv und hängt diesem wenn nötig eine Kasus-Endung an. Ungarisch hingegen heftet die Präposition hinten an das Substantiv. »Der Schlüssel steckt im Schloß« zum Beispiel heißt auf Serbokroatisch *ključ je u bravi* – *u* ist »in«, *bravi* ist »dem Schloß«. Auf Ungarisch ist es *a kulcs a zárban van*, wortwörtlich »Der Schlüssel ist das Schloß-in« – *van* ist »in«. Und diese Art und Weise, den gleichen Sachverhalt auszudrücken, finden die Kinder offenbar einfacher. Warum? Weil sie, wie verschiedene solche Vergleiche zeigten, besonders auf Inhaltsworte achten und ganz besonders auf deren Ende. Was einem Inhaltswort unmittelbar vorausgeht, beachten sie dagegen weniger – und lernen es später.

Solche Beobachtungen brachten Slobin zu dem Schluß, daß Kinder keine angeborene Grammatik besitzen und sie auch gar nicht brauchen. Sie brauchen sie nicht, weil sie über einige angeborene Strategien, »Arbeitsprinzipien« verfügen, die sie auf jede Sprache anwenden, welche ihnen als erste angeboten wird. Ein solches Arbeitsprinzip wäre »Achte auf die Wortenden!« Ein anderes: »Achte auf die Reihenfolge der Wörter!« oder »Vermeide Ausnahmen!«. Mit einem Satz solcher angeborener Arbeitsprinzipien ausgerüstet, von denen eins zum anderen kommt und eins ins andere greift, wissen sie sozusagen von Anbeginn, worauf es ankommt, wenn sie sich aus dem Material ihrer Muttersprache eine eigene Grammatik konstruieren, und können sich Irrwege ersparen. 1973 nannte Slobin sieben solcher Arbeitsprinzipien.

In den Jahren darauf sammelte er im Verein mit einer Gruppe von Linguisten Material über den Verlauf des kindlichen Spracherwerbs in fünfzehn verschiedenen Sprachen – und zwar Material, das vergleichbar war. (Sonst pflegt ja jeder Kindersprachenforscher sein Augenmerk auf ein anderes Phänomen zu richten oder eine andere Erhebungsmethode anzuwenden, so daß Vergleiche nur sehr beschränkt möglich sind.) Bei der Auswertung achteten sie vor allem darauf, ob bestimmte Formen in einzelnen Sprachen früher oder später erschienen als in anderen; und ob den Kindern die Assimilation bestimmter Formen ihrer Muttersprache leicht fiel, oder ob sie Mühe mit ihnen hatten (leicht fielen ihnen die Formen, die sie gleich »richtig« im Sinne der Erwachsenensprache gebrauchten; Mühe hatten sie augenscheinlich, wenn sie zunächst Fehler machten). Auf diesem Wege lassen sich bestimmte Formen erkennen, die ohne Verzögerung und ohne Fehler gelernt werden. Sie zusammen, meint Slobin, machen eine universale »Kindergrundgrammatik« aus. Diese reflektiere »eine grundlegende Idealform menschlicher Sprache«. Es ist sozusagen jene nirgends in voller Reinheit gebrauchte Grammatik, die die Kinder aufgrund ihres genetischen Vorwissens am liebsten (nämlich am leichtesten) erlernen würden.

Dieses Vorwissen, meint Slobin nach wie vor, bestehe in Arbeitsprinzipien, die sie auf die ihnen dargebotene Sprache anwenden. Waren es 1973 noch ihrer sieben gewesen, so ergab die Analyse der Daten aus fünfzehn Sprachen schon ihrer vierzig, und Slobin ist überzeugt, daß auch sie nur ein kleiner Teil all jener sind, die man annehmen muß, um zureichend zu erklären, wie das Kind seiner Muttersprache ihre Grammatik abgewinnt. Slobin teilt diese Arbeitsprinzipien in zwei Klassen. In der ersten sind jene versammelt, die der Analyse und Speicherung des sprachlichen Input dienen, die »Wahrnehmungs- und Speicherungsfilter« (etwa: »Merke dir auffällige Sprachstrecken!«, »Achte auf die Endsilbe einer Spracheinheit!«, »Achte auf die Anfangssilbe einer Spracheinheit!«, »Achte auf betonte Silben!«). Die der zweiten Klasse sind die »Musterbildner« – sie formen die gespeicherten Daten zu linguistischen Systemen (etwa: »Verbinde die deiner Muttersprache abgewonnenen Spracheinheiten mit den geistigen Repräsentationen einzelner Dinge und Vorgänge – mit prototypischen Gegenständen oder Wesen und prototypischen Ereignissen, Handlungen und Zuständen!« Oder: »Wenn du entdeckt hast, daß die Reihenfolge der Wörter in deiner Sprache grundlegende semantische Beziehungen innerhalb eines Satzes ausdrückt, dann verändere die Reihenfolge der Morpheme in einer Phrase nicht!«). Diese Arbeitsprinzipien wären von vornherein im Geist angelegt, reiften aber nacheinander heran, griffen ineinander, setzten einander voraus.

Wer gemeint hatte, angeborene Arbeitsprinzipien wären sparsamer als eine angeborene Kerngrammatik, der Spracherwerb könne mit einer Handvoll solcher Arbeitsprinzipien erklärt werden, sieht sich nun allerdings enttäuscht. Es sind zahlreiche, völlig sprachspezifische (also nur für den Spracherwerb und nichts sonst bestimmte) und teils recht detaillierte Arbeitsprinzipien nötig. Damit verwischt sich auch der Unterschied zu Chomskys Kerngrammatik. Ob man annimmt, das Kind besitze von Anbeginn an eine potentielle grammatische Regel etwa des Inhalts, vor oder nach einem Inhaltswort stünde ein Funktionselement, welches seine Beziehung zu den anderen Inhaltswörtern des Satzes ausdrückt, oder es gebiete über das Arbeitsprinzip »Wenn Inhaltswörter und Wörter für Vorgänge aus der Rede herausgelöst sind und dabei ein Redeteilchen übrigbleibt, dann versuche, es mit einer dir zugänglichen, grammatisch markierbaren Bedeutungsvorstellung zu verknüpfen, die für die Bedeutung der benachbarten Spracheinheit relevant erscheint...« – das mag, zumindest was die damit den Genen aufgebürdete Informationslast angeht, auf ziemlich das gleiche hinauslaufen. Der Unterschied wäre wohl nur noch eine Frage der Formulierung.

Arbeitsprinzipien funktionieren nur, wenn sie etwas zu bearbeiten bekommen. Wenn das Kind eine Sprache hört, die keine systematische Grammatik besitzt, müßte es außerstande sein, sich mit Hilfe der Arbeitsprinzipien eine eigene Grammatik zu erarbeiten. Bickerton meinte, genau dies sei der Fall des Pidgin: Kinder, deren Muttersprache Pidgin ist, bekommen einen so wirren grammatischen Input, daß kein Arbeitsprinzip sie instand setzt, daraus eine Grammatik zu bauen. Wenn sie dennoch eine konstruieren, dann weil sie bereits eine besitzen. Dies ist also ein Testfall. Wenn Kreol oder eine spontane Gehörlosensprache tatsächlich ohne einen verwertbaren Input zustande kommen sollten, dann muß die Idee der

Arbeitsprinzipien falsch sein. Wenn aber der Input doch nicht völlig chaotisch sein sollte, dann könnte sie fruchtbar werden.

Tatsache ist einstweilen, daß die Beobachtungen an den Sprachkreationen gehörloser Kinder, der Vergleich der Kreolgrammatiken untereinander und der Vergleich der Spracherwerbsprozesse in verschiedenen Sprachen in die recht scholastisch und dürr gewordenen Überlegungen und Spekulationen zum möglichen Inhalt einer angeborenen universalen Grammatik erst einmal wieder den frischen Wind munterer Empirie gebracht haben.

Einiges Licht auch auf Spracherwerb und Sprachentstehung warf die Erforschung der Funktionsunterschiede zwischen den beiden Hälften des menschlichen Gehirns. Sie beschäftigt amerikanische Psychologen und Neurobiologen seit dem Beginn der sechziger Jahre.

Daß die beiden Hälften der Großhirnrinde unterschiedliche Funktionen haben, weiß man seit der Mitte des vorigen Jahrhunderts. 1864 entdeckte der französische Chirurg Paul Broca, daß Verletzungen einer bestimmten kleinen Zone der linken Hirnhemisphäre regelmäßig zu einer Sprachstörung (Aphasie) bis hin zum Sprachverlust führen. Einige Jahre später fand der deutsche Neurologe Karl Wernicke ein anderes Areal im linken Großhirn, dessen Beschädigung ebenfalls Aphasie bewirkt, aber eine Aphasie ganz anderer Art. Aphasiker, deren Broca-Feld geschädigt ist, haben große Mühe beim Sprechen. Brocas eigener Patient brachte nichts anderes mehr heraus als *tan ... tan ...*, und das war denn auch sein Spitzname: Tan-Tan. Broca-Aphasiker sprechen im Telegrammstil, bringen also fast nur noch Inhaltswörter hervor: *Die Mutter ... Wasser ne und ... zwei Kinder ... ah weiß net ... ah Dosen ...* (Friederici 1984). Wernicke-Aphasiker dagegen sprechen scheinbar mühelos und flüssig, nur sind es irgendwie nicht die richtigen Wörter, die ihnen kommen: *Ja ... meine Schwester is hiergewesen ... ja und die war auch weg in Urlaub ... kam denn die war abgest ... eh abgelegt ... dat ging alles nich so bei uns ... da bin ich übern da mal drin geflogen ... und da mal wissen bin ich denn wa ...* (Friederici 1984). Das Broca-Areal muß also in irgendeiner Weise die Sprachhervorbringung beherrschen, das Wernicke-Areal das Sprachverständnis. Beide Zonen liegen an der Seite der linken Hirnhälfte, und so breitete sich die Ansicht aus, die Sprache und mit ihr alle geistigen Fähigkeiten, die den Menschen erst zum Menschen machen, würden links verhandelt. Die rechte Hemisphäre erschien daneben als ein niederer, tumber, bewußtloser Automat.

Als in den sechziger Jahren bei einigen schweren Epileptikern die

Verbindungen zwischen den beiden Großhirnhälften durchtrennt wurden (eine Operation, die die Ausbreitung epileptischer Anfälle in die andere Hirnhälfte unterbinden sollte und es erfolgreich tat), stellte sich heraus, daß diese Ansicht falsch war. Jetzt konnte man studieren, was beide Hälften leisteten, wenn sie auf sich selbst gestellt waren. Die rechte Hemisphäre, zeigte sich, ist nicht dümmer, sie ist nur anders.

Sie ist besser (schneller und genauer) als die linke bei allen Aufgaben, die geistige Manipulation von Dingen im Raum erfordern; Gesichter erkennen, Landkarten lesen, Labyrinthe durchqueren, Figuren im Geiste drehen und wenden, aus Bruchstücken ganze Gestalten machen.

Die rechte Hemisphäre aber ist auch nicht ganz ohne Sprache. Es ist wahr, sie spricht nicht. Verletzungen bestimmter Stellen der linken, aber nicht der rechten Hemisphäre führen bei normal »verseitigten« Menschen regelmäßig zu Sprachverlust. Aber Sprache verstehen kann auch die rechte Hemisphäre. Und zuweilen spricht sie: Sie gibt kurze, einsilbige Wörter von sich; stößt Flüche und Ausrufe aus; manchmal kann sie ganze Liedstrophen singen. Unterbricht man sie bei ihren Sprachhervorbringungen, so kann sie hinterher nicht fortfahren, wo sie aufgehört hat, und muß von vorn beginnen. Das heißt offenbar, daß ihr nicht Sprache schlechthin, sondern nur die Fähigkeit fehlt, selber Sprache zusammenzusetzen. Sie kann Sprache nur dann artikulieren, wenn sie fertige motorische Programme für einzelne Äußerungen gespeichert hat.

Aber auch zur normalen Sprache leistet sie einen Beitrag. Sie ist es, die für die Gefühlsbestandteile der gesprochenen Sprache zuständig ist – für Intonation, Ausdruck, Melodie. Selbst wo wir »kein Wort verstehen«, entnehmen wir gesprochener Sprache ja eine Menge. Wir merken, ob es sich um eine Mitteilung, eine Aufforderung oder eine Frage handelt, ob uns der Sprecher freundlich gesonnen ist, ob er wütend, unsicher, ängstlich, nervös, gehetzt ist und manches mehr. Allen gesprochenen Äußerungen werden diese Informationen aufmoduliert; zuweilen reicht ein Verständnis dieser emotionalen Sprachinhalte aus, auch den Sinn einer Äußerung zu erschließen; zuweilen ist die semantische Bedeutung sogar völlig gleichgültig, bei einem Routinefluch zum Beispiel: *Kruzitürkennochmal* bedeutet fast nichts und kann dennoch ein starker sprachlicher Ausdruck sein. Diese Qualitäten der Sprache versteht die linke Hemisphäre nur schlecht, und selbst bringt sie sie kaum hervor. Die Literatur berichtet von einer Lehrerin, bei der ein Schlaganfall das rechte Pendant zum Brocaschen Sprachzentrum ausgeschaltet hatte. Sie konnte nach wie vor alles sagen, und sie besaß weiterhin alle ihre Gefühle. Aber sie konnte ihrem Sprechen keine Gefühle mehr aufprägen. Auch wenn sie ärgerlich vor ihrer Klasse stand, sprach sie flach und monoton und teilnahmslos wie ein schnarrender Computer. Wer sich ihr Handicap klarmacht, begreift, in welchem Maß die normale gesprochene Sprache immer auch Gefühlsausdruck ist und damit ein Werk auch der rechten Hemisphäre. Das rechte Pendant der Wernicke-Zone scheint – das überrascht jetzt kaum – für das *Verständnis* der Gefühlskomponenten gesprochener Sprache zuständig.

Humor versteht das rechte Hirn ebenfalls besser, längere Geschichten gliedert es besser in sinnvolle Abschnitte, leichter begreift es ihre Moral. Auch mit noch nicht zur Routine gewordenen Metaphern geht es wesentlich besser um – Sätze wie »ein schweres Herz haben« versteht das auf sich selbst gestellte linke Hirn oft wörtlich, als wollten sie besagen, daß jemandes Herz viel wiege, eine Deutung, die die rechte Hemisphäre abwegig und lächerlich findet. Dafür scheint die linke Hemisphäre bei abstrakten Begriffen und langen Satzkonstruktionen überlegen zu sein.

Die normale gesprochene Sprache ist das Werk beider Hemisphären; jede leistet ihren speziellen Beitrag zu ihr. Aber nur das linke Hirn spricht.

Links Sprache, rechts Raumverstand: diese Dichotomie ist also zu simpel und vordergründig. Sie unterschlägt den Beitrag der rechten Hemisphäre zur Sprache; sie unterschlägt auch, daß es sich bei den Asymmetrien nicht um ein Entweder-Oder handelt, sondern meist nur um graduelle Überlegenheiten.

Hinter dieser Dichotomie steht eine andere. Die linke Hemisphäre, so scheint es, ist spezialisiert auf sequentielle Aufgaben: Sie zerlegt ihr Material in ein Nacheinander von Einzelheiten. Die rechte Hemisphäre dagegen erfaßt es als Gesamtheit in seinen Beziehungen. Die Sprache aber ist eine ungemein sequentielle Arbeit. Beim Sprachverstehen müssen Ströme von Lauten in ihre Einzelteile zerlegt werden (eine Aufgabe, die noch durch den Umstand erschwert wird, daß jeder Laut die umstehenden mit einfärbt). Beim Sprechen werden umgekehrt semantische Inhalte, die dem Geist simultan gegenwärtig sind, zu Wörterfolgen zerlegt und diese zu einem Strom von Muskelbefehlen, etwa zwanzig pro Sekunde, die letztlich bestimmen, wie die Atemluft das Ansatzrohr durchqueren soll, also welche Laute hervorgebracht werden. Das wird automatisch bewältigt, und darum sind wir uns nicht darüber klar, daß wir eben dies beim Hören und Sprechen tun. Aber getan werden muß es, und es braucht ein auf die Demontage und Montage von Sequenzen spezialisiertes Gehirn. Den Weg aus einem Labyrinth könnte man ebenfalls sequentiell (also mit dem linken Hirn) finden: Man müßte sich merken, daß man erst soundsoweit nach oben, dann nach rechts, dann bei der zweiten Öffnung wieder nach unten gehen müßte und so weiter; aber man kann sich auch den Plan des Ganzen vergegenwärtigen und den Weg in seiner ganzen Länge auf einmal vor sich sehen – eine Spezialität des rechten Gehirns, die in diesem Fall zweckmäßiger ist.

Die Zuständigkeit der linken Hemisphäre für Sprachlaute zeigt sich schon gleich nach der Geburt, ja selbst bei zu früh geborenen Kindern. Dennis Molfese (1975) registrierte die Hirnströme bei Neugeborenen, denen er abwechselnd Silben und Klaviertöne vorspielte. Bei Silben war die elektrische Tätigkeit des linken, bei Musik die des rechten Gehirns stärker. Anne Entus (1977) gab Neugeborenen einen Nuckel zum Saugen, der mit einem Tonbandgerät gekoppelt war: Immer, wenn die Kinder heftig saugten, schalteten sie sich damit das Gerät ein, das ihnen Töne und Laute entweder nur in ihr linkes oder ihr rechtes Ohr spielte. Durch die Heftigkeit ihres Saugens konnten die Babys also bekunden, ob sie etwas Gehörtes interessant fanden; ließ ihr Interesse nach, so wurde ihr Saugen schwächer, und das Gerät schaltete sich aus. So kam heraus, daß das rechte Ohr (und mit ihm die linke Hemisphäre) Sprachlaute interessanter findet, das linke Ohr (mit der rechten Hemisphäre) aber Töne von Musikinstrumenten. Eine gewisse Spezialisierung seiner Hirnhälften bringt das Kind also schon mit auf die Welt.

Diese frühe Verseitigung war einer von mehreren Hinweisen darauf, daß das Gehirn seine funktionale Verseitigung nicht erwirbt, sondern daß sie in ihm von vornherein genetisch angelegt sein muß. Wird die linke (die eher sequentiell arbeitende, die sprechende) Hemisphäre vor dem fünften, sechsten Lebensjahr verletzt, so kann die Sprache noch auf die andere Hemisphäre ausweichen. Danach aber büßt das Gehirn diese seine Plastizität ein. Eine linksseitige Läsion nach dem fünften Lebensjahr wird in der Regel nicht kompensiert werden – der Sprachverlust ist dann endgültig. Das heißt für den Spracherwerb: Mit ungefähr fünf Jahren hat sich die Sprache fest und unwiderruflich in einem für sie zuständigen Areal des Gehirns eingerichtet, und freien neuralen Raum, in den sie notfalls ausweichen könnte, gibt es nicht mehr. Eric Lenneberg noch nahm an, die neuronalen Verschaltungen, die der Sprache zugrunde liegen, wären erst zur Zeit der Pubertät endgültig etabliert. Sie sind es jedoch offenbar schon viel früher, und mit einigen von ihnen kommt der Mensch bereits auf die Welt.

Das linke Hirn kontrolliert die rechte, das rechte die linke Körperseite; so wird die rechte Hand von der linken, die linke Hand von der rechten Hemisphäre gesteuert. Der Sprachtrakt aber ist nicht paarig. Er muß als Einheit funktionieren. Darum wohl ist die Sprachartikulation einer einzigen Hemisphäre anvertraut. (Versuchten beide Hemisphären gleichzeitig zu sprechen, so käme ein Stottern dabei heraus.) Daß dies meist die linke ist, könnte daran liegen, daß die Sprache sich auf jener Seite angesiedelt hat, die bereits auf die feine Muskelsteuerung spezialisiert war. Es war nämlich die Seite, die die rechte Hand lenkte. So hätten denn Sprache und Händigkeit des Menschen tatsächlich etwas miteinander zu tun, und die Händigkeit (die überall und zu allen Zeiten offenbar zu 89 bis 90 Prozent Rechtshändigkeit war) war eine Vorbedingung für die Entstehung der Sprache.

Alles dies deutet nicht darauf hin, daß die Sprache das Werk eines Organs ist, welches unabhängig von dem Rest des Gehirns Grammatik erzeugt. Sprache scheint eher das Gemeinschaftsprodukt des gesamten Gehirns zu sein; auch wenn einzelne seiner Regionen auf einzelne ihrer Aspekte spezialisiert sind.

DIE SPRECHENDEN AFFEN

Bis zum Ende der sechziger Jahre war es die allgemeine, felsenfeste Überzeugung, daß kein Tier über irgendeine Sprachfähigkeit verfüge. Zwischen Tier und Mensch klaffte ein unüberbrückbarer Graben. Bei dem beliebten Gesellschaftsspiel »Was unterscheidet den Menschen vom Tier?« wäre sicher kein anderes Attribut auch nur annähernd so häufig genannt worden wie die Sprache. Es bedeutete darum eine große Umwälzung für die Sprachforschung, aber nicht nur für sie, als es verschiedenen amerikanischen Psychologen in den siebziger Jahren gelang, berühmt gewordenen Schimpansenmädchen Ansätze von Sprache beizubringen – keine Lautsprache, für die die Atmungsorgane der Menschenaffen nicht eingerichtet sind und der sie sich auch durch noch soviel Training nicht anbequemen lassen, sondern verschiedene Zeichensprachen.

In Nevada brachten die Psychologen Beatrice und Allen Gardner dem Schimpansenmädchen Washoe in vier Jahren 132 Zeichen der Gebärdensprache ASL bei, die in Amerika die meisten Taubstummen benutzen. Das Zeichenrepertoire reichte für knappe Dialoge zwischen Affe und Mensch, etwa für diesen Austausch zwischen Washoe und ihrer Wärterin Susan, der allein schon es schwermacht zu glauben, daß Washoe nur bewußtlos memorierte Zeichenfolgen wiederholt haben soll: Susan: *Wer ist klug?* Washoe: *Doktor Gardner.* Susan: *Ja, Doktor Gardner. Wer ist dumm?* Washoe: *Susan dumm.* Susan (stirnrunzelnd): *Wer?* Washoe: *Washoe.* Washoe machte also sogar schon sehr menschenkindhafte Scherze mit ihrem Wenigen an Sprache.

In Atlanta, am Yerkes-Primatenforschungszentrum, brachte der Psychologe Duane Rumbaugh dem Schimpansenkind Lana eine andere Sprache bei: Bildsymbole, die auf einer großen Tastatur angebracht waren, welche mit einem Computer in Verbindung stand. Die Symbole bildeten nicht ab, was sie bedeuteten, sondern waren willkürliche Zeichen. Der Computer zeichnete Lanas sämtliche Sprachversuche auf. Er war so programmiert, daß die junge Äffin nur dann für eine Äußerung belohnt wurde, und zwar mit einem Bonbon, der unter der Tastatur automatisch ausgeworfen wurde, wenn sie eine bestimmte »Wortfolge«, also eine bestimmte Reihenfolge der gedrückten Tasten einhielt und vollständige »Sätze« aus den Zeichen bildete. So sollte geklärt werden, wie weit die syntaktischen Fähigkeiten der Schimpansen reichen.

In Kalifornien unterrichtete der Psychologe David Premack das Schimpansenmädchen Sarah wiederum in einer dritten Sprache. Sarah lernte willkürliche Plastiksymbole auf einer Magnettafel anzuordnen. Zum Beispiel bedeutete ein violettes Dreieck »Apfel«, ein rotes Quadrat »Banane«, ein kleines blaues Rechteck »Aprikose«, ein auf der Seite liegendes schwarzes T »gelb«, eine Art gelber Dudelsack »ist« – jede Ähnlichkeit mit den bezeichneten Dingen war wiederum sorgfältig vermieden; wenn Sarah »Sätze« bildete wie »Rotes Quadrat/gelber Dudelsack/schwarzes T« *(Banane ist gelb)*, kann sie sich nicht am Aussehen der Plastikchips orientiert haben.

Auch ein Gorillamädchen wurde in menschlicher Sprache unterrichtet: Koko, der die Psychologin Francine Patterson in Stanford wiederum die amerikanische Gebärdensprache ASL beibrachte und die das umfangreichste Gestenvokabular erwarb.

Vielleicht ist die Sprachfähigkeit der Affen begrenzter, als es in der ersten Euphorie dieser Experimente erschien. Aber daß man sich mit den Affenkindern in wohlgeformten langen Satzperioden über ihre Lebensphilosophie unterhalten könne, hatte auch niemand ernstlich erwartet. Sie »sprechen« nur über ihre schlichte Erfahrungswelt; meistens handeln ihre Sätze vom Futter. Ihre »mittlere Äußerungslänge« bleibt schon bald hinter der von menschlichen Kindern zurück. Mit zwei Jahren sind sie sprachlich so entwickelt wie Menschenkinder gleichen Alters, teilweise ihnen sogar etwas voraus. Mit drei Jahren aber haben die Menschenkinder sie überholt und lassen sie von nun an weit hinter sich zurück, im Stadium der Ein- und Zweiwort-Äußerungen. Ob diese syntaktisch strukturiert sind, ist bis heute unentschieden; so läßt sich also auch nicht sagen, ob die Schimpansen überhaupt über irgendeine Syntax verfügen. Wenn, dann wäre es eine, die jenseits der Zweiwort-Äußerungen ins Schwimmen gerät. Jedenfalls ist die Annahme nicht abwegig, daß diese Ein- und Zweiwort-Äußerungen, die Kinder passieren und bei denen Affen stehenbleiben, eine allgemeine primitive

Sprachform darstellen, erzwungen von der noch begrenzten Verarbeitungskapazität des Gehirns – und daß auch die »Ursprache« der Hominiden ähnlich beschaffen gewesen sein könnte.

Affenkinder wurden dabei beobachtet, wie sie ungefragt mit sich selber »sprachen«, zum Beispiel das Zeichen »still« machten, wenn sie irgendwo hinschlichen. Affensprache kann also spontan sein. Aber untereinander scheinen sie von sich aus kaum Gebrauch von der ihnen beigebrachten Sprache zu machen. Sie können dazu genötigt werden, wie es in Atlanta geschah, und dann tun sie es auch; aber bisher haben sprachgelehrte Affen, die sich selber überlassen blieben, offenbar untereinander nirgends weitergesprochen.

Die Sprachfähigkeit der Menschenaffen hat also recht enge Grenzen. Gerade das macht sie so interessant für jeden, der die Menschensprache nicht als fertig gegeben hinnimmt, sondern nach ihrer Evolution fragt. Vielen sagt eine solche Kontinuität überhaupt nicht zu – sie stört aufs neue die stolze Vorstellung von der Unvergleichlichkeit des Menschen. So wurden manche Zweifel vorgebracht. Könnte es sich bei den sprachlichen Leistungen der Affen nicht um andressierte Kunststücke gehandelt haben? Der Verdacht ist bis heute nicht ausgeräumt, er hat zur Zeit sogar Konjunktur – Reaktion auf den Überschwang im Gefolge der ersten Entdeckungen. Dressur: dann hätte keines dieser Tiere je Gesten oder Dinge mit symbolischer Bedeutung aufgeladen. Sie hätten nur gewisse Bewegungsfolgen gelernt, um sich mit deren Exekution Bonbons oder Obst zu verdienen – von protosprachlichen Leistungen keine Spur. Ausgeschlossen ist das nicht; aber daß dabei eine so flexible, verständig wirkende Sprach-Mimikry herauskam, wäre fast noch ein größeres Wunder zu nennen.

Ein Effekt, dessen Einmengung die Forscher zu Recht fürchten, ist das Kluger-Hans-Phänomen. Der Kluge Hans – das war jenes Berliner Pferd der Jahrhundertwende, das scheinbar rechnen konnte. Man rief ihm eine Rechenaufgabe zu, und es scharrte das Ergebnis in den Sand. Sechs und sieben? Der Kluge Hans kratzte dreizehnmal mit dem Huf. Aber er verstand weder die Aufgabe, noch konnte er Algebra. Er beobachtete vielmehr seinen Trainer, Wilhelm von Osten; seiner Körperhaltung und der Stellung seiner Augenbrauen entnahm er, ob er weiter scharren oder aufhören sollte. Wissenschaftler, die sich mit den Intelligenzleistungen von

Tieren beschäftigen, setzen heute viel daran, jeden absichtlichen oder unabsichtlichen Kluger-Hans-Effekt zu vermeiden; das Tier soll durch kein Stichwort, keine »Stichgeste« zu irgendeiner Reaktion gedrängt werden. In den Schimpansenexperimenten wurde dem Kluger-Hans-Effekt durch Doppelblind-Anordnungen vorgebeugt. Bei Vokabeltests, wie Washoe sie regelmäßig zu absolvieren hatte, stellte gar kein für das Affenkind sichtbarer Mensch die Aufgaben. Vielmehr wurden ihm Bilder vorgeführt, zum Beispiel von vier verschiedenen Autos, die es noch nie gesehen hatte. Und seine Antwort (in diesem Fall also gegebenenfalls das Zeichen für »Auto«) wurde von jemand registriert, der seinerseits nicht wußte, was der Affe gesehen hatte, worauf er antwortete. Dem Tier wurden also keine Antworten suggeriert, und was es antwortete, konnte von den Experimentatoren nicht unwillentlich uminterpretiert werden, bis es zur Frage paßte. Der Kluger-Hans-Effekt ist sicher eine Realität. Aber er erklärt die sprachlichen Leistungen der Affen mitnichten, denn er wurde bei einigen der Experimente sorgfältig ausgeschlossen. Auch unter diesen strengen Bedingungen blieben die Sprachproduktionen der Affen bescheidene, aber sinnvolle improvisierte Äußerungen, keine auswendig gelernten starren Zeichenfolgen und auch kein zufälliges Herumprobieren.

In bescheidenem Maß war ihnen sogar Kreativität eigen: Die Affen kombinierten ihnen bekannte Zeichen, um Konzepte auszudrücken, für die sie noch kein Zeichen besaßen. So erfanden sie: *Wasser-Vogel* (also die Kombination der Zeichen für Wasser und für Vogel) für den Schwan, *Weinen-Wehtun-Frucht* für ein Radieschen, *Metall-heiß* für das Feuerzeug, *Hör-Getränk* für ein Glas mit Sprudelwasser. Dieser kreative Umgang mit den ihnen beigebrachten Zeichen hat besonders viel Mißtrauen auf sich gezogen. Hugh Terrace, der seine Zweifel an den linguistischen Fähigkeiten der Affenkinder in etlichen Artikeln und einem Buch ausgedrückt hat, meint, Washoe habe nicht den Schwan einen »Wasservogel«, also einen im Wasser lebenden Vogel genannt, sondern nur die Szene, vor der sie sich fand, mit zwei ihr zur Verfügung stehenden Zeichen bedacht: zum einen das Wasser, zum andern den Vogel auf dem Wasser. Was Terrace übersah, war, daß die Kombination *Wasser, Vogel* für den Schwan nicht nur einmal auftauchte, sondern Washoes Standardbegriff für den Schwan wurde, den sie zudem ganz unabhängig davon benutzte, ob sich ein Schwan gerade im Wasser befand oder nicht. Und daß ihr *Wasser-Vogel* nur ein Fall unter mehreren ähnlichen war. Wahrscheinlicher also, daß die Affenkinder genau das taten, was Menschen tun, wenn sie etwas Neues bezeichnen wollen – sie verbinden vorhandene Wörter zu einem neuen Begriff, der etwas anderes ist als die Summe der Begriffe, die in ihn eingehen: *Eisenbahn*, *Horchposten*, *Großküche*.

Auch waren ihre Äußerungen nicht immer nur situationsunmittelbar. Zuweilen bezogen sie sich durchaus auf zeitlich oder räumlich Fernes. So Washoes unwirsche Aufforderung an einen ihrer Wärter, der ihr gesagt hatte, er könne ihr keine Apfelsine geben, weil er keine habe: *Du gehen Auto geben-mir Apfelsine schnell*. Sie sah kein Auto, als sie das sagte, war selber seit über zwei Jahren nicht mehr Auto gefahren, wußte aber offenbar, daß man in Amerika mit Autos einkaufen fährt, daß es im Supermarkt Apfelsinen gibt – und zwar wußte sie es durchaus in Abwesenheit von Autos, Apfelsinen, Supermärkten.

Damit aber ist, in schönstem Einklang mit den Erwartungen der Evolutionstheorie, die früher für die Sprache angenommene kategorische Diskontinuität zwischen Mensch und Tier hinfällig. Sprache, so schien es einmal, kann ein Lebewesen nur haben oder nicht haben; und das einzige Lebewesen, das sie habe, und zwar in vollem Umfang, sei der Mensch. Jetzt dagegen, nach den Sprachexperimenten mit den Menschenaffen, sieht es eher so aus, wie es auch aussehen müßte: daß die Sprache eine lange evolutionäre Geschichte hat und daß man Vorformen, Vorstufen der menschlichen Sprache durchaus bei den ihm verwandtesten Tieren studieren kann.

Die sprechenden Affen lenkten einige Forscher, vor allem den kalifornischen Psychologen David Premack, zu der Frage, welche Intelligenzleistungen es eigentlich sind, die Sprache möglich machen; und in welchem Maß sie auch Menschenaffen schon zu Gebote stehen.

Auch bei Affen sind die beiden Gehirnhälften nicht genau symmetrisch. Aber ob mit dieser anatomischen Asymmetrie wie beim Menschen eine funktionale verbunden ist, ist bisher unklar. Sollte eines Tages auch bei den Affen eine verschiedene Spezialisierung der beiden Hirnhälften aufgefunden werden, so hätte sie wahrscheinlich nichts mit der äffischen Sprachfähigkeit zu tun. Denn wenn beim Menschen die Sprachproduktion von einer einzigen – der linken – Hemisphäre regiert wird, so weil die Sprache des Menschen eine Lautsprache ist und der Stimmtrakt als Einheit bewegt werden muß, seine Steuerungsbefehle also auch nur aus einer Zentrale erhalten darf. Für die etwaige quasi-sprachliche Intelligenz des Affen gäbe es vermutlich keinen entsprechenden Grund, sich auf einer einzigen Hirnseite anzusiedeln.

Auch die höheren Affen können sprachliche Laute von anderen unterscheiden und verstehen etwas an der gesprochenen Sprache des Menschen, schwer zu sagen was – ihre Gefühlsbedeutung (Wut, Aufforderungen, Fragen) aber wohl eher als etwas von ihrem Sinn.

Eine Voraussetzung jeder Sprache ist die Fähigkeit zur Konzeptbildung: etwa zur Bildung des Konzepts »Apfel«. Konzeptbildung setzt die Fähigkeit zur Klassifikation voraus, und diese die Fähigkeit zum einen der Abstraktion, zum andern der Generalisierung. Von allen tatsächlich gesehenen Äpfeln muß der Geist die zufälligen Eigenschaften, in denen sie sich unterscheiden, abziehen können; und was übrigbleibt, diese abstrakte Idee eines »Apfels«, muß man auf eine ganze Klasse von Dingen (eben allen Äpfeln, auch den noch nicht gesehenen und vielleicht wiederum ganz anderen) verallgemeinern können. Solche Konzeptbildungen sind den Affen anscheinend möglich; es gibt sie vor jeder Sprache.

Die menschliche Sprache hat nicht nur Begriffe für Dinge der realen Welt, sondern auch für gedachte Beziehungen. Darum bildet die menschliche Sprache die Welt nicht nur ab, sondern interpretiert sie. In bescheidenem Maß haben auch die Schimpansen solche abstrakten Begriffe erworben. Premack brachte Sarah zum Beispiel ein Zeichen für »wenn-dann« bei, die logische Implikation also. Das führte unter anderem zu dem folgenden Dialog. Pflegerin (schreibt in Plastikzeichen an die Magnettafel): *Sarah nehmen Banane wenn/dann Mary geben Sarah Schokolade.* Sarah (liest den Satz, geht eine Banane holen, gibt sie Mary, wartet). Pflegerin (gibt Sarah einen Ball). Sarah (wütend): *Ball ist/nicht Schokolade.*

Die Fähigkeit zur Konzeptbildung wurde lange für eine Folge der mehrmodalen Wahrnehmung gehalten, die es den Menschen möglich macht, jene Daten, die über verschiedene Sinneskanäle sein Gehirn erreichen, wieder zusammenzusetzen. Man sieht ein Tier, man hört ein Grunzen, man riecht einen Gestank – und wo sich die Daten überkreuzen, entstehe das Konzept »Schwein«. Mehrmodale Wahrnehmung ist jedoch, wie inzwischen feststeht, kein Alleinbesitz des Menschen. Auch bei verschiedenen Affen wurde sie nachgewiesen.

Keine Sprache ohne ein großes Gedächtnis. Es muß sich die Wörter merken nicht nur, um sie wiedererkennen zu können, sondern um sie zum Einsatz verfügbar zu haben. »Die Macht des Worts hängt von der Informationsmenge ab, die eine Art speichern kann« (Premack).

Statt von »Vorstellung« spricht die Psychologie, wo nicht gerade bildliche Vorstellungen gemeint sind, heute gern von »Repräsentation«: der »Vertretung« der Welt im Geist. In irgendeiner Weise ist in unserem Kopf äußere Wirklichkeit repräsentiert. Sprache hat eine hohe Repräsentationsfähigkeit zur Voraussetzung. Die Biene, die ihre Artgenossinnen durch die Bewegungen ihres Tanzes zu entfernten Blüten dirigiert, stellt ihnen möglicherweise nicht ihre innere Repräsentation der Lage der Futterquelle dar, sondern beantwortet eine Reihe von Reizen automatisch, roboterhaft mit einer genetisch festgelegten Bewegungsfolge. In diesem Fall hätte sie keine eigentliche Sprache, so fein und umfangreich ihr Zeichenrepertoire auch ist.

Eine Sprache muß kreativ sein: Sie besteht nicht aus einem starren Repertoire von Signalen, sondern ist offen, Neues auszudrükken. Die Menschenaffen, die neue Wörter erfanden wie *Gesichtshut* (für Maske) oder *Metall-Tasse-trink-Kaffee* (für die Thermosflasche), bewiesen solche Kreativität.

Ein Kommunikationssystem, das den Namen Sprache verdient, muß in einem noch elementareren Sinn kreativ sein: Es muß eine begrenzte Zahl von Elementen zu einer beliebigen Zahl von Aussagen kombinieren können. Die sprechenden Menschenaffen scheinen genau dies zu können – nicht etwa nur gelernte Aussagen richtig und im richtigen Zusammenhang wiederholen, sondern aus den Symbolen neue Aussagen bilden. Zum Beispiel in diesem Dialog zwischen dem Gorilla-Mädchen Koko und ihrer Pflegerin und Lehrerin Francine »Penny« Patterson, geführt in der Gebärdensprache ASL, in dem es sogar um einen zeitlich fernen Gegenstand geht, einen Biß, den Koko seiner Pflegerin am Vortag beigebracht hat und in dem Koko so etwas wie moralische Gefühle zum Ausdruck bringt. Penny: *Was hast du mit Penny gemacht?* Koko: *Beißen.* (Als sie gebissen hatte, hatte sie es »kratzen« genannt.) Penny: *Du gibst es zu?* Koko: *Leidtun beißen kratzen.* (Penny zeigt Koko die Verletzung an der Hand, die wirklich wie eine Schramme aussieht.) Koko: *Falsch beißen.* Penny: *Warum beißen?* Koko: *Weil wütend.* Penny: *Warum wütend?* Koko: *Nicht wissen.*

Entscheidend für die Sprache ist vor allem die Fähigkeit, an die Konzepte von Dingen und von Beziehungen zwischen den Dingen willkürliche Symbole zu heften, zum Beispiel – im Fall der menschlichen Lautsprache – irgendwelche in sich nichtssagende Lautfolgen. Premacks Schimpansin Sarah beispielsweise, die gelernt hatte, daß ein violettes Plastikdreieck »Apfel« bedeutet, machte Aussagen über Äpfel und nicht über violette Plastikdreiecke, wenn sie über das Apfelsymbol befragt wurde. Auch diese symbolisierende oder semiotische Fähigkeit ist offenbar nicht nur dem Menschen eigen.

Die große, nach wie vor ungeklärte Frage ist freilich die: Warum hat die Evolution bei den höchsten Primaten so viele Voraussetzungen für Sprache hervorgebracht, eine so enorme »evolutionäre Reserve« geschaffen, wenn sie diese ihre Sprachfähigkeit von sich aus überhaupt nicht anwenden? Die neurophysiologischen Voraussetzungen für eine wenn auch nur erst einfache Sprachbegabung anzulegen, wie sie bei den Schimpansen und Gorillas zutage trat, als Menschen kamen und sie ihnen abverlangten, ist gewiß eine aufwendige Investition der Natur gewesen; wieso hat sie sie geleistet, wenn sie doch im natürlichen Leben dieser Tiere zu nichts nütze ist?

Wilde Menschenaffen unter natürlichen Bedingungen führen ein sehr ausdrucksvolles Leben. Einige Forscher sind der Meinung, sie setzten das beträchtliche Repertoire ihrer Gesten und Laute durchaus in einer Weise ein, die bereits einige Eigenschaften einer Sprache hat (Plooij 1978): Vor allem sei sie »offen«, könne also neue Bedeutungen ausdrücken. Ihre Zeichen werden ferner in verschiedenem Kontext angewandt, wobei sich ihre Bedeutung sinngemäß überträgt – so bedeutet ein erhobener Arm normalerweise »kraule mich«, und da die gegenseitige Fellpflege in einem Schimpansentrupp die Form freundlichen sozialen Kontakts par excellence ist, bedeutet sie noch mehr, nämlich »wir wollen nett zueinander sein«. Aber sie wird auch verwendet, wenn es gar nicht ums Kraulen geht, sondern wenn etwa die Ängste eines Gespielen beschwichtigt werden sollen. Vor allem aber können verschiedene Zeichen miteinander kombiniert werden. Zum Beispiel wendet ein Schimpanse einem andern den Rücken zu, kratzt sich an einer Stelle, grunzt: drei Zeichen. Der andere kommt daraufhin herbei und beginnt ihn auf dem Rücken zu kraulen. Es könnte schon sein, daß er in seinen drei Zeichen so etwas wie die Proposition »kraule mich/auf dem Rücken/ bitte« ausgedrückt hat. Oder anders gesagt: daß sich aus der Fähigkeit, mehrere Zeichen gleichzeitig zu denken, einen simultan gedachten Sinn auf mehrere einzelne Zeichen zu verteilen, das propositionale Denken entwickelt hat, dessen Kode die syntaktische Sprache wurde.

Zu denken geben auch die Experimente des Psychologen Emil Menzel (1971). Er zeigte einem einzigen Schimpansen aus dem Affenhaus die Veränderungen, die er in dem vier Morgen großen Freigelände der Gruppe vorgenommen hatte, führte ihn zu seinem Trupp ins Affenhaus zurück und beobachtete, wie die anderen Tiere sich verhielten, wenn sie nun selber in das Gelände ausschwärmen konnten. Sie verhielten sich, als wüßten sie Bescheid, wo sich etwas Interessantes befand und was es war, Futter zum Beispiel. Einige liefen dem eingeweihten Tier sogar voraus. Einmal zeigte man einem Schimpansen eine tote Schlange und nahm sie weg, ehe der ganze Trupp erschien. Er verließ das Affenhaus dichtgedrängt, den Tieren sträubten sich die Haare, zusammen gingen sie zu dem Ort, wo der informierte Schimpanse die Schlange gesehen hatte, und dieser nahm einen Knüppel und warf ihn an die genaue Stelle. Offenbar hatte das informierte Tier sein Wissen irgendwie an die anderen weitergegeben. Schwer zu sagen, wie. Aber sie wußten jeweils nicht wenig, nämlich was sie draußen im Gelände erwartete und wo es zu finden war. Der Verdacht ist kaum abweisbar, daß der informierte Schimpanse es ihnen irgendwie »berichtet« hatte.

Möglicherweise unterschätzen wir, was sich diese Tiere untereinander mitteilen; möglicherweise wird sich bei genauerer Kenntnis der schimpansischen Kommunikation herausstellen, daß sie von ihren bescheidenen und trotzdem beeindruckenden Sprachfähigkeiten in ihrem natürlichen Alltag durchaus regen und nützlichen Gebrauch zu machen wissen.

WIEDERSEHEN MIT WHORF – SPRACHE & DENKEN

Es waren Neuigkeiten zum Gruseln, die sich in den vierziger und fünfziger Jahren aus den geschlossenen Kreisen der Sprachwissenschaftler bis in die weitere Öffentlichkeit herumsprachen. Wir können nur das denken, was uns unsere Sprache zu denken erlaubt, und nur so, wie sie es erlaubt. Unser Denken wird von unserer Sprache begrenzt und geformt. Und da die Sprachen sichtlich sehr verschieden sind, bringen sie auch ein verschiedenes Denken mit sich. Jeder Einzelne, jede Sprachgemeinschaft sind die Gefangenen ihrer Sprache, aus der es kein Ausbrechen gibt. Wirkliche Verständigung zwischen den Sprechern verschiedener Sprachen kann es nicht geben. Die Verschiedenheit unserer Sprachen macht uns einander hoffnungslos fremd. So etwa lautete die populäre Fassung des »sprachlichen Relativitätsprinzips«, der Whorf-Hypothese, benannt nach dem amerikanischen Ingenieur und Sprachforscher Benjamin Lee Whorf, Schüler des Linguisten Edward Sapir, der ähnliche Gedanken verfolgt hatte (weshalb sie manchmal auch die Sapir-Whorf-Hypothese heißt), Kenner einiger Indianersprachen. Vertreten hatte Whorf sie in einer Reihe von Artikeln Ende der dreißiger Jahre; sie beschäftigt die Linguistik bis heute.

Ehe näher in Augenschein genommen werden kann, ob die Whorf-Hypothese zutrifft, wie sehr sie zutrifft, muß eine andere Frage beantwortet sein. Nämlich die: Gibt es irgendein Denken ohne Sprache? Viele werden sie umstandslos verneinen: Ihr inneres Sprechen, ihr lautloser Sprachstrom ist für sie ihr Denken. Nur dieses innere Sprechen und keine anderen Ereignisse in ihrem Geist verdienen in ihren Augen die Bezeichnung Denken. Diese Ansicht hatte und hat auch prominente Anhänger, so den amerikanischen Psychologen James B. Watson, den Begründer des Behaviorismus. (Der Philosoph Herbert Feigl kommentierte diesen Standpunkt einmal mit der sarkastischen Bemerkung: »Watson ist es in den Kehlkopf gekommen, daß er keinen Sinn hat.«) »Denken ohne Sprache ist unvorstellbar«, schrieb die Philosophin Hannah Arendt 1977.

Andere, vor allem Schriftsteller und ganz besonders Übersetzer, verstehen andererseits gar nicht, wie jemand Denken und Sprechen je für dasselbe halten kann. Wenn sie dasselbe wären – wie könnte man dann immer wieder lange nach dem richtigeren sprachlichen Ausdruck für einen Gedanken suchen müssen? Offensichtlich haben sie sich in nichtsprachlicher Form etwas gedacht, und es muß mindestens ebenso umfassend und genau gewesen sein wie seine sprachliche Form – sonst wäre ihr Glück bei einer treffenden sprachlichen Trouvaille (also bei einer großen Übereinstimmung zwischen Gedachtem und dem sprachlichen Ausdruck) so unbegreiflich wie ihre fortgesetzte Frustration, weil die Worte und die Sätze, die ihnen einfallen, eben den Inhalt ihrer Gedanken nicht genau treffen oder nicht völlig ausschöpfen. Beides, Aha-Erlebnis wie Frustration, ist für sie tägliche reale Erfahrung. Ja, eben die Tatsache, daß Denken und Sprechen nicht dasselbe sind und sich auch nicht von allein decken, ist überhaupt ihre raison d'être. Wären Denken und Sprechen identisch, so brauchte es weder Anstrengung noch Begabung, sie einander anzunähern.

Die Meinungsverschiedenheit ist wieder einmal vor allem ein Streit um Worte. Niemand weiß, was Denken »ist«: welchen Vorgängen im Geist beziehungsweise im Zentralnervensystem man den Status von Denkoperationen zubilligen muß und worin diese denn nun eigentlich bestehen. Niemand kann mit auch nur einiger Verbindlichkeit sagen, auf welche Art von kognitiven Prozessen sich der Begriff Denken alles erstrecken soll. Wenn ihn jemand einzig und allein dem sprachlichen Denken vorbehalten wissen will, so kann ihn nichts daran hindern. Dann ist Denken nichts anderes als ein stummes Sprechen, und die Diskussion ist zu Ende. Produktiv aber ist eine solche Restriktion nicht; sie verhindert, daß gewisse höchst reale und bedeutsame Phänomene auch nur wahrgenommen werden können.

Läßt sich auch nicht sagen, auf was alles sich der Begriff Denken erstrecken soll, ist also jeder erschöpfende Definitionsversuch von vornherein zum Scheitern verurteilt, so läßt sich wahrscheinlich doch rasch Einigkeit darüber erzielen, ob ein bestimmtes geistiges Phänomen nun ganz sicher dazu gerechnet werden muß. Wenn jemand im Geist irgendein Problem löst, nicht durch zufälliges Herumprobieren und auch nicht, indem er eine Lösung wiederholt, die er irgendwann einmal an anderen beobachtet oder von ihnen gelernt hat, durch pures »Nachdenken« also: dann werden wir den Vorgängen in seinem Kopf, worin auch immer sie bestanden haben mögen, den Status des Denkens bestimmt nicht absprechen.

Die immer noch anschaulichste und auf Anhieb überzeugendste Demonstration, daß es ein sprachfreies Denken in diesem Sinne gibt, sind die Experimente mit Schimpansen, die der Gestaltpsychologe Wolfgang Köhler 1914 in der Anthropoidenstation Teneriffa veranstaltete, um zu prüfen, zu wie intelligentem Verhalten sie fähig wären, und die ihn zu dem Schluß brachten: Sie sind zu einsichtigem Handeln imstande.

Im Käfig sitzt der Schimpanse Sultan. Vor dem Käfig liegen Bananen, die er nicht erreichen kann. Sultan hat zwei hohle Bambusstangen. Keine ist lang genug, die Früchte zu erreichen. Er probiert eine Stunde lang alles mögliche: holt eine völlig nutzlose Kiste herbei, schiebt die Stangen zu den Früchten hin, und als alles nicht hilft, resigniert er und läßt die Stangen fallen. Der Versuchsleiter will ihm eine Pause gönnen und läßt nur einen Wärter zurück, der ihn weiter beobachtet. »Bericht des Wärters: ›Sultan hockt zunächst gleichgültig auf der Kiste, die etwas rückwärts vom Gitter stehengeblieben ist; dann erhebt er sich, nimmt die beiden Rohre auf, setzt sich wieder auf die Kiste und spielt mit den Rohren achtlos herum. Dabei kommt es zufällig dazu, daß er vor sich in jeder Hand ein Rohr hält, und zwar so, daß sie in einer Linie liegen; er steckt das dünnere ein wenig in die Öffnung des dickeren, springt auch schon auf ans Gitter, dem er bisher halb den Rücken zukehrte, und beginnt eine Banane mit dem Doppelrohr heranzuziehen. Ich rufe den Herrn; inzwischen fällt dem Tier das eine Rohr vom andern ab, da es sie sehr wenig ineinandergeschoben hat, und sogleich setzt er sie wieder zusammen.‹« In der Folge setzt sich der Schimpanse den Stock immer selber richtig zusammen, um an die Bananen heranzukommen; als es ihm nur noch mit drei Stöcken gelingen kann, setzt er auch den dritten ein, und zwar ohne erst zu probieren, nach einem bloßen Blick auf die Dicke der Stockenden und den Durchmesser der Öffnung. Sultan muß gewußt haben, was er tat. Seine Entdeckung hat er zwar halb durch Zufall gemacht. Aber er hat im Geist blitzartig ihre Bedeutung erkannt, und diese Einsicht erschließt ihm von nun an ein Verhalten, das vorher jenseits seiner Möglichkeiten gelegen hatte. Er hatte ein Problem geistig gelöst. Da er ganz sicher über keinerlei Sprache verfügte, müssen die damit verbundenen Denkprozesse sprachfrei abgelaufen sein.

Es waren solche sprachfreien kognitiven Operationen von Tieren, für die der Zoologe Otto Koehler, der vor allem die Zählfähigkeit verschiedener Vogelarten erforschte, 1952 den Terminus »unbenanntes Denken« prägte. Zum Beispiel wurde Vögeln beigebracht, Futter in einem Schälchen aufzunehmen, auf dem ein Deckel mit einer bestimmten Anzahl von Punkten lag. Koehlers Kolkraben wählten auch dann die Schale mit der richtigen Zahl von Punkten, wenn sie anders geformt und anders angeordnet waren; sie konnten sich bei ihrer Wahl also nicht an dem Muster der Punkte orientiert haben, sondern nur an ihrer Zahl. Zeigt man einem Menschen gleichzeitig zwei Mengen (zum Beispiel zwei Ansammlungen von Reißzwecken) und bittet ihn, zu sagen, ob es gleiche oder verschiedene Mengen sind, so kann er, ohne in Worten mitzuzählen, richtige Antworten bis zur Sieben aufwärts geben; oberhalb der Anzahl Sieben wird sein Simultanblick für Anzahlen immer unsicherer. Auch Vögel haben einen solchen Simultanblick. Tauben sind sicher bis zur Fünf, Kolkraben ebenfalls bis zur Sieben.

Aber es gibt auch viel nähere Evidenz für ein sprachfreies Denken. Menschen, die durch die Beschädigung bestimmter Hirnregionen ihre Sprache verlieren, büßen nicht notwendig auch alle Denkfähigkeit ein. Beeinträchtigt allerdings ist sie häufig; nur ist kaum zu entscheiden, ob als Folge des Sprachverlusts – die kognitive Beeinträchtigung könnte ebenso auf die Läsion selbst zurückgehen, die auch die Aphasie bewirkte.

Aufschlußreicher ist darum der Fall der Gehörlosen. Wer taub geboren wurde, hört Sprache nie. Sprachunterricht in einer Gebärden- oder Lautsprache setzt meist erst mit fünf, sechs Jahren ein. Die große Mehrheit (auf 90 Prozent schätzte man ihre Zahl während der sechziger Jahre in den USA) erreicht eine volle Sprachkompetenz nie. Darum wurden, und werden, »Taubstumme« vielfach als Idioten behandelt, als stumme Tiere. Als man sich jedoch näher für ihre Intelligenz zu interessieren begann, stellte sich heraus, daß die kaum hinter der ihrer hörenden und sprechenden Altersgenossen zurückbleibt, vorausgesetzt, man stellt sie vor nichtsprachliche Aufgaben. Obwohl sie über keine oder über nur wenig

Sprache verfügen, ist ihre Intelligenz intakt. Eric Lenneberg, der auf diesem Gebiet selber geforscht hat, zog den Schluß: »Es gibt keine Anzeichen dafür, daß durch eine Beeinträchtigung der Sprachfertigkeiten auch die grundlegenden Organisationsfähigkeiten beeinträchtigt werden« (1967).

Besonders interessant sind in diesem Zusammenhang die Experimente zur Begriffsbildung, und hier vor allem eines, das die Psychologen Hans G. Furth und N. A. Milgram 1965 durchführten. Einer Reihe von Kindern – gehörlosen und gesunden – wurden Sätze mit Bildkarten vorgelegt. Jeder Satz bestand aus sieben Zeichnungen, zum Beispiel: Personenwaage, Bleistift, Stoppuhr, Eisschrank, Weinflasche, Maßstab, Wolkenkratzer. Der Auftrag: jeweils die drei zusammengehörenden herauszusuchen. Die Aufgabe ist offensichtlich nur lösbar, wenn man übergeordnete Konzepte bildet und unter diesen dasjenige wählt, welches auf drei, nicht mehr und nicht weniger dieser Dinge paßt. Zum Konzept »Bürobedarf« passen zwei, zum Konzept »Haushaltsgeräte« sechs jener Bilder. Wer – die richtige Lösung – Waage, Uhr und Maßstab heraussucht, muß das Konzept »Meßgeräte« besitzen. Im Alter von acht Jahren schnitten die gehörlosen Kinder bei dieser Aufgabe wesentlich schlechter ab; mit vierzehn waren sie den hörenden und sprechenden völlig ebenbürtig. Alle ähnlichen Tests erbrachten das gleiche: Daß die Sprache fehlt, verhindert nicht die Bildung von Konzepten. Es bewirkt nur eine gewisse Entwicklungsverzögerung bei ihrer Bildung, für die Furth keine kognitiven Defekte der Gehörlosen verantwortlich macht, sondern ihren relativen Mangel an Erfahrung: Es fehlen ihnen Informationen, sie sind weniger wißbegierig, sie haben weniger Übung im Denken.

Weitere Hinweise auf die Existenz, die Allgegenwart, die Leistungsfähigkeit und Unentbehrlichkeit sprachfreien Denkens hat die Hirnforschung gefunden, als sie sich für die Unterschiede zwischen den beiden Gehirnhälften zu interessieren begann. Die linke, die normalerweise im Besitz der Sprache ist, hatte ja lange als die einzig denkfähige gegolten, die sprachlose rechte aber für eine dümmliche und bewußtlose Verrichterin irgendwelcher Hilfsdienste – eine Meinung, die eben auf der Gleichsetzung von Denken und Sprache beruhte. Als man aber in den sechziger Jahren die isolierte rechte Hemisphäre zu untersuchen begann, stellte sich heraus, daß sie trotz ihrer (relativen) Sprachlosigkeit weder dumm noch bewußtlos ist, sondern der linken in mancher Hinsicht sogar überlegen. Sie kann besser mit räumlichen Vorstellungen umgehen; sie ist besser, wenn es gilt, Zusammenhänge, Ganzheiten, Gestalten zu erfassen. Solche räumlichen, ganzheitlichen Operationen aber sind ein wichtiger, ja unerläßlicher Teil der Intelligenz, der dem »analytischen«, nämlich zerlegenden Sprachdenken der linken Hemisphäre gleichwertig ist und sie bei vielen Aufgaben übertrifft. Wenn wir uns die »Denkaufgabe« stellen, auf wievielen verschiedenen Autobahnstrecken man von Hamburg nach Basel fahren könnte, so könnten wir uns auf unser sprachlich kodiertes Wissen verlassen, daß es eine Autobahn von Hamburg nach Leverkusen gibt, eine weitere von Leverkusen nach Frankfurt, und so fort. Es wäre eine langwierige und unsichere Methode. Sprachfrei geht es besser: Man stellt sich die Landkarte vor und versucht an dieser im Geist einige zweckdienliche Manipulationen. Darum ist es auch bloßes Hemisphärenlarifari, wenn moderne Mystagogen heute so tun, als sei die wissenschaftlich-technische Zivilisation ein fragwürdiges Werk der toll gewordenen linken Hemisphäre. Die rechte, sprachlose ist daran nicht weniger beteiligt. Vieles wird unserm Geist erst durch Pläne, Konstruktionsskizzen, Grafiken verständlich; keine Maschine ließe sich ohne sie bauen. Als Einstein gefragt wurde, wie er denke, antwortete er: »Worte, die geschriebene oder gesprochene Sprache, scheinen in meinem Gedankenapparat keine Rolle zu spielen. Die physischen Gebilde, die als Elemente des Denkens dienen, sind gewisse Zeichen und mehr oder weniger klare Bilder... (also) visueller oder auch muskulärer (kinästhetischer) Art« (Hadamard 1945). Es besteht gewiß kein Grund, die in der Natur einzigartigen Leistungen der menschlichen Sprache herabzusetzen; aber verklärt werden sollte diese auch nicht. In unserem Denken spielt sie vermutlich eine geringere Rolle, als wir nach Jahrtausenden der Sprachverherrlichung anzunehmen geneigt sind.

Man betrachte nur ein ordinäres Stück Gespräch etwas genauer, zum Beispiel dieses im Rundfunk gesendete Telefongespräch. Hörer: *Also ich bin dagegen, daß das mit dem Katalysator, da bin ich total dagegen.* Moderator: *Sie finden, die Autos sollten die Schadstoffe na eben ruhig in die Gegend blasen?* Hörer: *Aber was denn. Ich finde nur, jeder sollte selber drüber entscheiden können, jeder Privatmann auch.*

Moderator: *Ob er die Umwelt verpestet?* Hörer: *Daß er die Umwelt gerade nicht verpestet.* Moderator: *Dann sind Sie doch für den Katalysator?* Hörer: *Ich hab doch gerade gesagt, ich bin nicht für den Katalysator, sondern daß die Giftwerte, ich meine, eine Grenze, die sollte festgesetzt werden, und dann muß eben jeder selber zusehen, wie und ob mit dem Katalysator und so.* Moderator: *Achso, wenn ich Sie jetzt recht verstehe, wollen Sie sagen, der Staat soll nicht die Methode der Entgiftung vorschreiben, sondern Grenzwerte der Schadstoffemission bestimmen, und dann soll es dem einzelnen überlassen bleiben, wie er sie einhält.* Hörer: *Genau. Hab ich das nicht gesagt?* Moderator: *Ich dachte, Sie sind gegen den Katalysator.* Hörer: *Na, der ist doch das mindeste, was man verlangen kann, wenn ich's mir recht überlege. Sehen Sie, für die Umwelt da müssen wir da müssen wir schon mal uns endlich was einfallen lassen dafür.*

Es kommt hier nicht auf die grammatische Fehlerhaftigkeit an. Sie ist vieler mündlicher Rede eigen, meist bemerken wir sie gar nicht, und erst in der Schriftform fällt sie auf. Hier soll etwas anderes interessieren. Der Hörer hat offenbar eine ziemlich ausführliche und genaue Bedeutungsvorstellung in das Gespräch mitgebracht. Sie ist ihm die ganze Zeit gegenwärtig, und im Laufe des Telefonats nimmt er sogar eine Änderung an ihr vor: Hatte er den Katalysator bisher als eine Entgiftungstechnik neben anderen gesehen, so macht er sie zu einer, die von anderen übertroffen werden müßte. Nur formuliert er immer nur kleine Teile dieser Bedeutungsrepräsentation, und das führt dazu, daß er teilweise geradezu das Gegenteil dessen sagt, was er insgesamt meint. Niemals drückt er seinen ganzen Gedanken sprachlich aus, hat es wohl auch vorher noch nie getan. Dennoch errät der Moderator ihn ganz richtig und übersetzt ihn behende in Sprache. Wären Denken und Sprechen eins, gäbe es keine Gedanken hinter dem Sprechen und unabhängig von dem, was einer sagen kann, so wären solche Gespräche völlig unmöglich. Wir gehen in allem ganz selbstverständlich von der Nichtidentität zwischen Denken und Sprechen aus. Nur wenn wir uns, sprachlich natürlich, fragen, was der sprachlichen Form eines Gedankens vorangeht und in uns selbst dabei keine Sprache vor der Sprache vorfinden, kommen wir überhaupt erst auf die Idee, daß hinter der Sprachform eines Gedankens vielleicht gar nichts stehe, daß der Gedanke ohne diese Sprachform gar nicht existiere.

Das Rundfunkgespräch demonstriert, was jeder weiß: Ein und

derselbe Gedanke läßt sich auf viele Weisen in Sprache überführen. Man stelle sich selber vor, was ein *Katalysator* ist. Wahrscheinlich tut es niemand in ganzen, wohlgeformten Sätzen. Er denkt sich auch nicht das Bild eines Abgaskatalysators, wie es vielleicht in einem Lexikon zu finden wäre. Sein »Gedanke« wäre wahrscheinlich eher ein kaum entwirrbares Gemenge von kürzesten Bildvorstellungen (vielleicht ein Autoauspuff, den er in der Vorstellung leicht verändert, in einem Abschnitt verdickt: kurz und höchst skizzenhaft von außen und von innen gesehen), eine pseudobildhafte Vorstellung schadstoffarmer Gase, die von ihm ausgestoßen werden, eine angedeutete und gar nicht bildhafte Vorstellung seiner Funktionen und seiner Arbeitsweise, ein Reflex der Diskussionen um seine Einführung, die Abrufbereitschaft weiteren Wissens von Katalysatoren in der Chemie, manches Element unterstützt von der bloßen Skizze eines Worts oder eines Satzteils. Dies alles wäre wenn nicht sofort, so doch in kürzester Zeit in uns präsent – in einer sehr viel kürzeren Zeit jedenfalls, als die Ausformulierung dieses nahezu simultanen Assoziationsnetzes in Sätzen brauchte. Und nun stellen wir uns verschiedene Hörer vor, denen wir diese Bedeutungsvorstellung mitteilen möchten. Ist der Hörer ein Sachverständiger, so werden wir völlig andere Wörter und Sätze wählen als für ein fünfjähriges Kind. Sprachlich zapfen wir jeweils ganz andere Teile der einen Bedeutungsrepräsentation an.

Bei diesem Umsetzen in Sprache entscheiden wir auch, auf welcher Abstraktionsebene wir unseren Gedanken mitteilen wollen. Ein und dieselbe Bedeutungsvorstellung läßt sich wahlweise als *Das Auto hat eine Panne* oder *Der VW hat eine Reifenpanne* oder *Der Käfer hat einen platten linken Vorderreifen* und so weiter ausdrücken, je nachdem, wieviel Informationen aus unserer Bedeutungsvorstellung wir gerade für mitteilenswert halten.

Und schließlich ist auch jeder Satz Teil eines Zusammenhangs, der mitgedacht wird, aber sprachlich niemals vorhanden ist. Der Satz *Mimi ißt wieder* enthält als sprachfrei mitgedachten Inhalt: Ich, der Sprecher, und du, der Hörer, wissen, wer Mimi ist, daß sie krank war, daß sie während der Krankheit keinen Appetit hatte, daß wir uns über ihre Gesundheit freuen. Nichts davon sagt der Satz. Gleichwohl geht er aus irgendeinem solchen größeren Bedeutungszusammenhang hervor, ist ohne ihn nicht verständlich und läßt ihn günstigenfalls auch in dem Hörer wieder entstehen. Bedeutungsrepräsentationen, so legt all dies nahe, haben eine sprachunabhängige Existenz.

Auch psycholinguistische Daten gibt es, die dies indirekt untermauern. In etlichen Experimenten wurde gezeigt, wie begrenzt unsere Fähigkeit ist, gehörte Sätze wörtlich zu wiederholen. Wir sind dazu nur imstande, wenn es sich um relativ kurze Sätze handelt und wir sie sofort nach dem Hören wiederholen (es sei denn, wir unternähmen zusätzliche Anstrengungen, sie zu memorieren). Den Wortlaut der Sätze nehmen wir nur in unser Kurzzeitgedächtnis auf. Nach zehn, zwölf Sekunden zerfällt er. Bei Sätzen, für die die Kapazität des Kurzzeitgedächtnisses nicht ausreicht (die Obergrenze scheint bei etwa siebenmal drei Wörtern zu liegen), gelingt uns eine vollständige Wiederholung des Wortlauts gar nicht. Nach kurzer Zeit schon erkennen wir einen gehörten Satz auch nicht mehr zuverlässig wieder – wir verwechseln ihn mit ähnlichen Sätzen. J. S. Sachs, der diesen Sachverhalt 1967 als erster deutlich demonstrierte, spielte seinen Probanden vom Tonband einen Satz vor. Null, vierzig und achtzig Silben später wurde er wiederholt – und zwar entweder unverändert, oder mit einer syntaktischen Veränderung, oder einer des Sinns. Dann sollten die Probanden sagen, ob dieser Satz der gleiche wie der vorher gehörte war oder anders. Sinnänderungen bemerkten sie. Syntaktische Änderungen viel weniger. Der Wortlaut wird gelöscht; bewahrt werden Bedeutungen. Wenn wir gehörte Sätze später scheinbar wiederholen, wiederholen wir sie in Wahrheit gar nicht – wir konstruieren sie aus den erinnerten Bedeutungen neu. Im normalen Gang der Gespräche befreit sich das Kurzzeitgedächtnis von jedem Satz, sobald ihm seine Bedeutung entnommen ist, und steht bereit zur Aufnahme des nächsten. Sprache ist eben wirklich nur ein Vehikel, der übermittelbare Code der Gedanken. Ist er angekommen, so extrahiert ihm der Hörer oder Leser auf der Stelle die Bedeutung, und der Satz wird gelöscht. Wenn wir das Gehörte oder Gelesene wiedergeben, so formulieren wir eigene Sätze aufgrund der erinnerten Bedeutungen. Die Sprachform der Gedanken zerfällt in unserm Gehirn wie ein Kondensstreifen hinter dem Flugzeug.

Terminologische Klarheit ist an dieser Stelle dringend nötig. Im Deutschen gebrauchen wir ja oft »Wort« und »Begriff« fast unterschiedslos und das in diesem Sinn neue, aus dem Englischen eingedrungene »Konzept« als Synonym von »Begriff«. So sagen wir, in einem Wörterbuch fänden sich Tausende neuer »Begriffe«; oder wir sagen, es fehlten jemandem die Begriffe, und lassen dabei offen, ob ihm die Gestalt der Wörter nicht einfällt oder er ihre Bedeutung nicht gedacht hat oder denken kann; oder wir stellen fest, der deutschen Sprache fehle es noch an Konzepten für den Computer. Hier sollen die involvierten Begriffe klar unterschieden werden, im Einklang mit dem Sprachgebrauch, der sich zur Zeit in der internationalen Wissenschaftssprache durchzusetzen scheint.

Die Kategorie: Von Atomen zu Milchstraßen, die Welt besteht aus lauter einzelnen, voneinander verschiedenen Dingen. Der Geist aber faßt sie zu Klassen zusammen: zu der Klasse aller Atome, aller Milchstraßen, aller Leselampen. Eine solche vom wahrnehmenden Geist gebildete Klasse heißt Kategorie. Die Fähigkeit zum Kategorisieren ist eine der ganz elementaren Künste des Geistes. Ohne sie gäbe es keinerlei Denken. Sie sind etwas anderes als Erinnerungen (die vergangene Episoden festhalten). Aber indem er Kategorien bildet und im Licht neuer Erfahrungen ständig modifiziert, bewahrt der Geist auch Vergangenes auf. Der Psychologe Philip Zimbardo: »Die Kategorisierung erst gibt unseren Erlebnissen Kontinuität. Sie fügt der Wahrnehmung das Begreifen hinzu, den Fakten die Bedeutung.« Der Kybernetiker Douglas Hofstadter: »Mit den Tieren verglichen, stapeln Menschen eine Kategorie auf die andere. Das macht den Kern der Menschennatur aus und ist eine tiefe Quelle der Freude.« Die Fähigkeit zum Kategorisieren ist älter als der Mensch, älter sogar als das Nervensystem mit seinen »emergenten« Phänomenen Geist und Bewußtsein. Die Amöbe, deren Zellinhalt eine andere Konsistenz annimmt, wenn bestimmte chemische Reizungen sie von außen treffen, so daß sie ihre Form verändert und im Endeffekt von diesen schädlichen Reizen wegkriecht, hat kategorisiert: Sie hat unter all den chemischen Substanzen, die ständig um sie her sind, ganz bestimmte erkannt und mit ihrer Flucht sinnvoll darauf reagiert. Das Kategorisieren ist eine überlebenswichtige Grundeigenschaft aller Lebewesen.

Die Repräsentation: Wenn der Geist das Gesicht eines Freundes, den Geruch eines Rasierwassers, den Klang eines Motors wiedererkennt, so muß er das alles in irgendeiner Form besitzen. Es muß in ihm »repräsentiert«, nämlich vertreten sein. Die Psychologie spricht heute lieber von Repräsentationen als von Vorstellungen; das Wort Vorstellung läßt zu stark an die Bilder denken, die wir im Geist vor unserm Blick vorbeiziehen lassen. Die Repräsentation ist jede Darstellung der Außenwelt, die das Geistorgan sich bildet.

Das Konzept: So nennt die Psychologie die Repräsentation einer Kategorie. Das Konzept ist nicht darauf angewiesen, daß es ein Wort für es gibt; Konzepte besitzt selbst der ganz sprachlose Geist. Für viele Konzepte – »die frischer wirkende Luft nach einem Gewitter«, »die Spuren menschlicher Besiedlung in einer Landschaft«, »die Bücher, die ich noch gerne lesen würde« – hat selbst der wortgewaltigste Mensch kein bestimmtes einzelnes Wort; bei Bedarf könnte es jedoch gebildet werden. Worte für Konzepte werden erst dann unerläßlich, wenn wir mit anderen darüber sprechen wollen. Konzepte sind die Grundbausteine jener Vorgänge, die wir mit dem Wort Denken meinen. Die Verknüpfung von zwei Konzepten ist die allereinfachste Form einer Aussage. Man nennt sie Proposition – von Konzept A wird Konzept B ausgesagt: »Konzept A *tut* Konzept B« oder »Konzept A *ist* Konzept B«. *Herbst (tut) Einkehren, Herbst (ist) Dunkel.*

Der Begriff: Er ist wiederum ein Konzept, aber eines, für das es einen Namen gibt, entweder ein Wort oder eine feststehende Wortverbindung *(Hab und Gut, im Handumdrehen)*. Oder vom anderen Ende her gesehen: Der Begriff ist die Bedeutungsvorstellung, die ein Wort im Geist hervorruft. Jeder Begriff ist ein Konzept, aber nicht jedes Konzept ist ein Begriff. Für ein einzelnes benanntes Konzept kann es viele verschiedene Wörter geben. Der Begriff »männliches Kind« läßt sich in den Wörtern *Junge, Bursche, boy, muchacho, garçon* und unzähligen mehr fassen und bleibt doch immer der gleiche. Viele Wörter enthalten mehrere Begriffe (das deutsche Wort *Bauer* zum Beispiel deren fünf). Enthalten? Das Wort selbst *ist* nicht der Begriff, es *vertritt* den Begriff auch nur, solange es vom Sprecher oder Schreiber zum Hörer oder Leser unterwegs ist – in dessen Geist aber *evoziert* es seinen Begriff. Ein Wort, das keinen Begriff evoziert, ist unverständlich. Das Wort *ming* evoziert für den Europäer schlechterdings nichts und ist doch ein richtiges Wort; dem Chinesen evoziert es das Konzept »Licht, Glanz«.

Das Wort: Es ist die Lauteinheit, die die Kraft hat, ein bestimmtes Konzept zu evozieren. Wer genauer sein will, müßte besser von einem Lexem als einem Wort sprechen. Ein und dasselbe Wort nämlich tritt oft in verschiedenen Gestalten auf *(Haus, Häusern; bist, gewesen, sein)*; es sind verschiedene Wörter, aber gleiche Lexeme. Ein Lexem ist ein Wort in allen Gestalten, die es aus grammatischen Gründen annehmen kann. Jedes Lexem besteht aus einem oder mehreren Morphemen. Das Morphem ist das kleinste Sprachelement, das noch eine Bedeutung trägt. Es läßt sich nicht weiter zerlegen, ohne daß jede Bedeutung verloren geht. *Ohr, klein* sind Morpheme; *Ohrmuschel* ist ein Begriff, besteht aber aus zwei Morphemen, *Ohr* und *Muschel.* Zerlegen läßt sich ein Morphem in Phoneme: nämlich in Lauteinheiten. Das Phonem ist die kleinste, potentiell bedeutungsunterscheidende Lauteinheit. Das Morphem *Tag* besteht aus drei Phonemen, deren Auswechslung den Sinn veränderte: *Hag, Tick, Tal.*

Sobald man diese Distinktionen akzeptiert, ergibt sich ein so einfacher wie verblüffender Schluß. Wörter (oder vielmehr Lexeme) sind, wie man weiß, Zeichen oder Symbole. Aber sie sind nicht Symbole für das, was sie bezeichnen, für die Dinge draußen in der Welt. Zunächst sind sie Symbole für die Konzepte in unserem Kopf. Wörter vertreten nicht die Dinge selbst. Sie vertreten die Ordnung, die unser Geist den Dingen gibt. Darum ist es auch so hoffnungslos, den »wahren« Bedeutungen der Worte nachzujagen; oder gar dem Wesen der Dinge näherkommen zu wollen, indem man Begriffe anstiert und immer spitzfindiger definiert. Die wahre Bedeutung des Wortes *Tisch* findet sich nicht draußen bei den Tischen dieser Welt. Das Wort *Tisch* bedeutet das Konzept, das es in einer bestimmten Situation, in einem bestimmten Zusammenhang bei einem bestimmten Hörer evoziert. Natürlich herrscht keine völlige Anarchie, sonst büßte die Sprache ihren Sinn als ein Werkzeug der Verständigung ein, und des einen *Tisch* wäre tatsächlich des anderen *Stuhl.* Daß die Sprache als Verständigungswerkzeug taugt, hat zur Voraussetzung, daß wir ähnliche Konzepte bilden und einer Konvention zu ihrer gleichartigen Benennung beitreten, nämlich der Sprache, deren wir uns bedienen. Aber in aller Regel werden die Konzepte verschiedener Menschen nur mehr oder weniger ähnlich, nie aber völlig identisch sein. Es ist kaum zu entscheiden, ob der vier Konzepte vereinende Satz *Gelassen stieg die Nacht ans Land* bei auch nur zwei Menschen die völlig gleiche Bedeutungsvorstellung hervorruft; und unmöglich zu sagen, welches die »richtige« wäre. Wo immer wir den Verdacht haben, daß unser Gesprächspartner mit irgendeinem Wort nicht etwa das gleiche Konzept verbindet wie wir, wo also die Gefahr besteht, daß man »aneinander vorbeiredet«, verabreden wir ganz automatisch Übereinkünfte, indem wir unsere Begriffe erläuternd umschreiben oder ausdrücklich definieren, so wie es in diesen letzten Absätzen geschehen ist: *Mit »Begriff« meine ich hier...*

Die Kategorienbildung – und damit die Entstehung von Konzepten – ist ein so elementarer geistiger Vorgang, sie ist so sehr Voraussetzung für jede weitere geistige Entwicklung, daß sie gleich nach der Geburt einsetzt. Der Säugling nimmt eben nicht ein völlig ungeordnetes, unstrukturiertes Gewirr kaleidoskopartiger Reize wahr, wie manche Psychologen in der Vergangenheit glaubten. Schon gleich nach der Geburt etwa unterscheidet das Kind Sprachlaute von anderen Geräuschen, weist sie also in eine eigene Kategorie. Und sehr bald beginnt es Gesichter aus allem herauszulösen, was sich seinem Blick darbietet. Zeigt man Einjährigen Reihen verschiedener »Möbel« oder »Speisen« oder »Menschen« oder »Tiere«, so werden sie, sobald die Kategorie gewechselt wird, aufmerksamer – sie sehen länger hin, saugen heftiger (Ross 1980). Sie haben »Tiere« oder »Möbel« also zu einer Klasse zusammengefaßt, obwohl deren einzelne Vertreter sich in ihrem Aussehen stark unterschieden. »Das Kind verfügt wie die Erwachsenen über eine Reihe von Regeln, mit deren Hilfe es abstrakte Konzepte bildet und diese zueinander in Beziehung setzt... Das Neugeborene betritt die Welt mit der Prädisposition, sie auf ganz bestimmte Weisen zu ordnen« (Palermo 1983).

Manche Sprachpsychologen glauben heute zu ahnen, in welchem Format der Geist mit den Informationen umgeht, die er sprachlich erhält: im Format von Propositionen. Eine Proposition ist die Verbindung zweier Konzepte, die knappestmögliche Art einer Aussage. Irgendeinem Konzept X wird ein Konzept Y zugeschrieben. Entweder X *ist* Y, oder X *tut* Y. Der Satz *Der dicke Mann im Nebensitz rauchte eine stinkende Zigarre* ist eine Versammlung mehrerer Propositionen. Seine Grundproposition ist: X (Mann) tut Y (Zigarrerauchen). In diese Grundproposition sind mit den Mitteln der

Syntax mehrere andere Propositionen eingefügt: Mann ist dick, Mann sitzt, Sitz ist nebenan, Zigarre stinkt.

Dafür, daß unser Geist Informationen tatsächlich oft, vielleicht immer in der Form von Propositionen behandelt, gibt es einige im Experiment überprüfte Hinweise. Zum Beispiel hängt die Zeit, die wir zum Verstehen eines Satzes brauchen, nicht allein von seiner Länge ab, sondern auch von der Zahl der Propositionen, die er enthält. Einen im übrigen gleichlangen Satz mit weniger Propositionen begreifen wir schneller. Oder: Wir hören einen Satz mit verschiedenen Propositionen, werden nach einiger Zeit, wenn sein Wortlaut in unserm Gedächtnis untergegangen ist, aufgefordert anzugeben, was wir von ihm behalten haben, und als Gedächtnishilfe nennt man uns irgendein Wort aus dem Satz – dann fällt uns am ehesten jene Proposition ein, in der dieses Wort enthalten war: Etwa so: »Dick!« »Achso, ja, da war von einem dicken Mann die Rede.« »Stinkend!« »Achja, da stank eine Zigarre.« Aussagen fallen uns nicht wortweise und auch nicht als Ganzes wieder ein, sondern propositionsweise.

Eine der ganz schwierigen Fragen ist es, ob der Geist, wenn er in Propositionen denkt, in den von der Sprache vorgegebenen Begriffen handelt oder ob er diese in eine ganz andere eigene Sprache übersetzt, indem er sie zu abstrakteren Einheiten zerlegt oder zusammenfaßt. Also ob er zum Beispiel die Proposition *Mann qualmte* zerlegt in die Propositionen *Mann qualmt* und *Qualmen ist etwas Vergangenes* oder gar *Lebewesen verursacht Brennen, Brennen verursacht Qualm, Verursachung ist etwas Vergangenes, Lebewesen ist Mensch, Mensch ist männlich, Mensch ist erwachsen*... Ist *Der Fettwanst qualmt* eine einzige Proposition, oder stecken eigentlich mehrere darin, nämlich *Der Mann ist dick* und *Der Mann raucht*? Mit welchen Einheiten also operiert der Geist? Mit den Begriffen seiner Sprache? Oder mit deren definitorischen Bestandteilen? Daß die Begriffe verschiedener Sprachen nicht den gleichen Bedeutungsumfang haben, macht natürlich eine der Schwierigkeiten jeder Übersetzung aus.

Jedenfalls ist es keine bloße Spekulation, ein von der Sprache unabhängiges, vorsprachliches Denken anzunehmen. Und da soviel feststeht, läßt sich nunmehr die Whorf-Hypothese in Angriff nehmen.

Der Gedanke, daß uns die Sprache Inhalt und Art unseres Denkens vorschreibe, war nicht neu, ja er ist bis zu Cusanus zurückverfolgt worden. Vor allem Wilhelm von Humboldt hatte ähnliches vertreten. »Die Sprache«, heißt es in seiner nachgelassenen Schrift »Über die Verschiedenheit des menschlichen Sprachbaues« (1836), »ist gleichsam die äußerliche Erscheinung des Geistes der Völker; ihre Sprache ist ihr Geist und ihr Geist ihre Sprache; man kann sich beide nie identisch genug denken.« Allerdings, »über die Priorität der einen oder andren« wollte er nicht entscheiden.

Benjamin Lee Whorf glaubte aufgrund seiner Kenntnis uro-aztekischer Indianersprachen, vor allem des Hopi, entscheiden zu können, was hier wem vorausgeht, und darum heißt die Whorf-Hypothese auch ganz zu Recht nach ihm. »Das linguistische System«, so faßte er zusammen, »ist nicht nur ein reproduktives Instrument zum Ausdruck von Gedanken, sondern formt selbst die Gedanken... Die Formulierung von Gedanken ist selbst kein unabhängiger Vorgang, der im alten Sinn des Worts rational wäre, sondern wird von der jeweiligen Grammatik beeinflußt. Daher ist er für verschiedene Grammatiken mehr oder weniger verschieden... Die Welt präsentiert sich in einem kaleidoskopartigen Strom von Eindrücken, der durch unsern Geist organisiert werden muß – das aber heißt weitgehend: von dem linguistischen System in unserm Geist. Wie wir die Natur aufgliedern, sie in Begriffen organisieren und ihnen Bedeutungen zuschreiben, das ist weitgehend davon bestimmt, daß wir an einem Abkommen beteiligt sind, sie in dieser Weise zu organisieren – einem Abkommen, das für unsere ganze Sprachgemeinschaft gilt und in den Strukturen unserer Sprache kodifiziert ist. Dieses Abkommen ist natürlich nur ein implizites und unausgesprochenes, aber sein Inhalt ist absolut obligatorisch.«

Das Denken wird »beeinflußt« von der Sprache oder von ihr »weitgehend bestimmt« oder »obligatorisch« geformt – eine gewisse Undeutlichkeit in Whorfs Formulierungen hat dazu geführt, daß man seine Hypothese in zwei Versionen (und allen Zwischenformen) referiert, einer schwachen und einer starken.

Die schwache Version lautet: Die Sprache beeinflußt, erleichtert das Denken; verschiedene Sprachen beeinflussen es in verschiedener Weise, so daß die Verschiedenheit der Sprachen auch zur Verschiedenheit der Denkstile beiträgt. Dies ist das »sprachliche Relativitätsprinzip«. Die starke: Alles Denken ist von der Sprache abhängig, wird von der Sprache bestimmt; jeder ist denkerisch von den Konventionen seiner Sprache gefesselt. Dies ist der »Sprachdeterminismus«.

So offensichtlich ist etwas an der schwachen Version, daß sie nicht weiter interessiert hat. Gewiß wird das Denken *irgendwie* von der Sprache beeinflußt. Das sagt einem nicht nur die Intuition, dafür gibt es Belege. In einem seiner Experimente mit Gehörlosen prüfte Furth, in welchem Maß sie über die Konzepte »gleich«, »symmetrisch« und »entgegengesetzt« verfügten. Bei »gleich« und »symmetrisch« unterschieden sie sich in nichts von hörenden und sprechenden Kindern: Sowohl hörende wie gehörlose Kinder, schloß Furth, hatten das Konzept »gleich«, weder hörende noch gehörlose Kinder hatten das Konzept »symmetrisch«. Deutlich zurück blieben die gehörlosen Kinder aber bei »entgegengesetzt« (also bei der Zuordnung zweier entgegengesetzter Figuren). Die vielen Gegensätze der Sprache, meinte Furth, heiß/kalt, groß/klein, kurz/lang, oben/unten, hatten die sprechenden Kinder in diesem Konzept trainiert, während die gehörlosen nur wenig Gelegenheit gehabt hatten, von ihm Gebrauch zu machen. Die Sprache hatte jenen die Konzeptbildung erleichtert.

In einem ganz elementaren Sinn ist mit Sicherheit auch die starke Fassung der Whorf-Hypothese richtig (aber so war sie von Whorf nie gemeint gewesen): Sprachlich nachgedacht und gesprochen werden kann in einer Kultur nur über das, wofür die betreffende Sprache Begriffe hat. Wenn es, wie in australischen Aborigines-Sprachen, keine Zahlbegriffe oberhalb der Drei gibt, nur den Begriff »viele«, und wenn so gut wie keine abstrakten Begriffe existieren, schränkt das die Gedanken, die in dieser Sprache mitteilbar sind und sozusagen öffentlicher Besitz der Kultur werden können, sehr ein. Damit ein Gedanke öffentlich werden kann, ist er in der Tat auf Sprache angewiesen. Insofern ist die Sprache wirklich ein Gefängnis; sie begrenzt vielleicht nicht das Denkbare, aber das Kommunizierbare. Adorno in eine Eingeborenensprache Neu-Guineas zu übersetzen, dürfte so gut wie unmöglich sein; aber in einer europäischen Sprache all die Nuancierungen des Schnee-Begriffs auszudrücken, die Eskimo-Sprachen geläufig sind, wäre ebenfalls mit Schwierigkeiten verbunden. »Die Sprachen unterscheiden sich weniger in dem, was in ihnen gesagt werden kann, sondern darin, wie leicht es sich sagen läßt« (Charles F. Hockett).

Bleibt die Frage, ob die Sprache das Denken nicht nur beeinflusse, sondern bestimme: die des Sprachdeterminismus. Um seine sprachdeterministischen Überzeugungen zu stützen, zog Whorf vor allem die Sprache der Hopi-Indianer heran, eines Pueblo-Stammes, der auf einigen Tafelbergen Arizonas heimisch ist – und vor allem das ganz andere zeitliche Denken der Hopi. Die Zeit spiele bei ihnen keine Rolle, fand Whorf; und sie existiere auch in ihrer Sprache nicht. Sie hätten kein Wort für die Zeit selbst als eines gleichmäßig fließenden Kontinuums, und »die Hopi-Sprache enthält keine Wörter, grammatischen Formen, Konstruktionen oder Ausdrücke, die sich direkt auf das beziehen, was wir ›Zeit‹ nennen. Sie beziehen sich auch weder auf Vergangenheit, Gegenwart oder Zukunft noch auf Dauern oder Bleiben…«

Der Münsteraner Sprachwissenschaftler Helmut Gipper war zweimal bei den Hopi und hat sich ihr Verhältnis zur Zeit und die Zeit-Verhältnisse ihrer Sprache eingehend erklären lassen. Tatsächlich, fand er, ist ihr Zeitgefühl ganz anders. Veranstaltungen haben keine festen Anfangszeiten, sondern beginnen, wenn die Stunde »reif« ist; ihr Besucher aus Europa muß sich ans Warten gewöhnen. Ihre Zeitvorstellung ist zyklisch, nicht linear: eine ewige gleichförmige Wiederkehr von Tagen und Jahreszeiten, kein Geradeausverlauf. Aber durchaus besitzt auch ihre Sprache Zeitbegriffe. Hopi hat Begriffe für die verschiedenen Tageszeiten wie für Gestern, Heute und Morgen. Wie die indoeuropäischen Sprachen benutzt es Raumbegriffe (»lang«, »kurz«, »Verlauf«), um Zeitliches auszudrücken. Vor allem aber markieren auch die Hopi-Verben Vergangenes, Gegenwärtiges und Zukünftiges; die Vergangenheit nicht durch Verbformen, sondern durch den Zusatz *yew*, den Whorf mit »es wird gesagt« übersetzte, der aber einfach »damals« bedeutet. Hopi sei also gar nicht zeitlos, so Gipper, Whorf habe geirrt.

Aber auch wenn Whorf nicht geirrt hätte: Beobachtungen wie seine über die Zeitlosigkeit im Denken und Sprechen der Hopi sind prinzipiell völlig ungeeignet, die Frage zu klären, ob die Sprache das Denken bestimmt. Denn sie lassen offen, was hier Ursache ist und was Wirkung. Selbst wenn zuträfe, was er der Hopi-

Sprache nachsagt, wäre unentscheidbar, ob die Hopi »zeitlos« denken, weil ihre Sprache zeitlos ist, oder ob ihre Sprache zeitlos ist, weil sie zeitlos denken. Auf diesem Wege käme man einer Klärung der Frage überhaupt nicht näher. Das Argument bewegte sich immer nur im Kreise. Man stellte in irgendeiner Sprachgemeinschaft fest, daß ihre Sprache eine Eigenheit aufweist; man schlösse aus dieser Eigenheit auf eine Eigenheit in ihrem Denken; und zum Beweis, daß es diese Eigenheit in ihrem Denken wirklich gibt, könnte man wiederum nur auf ihre Sprache verweisen. Die Hopi-Sprache ist zeitlos, also denken die Hopi zeitlos; daß sie zeitlos denken, zeigt sich daran, daß ihre Sprache zeitlos ist... – ein ewiger Zirkelschluß, und nichts ist bewiesen.

Es ist klar, was nötig ist, um den Zirkel zu durchbrechen und Licht in das Problem zu bringen: Man müßte Denken und Sprechen unabhängig voneinander beobachten können. Gebraucht werden nicht nur Daten über die Sprache, sondern objektive, sprachunabhängige Daten über das Denken.

Die sind nicht leicht zu finden. Den meisten fiele vermutlich gar nicht ein, wo man überhaupt beginnen könnte, nach ihnen zu suchen. Wie denn soll sich feststellen lassen, und zwar auch noch objektiv, was irgend jemand denkt – wenn er doch nur sprachlich darüber Auskunft geben kann? Wieder befand sich die Wissenschaft in nahezu aussichtsloser Situation. Findig wie sie ist, fand sie dennoch ein fast ideales Gebiet, die Frage empirisch zu erforschen: das der Farbbezeichnungen.

Jeder Farbeindruck setzt sich aus drei Komponenten zusammen: aus der Helligkeit, der Farbsättigung und vor allem aus der Wellenlänge des Lichts. Das menschliche Auge ist empfindlich für einen Ausschnitt aus dem breiten Spektrum der elektromagnetischen Strahlen. Er ist unser »Fenster«, er und nur er erscheint uns als »Licht«. Seine eine Begrenzung bilden Wellenlängen von etwa 400 Nanometer (Millionstel Millimeter), die wir als Violett sehen. Seine gegenüberliegende Grenze ist das purpurste Rot mit einer Wellenlänge von etwa 750 Nanometer. Zwischen diesen beiden Grenzen verkürzen sich die Wellen stetig von 750 auf 400 Nanometer. Nichts in der Natur des Lichts zieht innerhalb des sichtbaren Spektrums irgendwelche Grenzen. Unser Auge ist imstande, mehrere Millionen von Farbtönen zu unterscheiden. Farben: das sind die Interpretationen verschiedener Wellenlängen des Lichts durch unseren Wahrnehmungsapparat. Er ist es, der das kontinuierliche Spektrum aufteilt.

Wie ein Mensch das Spektrum aufteilt, läßt sich ohne Zuhilfenahme von Sprache untersuchen. So kommt man zu sprachunabhängigen Daten über das Denken. Auf der anderen Seite läßt sich untersuchen, ob verschiedene Sprachen das sichtbare Spektrum verschieden aufteilen: in unterschiedliche und unterschiedlich viele Hauptgruppen. In der Tat, sie tun es. Und nun kann man vergleichen, ob das Denken, in diesem Fall also unser Farbsinn, das sichtbare Spektrum genauso aufteilt, wie die betreffende Sprache es getan hat. Wäre dies der Fall, so träfe die Whorf-Hypothese in ihrer starken Fassung zu: Die Sprache hätte das Denken bestimmt. Wäre es nicht der Fall, so könnte es immerhin sein, daß das Vorhandensein eines Namens für irgendeinen Ausschnitt aus dem sichtbaren Spektrum es dem Geist leichter macht, mit der entsprechenden Qualität umzugehen: zum Beispiel sie wiederzuerkennen oder von anderen zu unterscheiden. Dann wäre die Whorf-Hypothese in ihrer schwachen Version bestätigt – die Sprache beeinflußte das Denken. Das also ist die Frage: Führt die verschiedene Zerlegung des Spektrums durch einzelne Sprachen dazu, daß ihre Sprecher die Farben auch anders sehen oder mit sprachlich anders abgeteilten Farbspannen geistig irgendwie anders umgehen?

Die Tests begannen 1954 mit einem Pionierexperiment von Roger Brown und Eric Lenneberg. Sie ermittelten zunächst, welches die bestbenennbaren Farben englischsprechender Versuchspersonen waren: Farben, für die ihnen am schnellsten einer der kurzen Farbnamen einfiel – das beste Rot, das beste Blau und so fort. Dann wurde den Probanden kurz eine Farbe gezeigt, mal eine »beste«, mal eine »schlechte«, also eine, die sie nicht so leicht mit einem der kurzen Farbnamen hatten belegen können. Und dann bekamen die Probanden den Auftrag, unter 120 verschiedenen Farbmustern die gesehenen herauszusuchen. Das Ergebnis? Wenn zwischen Sehen und Suchen nur eine kurze Zeit lag, wurden »schlechte« Farben nicht fehlerhafter identifiziert als »beste«. War aber eine längere Zeit verstrichen, sieben Minuten, dann fiel die Identifizierung bei den »besten« Farben wesentlich leichter. Daß das Vorhandensein der Farbnamen bestimmt, welche Farben man sieht, die starke Fassung der Whorf-Hypothese, war damit nicht erwiesen; wohl aber, so schien es, daß das Vorhandensein eines Farbnamens die Erinnerung an die betreffende Farbe erleichtert, also ein schwacher Whorf-Effekt. So deuteten Brown und Lenneberg den Ausgang ihres Experiments denn auch: Farbnamen helfen bei der Farberinnerung.

Fünfzehn Jahre lang blieb dies die vorherrschende Meinung. Dann wurden die Psychologen Brent Berlin und Paul Kay stutzig. Hatte das Experiment wirklich bewiesen, daß das Vorhandensein eines leicht verfügbaren Farbnamens die Erinnerung an diese Farbe erleichtert? Konnte es nicht umgekehrt so sein, daß die betreffenden Farben selber irgendeine Eigenschaft besaßen, die sie irgendwie hervorhob, sie leichter erinnerbar machte? Und konnte dann nicht auch sie erst dazu geführt haben, daß es überhaupt Farbnamen für sie gab? In diesem Fall wäre nur bewiesen gewesen, daß die Sprache vorzugsweise »beste« Farben mit Namen belegte, also dem Denken folgte. Um das zu entscheiden, war es nötig, Sprecher von Sprachen mit verschieden vielen Farbbegriffen zu testen.

Berlin und Kay recherchierten bei Sprechern von zwanzig Sprachen mit unterschiedlichen Farbsystemen. Keine Sprache hatte weniger als zwei Grundnamen für Farben, keine hatte mehr als elf. (Als Grundnamen ließen Berlin und Kay irgendein kurzes, nicht zusammengesetztes und darum auch nicht weiter auflösbares Wort gelten – »gelb« zum Beispiel, aber nicht »hellgelb«; auch Farbwörter, die die Namen irgendeines farbigen Materials waren, zählten sie nicht als Grundnamen – »grün« oder »blau« ja, »türkis« nein.) Mithilfe ihrer Muttersprachen teilten die Versuchspersonen das Spektrum also in zwei bis elf verschieden große Felder auf. Und nun legten ihnen Berlin und Kay ein aus 329 Farbtönen bestehendes Spektrum vor und baten sie anzuzeichnen, auf welche Farbspannen sich die Grundnamen ihrer Sprachen jeweils erstreckten und welches die typischsten Beispiele für die betreffenden Farben waren. Was sich dabei herausstellte, war dies: Tatsächlich wurden die Grenzen zwischen den einzelnen Farben an verschiedenen Stellen gezogen, herrschte also keine Übereinstimmung bei der Ausdehnung einzelner Farben. Aber alle Probanden aller Sprachen hielten so ziemlich die gleichen Farbtöne für die »besten« Beispiele für irgendeine Kategorie. Hatte eine Sprache sieben Grundfarbnamen, so bezeichneten ihre Sprecher sieben Punkte im Spektrum als die typischsten Vertreter für sie. Hatte eine Sprache nur vier Grundfarbnamen, so zeichneten ihre Sprecher natürlich auch nur vier typischste Fälle an – aber diese ihre vier Kreuze lagen an nahezu den gleichen Stellen, die auch von den Versuchspersonen mit einem Sieben-Farben-Grundwortschatz angekreuzt worden waren. Einige Farbtöne, so schlossen Berlin und Kay daraus, besitzen offenbar einen ganz besonderen Status: Sie wirken irgendwie auffälliger als alle anderen. Diese sich selber heraushebenden Farben nannten sie Fokalfarben, Brennpunktfarben.

Manche Sprachen haben nur ein Wort für alle Grüns und Blaus – dieser ganze Teil des Spektrums, von uns in zwei Bereiche unterteilt, ist für sie sozusagen »blün«. Bittet man ihre Sprecher nun, das beste Beispiel für dieses ihr »Blün« anzuzeichnen, so bezeichnen sie nicht etwa irgendeinen Farbton auf halbem Weg zwischen Blau und Grün, sondern entweder das Blau oder das Grün, das auch von jenen angezeichnet worden war, deren Sprache »Blün« in zwei Bereiche teilt. Keine Sprache zieht in der Nähe der Fokalpunkte Grenzen zwischen den Farben.

So war rein psychologisch ermittelt, wofür erst 1973 (von R. L. De Valois) die physiologische Basis gefunden wurde: daß unser Farbsinn das Spektrum um vier Fokalfarben herum gliedert, nämlich um das »beste« Blau, Grün, Gelb und Rot. Physiologisch erklärt es sich so, daß nicht in der Netzhaut des Auges, sondern im Kniekörper des Zwischenhirns, der die aus den Augen eintreffenden Sinnesdaten analysiert, vier Zellentypen existieren, die jeweils auf eine Wellenlänge am stärksten und auf eine andere am schwächsten reagieren: auf 440 Nanometer (Blau), 500 (Grün), 600 (Gelb) und 630 (Rot); der blauempfindliche Typ reagiert am schwächsten auf Gelb und umgekehrt, der rotempfindliche auf Grün und umgekehrt (ihre Ermüdung führt zu den bekannten Nachbildern in den Gegenfarben).

Nicht die Sprachen teilen das Spektrum willkürlich auf; alle folgen vielmehr der Aufteilung, die die Farbwahrnehmung vorgenommen hat.

Berlin und Kay untersuchten in nicht weniger als 98 Sprachen auch, wie das Farblexikon aufgebaut wird. Es hätte ja sein können, daß Sprachen mit weniger Farbwörtern als die europäischen irgendwelche beliebigen Farben herausgreifen und benennen, die eine vielleicht Weiß und Rot, die andere Gelb und Blau. So aber ist es nicht. Das Farblexikon wird in einer bestimmten Reihenfolge aufgebaut. Hat eine Sprache nur zwei Farbwörter, so sind es immer Weiß (oder Hell) und Schwarz (Dunkel). Hat sie drei, so kommt als erstes chromatisches Farbwort Rot dazu. Das vierte ist Grün oder Gelb. Sprachen mit fünf Farbwörtern haben Schwarz, Weiß, Rot, Grün und Gelb. Das sechste ist Blau, das siebente Braun. Dann kommen, in beliebiger Reihenfolge, Violett, Orange, Rosa und Grau. Dies, so nimmt Paul Kay an, war denn auch die Reihenfolge, in der die Menschheit überhaupt zu ihrem Farblexikon gekommen ist; die heutigen Sprachen mit weniger Farbwörtern verkörpern die einzelnen Entwicklungsschritte.

Auf dieser Basis experimentierte vor allem die Sprachwissenschaftlerin Eleanor Rosch(-Heider) in Berkeley weiter. Sie verglich Dani, ein Volk in Neu-Guinea, dessen Sprache nur zwei Farbnamen enthält (»hell« und »dunkel«), und englische Sprecher. Und sie stellte fest: Auch die Dani erinnerten sich besser an die Fokalfarben der Amerikaner als an nichtfokale Farben, obwohl sie keine Wörter für sie hatten. Desgleichen verwechselten die Dani die gleichen Farbschattierungen miteinander wie die Amerikaner, also etwa ein helles Grün mit einem etwas dunkleren Grün, obwohl ihre Sprache ihnen nahegelegt hätte, es zum Beispiel mit einem hellen Rot zu verwechseln, das für sie ja mit dem gleichen Farbnamen belegt war wie das helle Grün. Und schließlich: Für Fokalfarben lernten sie doppelt so schnell ein Wort (irgendeinen Dani-Sippennamen, da sie sich weigerten, künstliche Wörter zu gebrauchen) wie für nichtfokale Farben.

Damit aber war auf verschiedenen Wegen und darum wohl auch endgültig erwiesen: Nicht die Sprache strukturiert das Spektrum, sondern unsere Farbwahrnehmung. Die Sprache bildet nur die von unserer universalen Farbwahrnehmung gesetzten Unterschiede mehr oder weniger vollständig nach. Das Wiedererkennen einer Farbe hängt nicht davon ab, ob ein Name für sie vorhanden ist. Die Whorf-Hypothese auf diesem Gebiet trifft selbst in ihrer schwachen Version nicht zu.

Aber die Sache wurde noch einmal aufgenommen. Paul Kay und Willett Kempton (1984) verglichen Nordamerikaner und mexikanische Tarahumara-Indios, deren Sprache Blau und Grün nicht unterscheidet, sondern unter einem einzigen Namen zusammenfaßt. Sie baten, die Ähnlichkeiten zwischen verschiedenen blauen und grünen Farbtönen abzuschätzen. In den meisten Fällen schätzten Nordamerikaner und Tarahumaras die Abstände zwischen den gezeigten Farbtönen gleich ein. Aber einen Unterschied gab es: Lagen die beiden Töne sehr nahe beidseits der Grenze zwischen Blau und Grün, wie sie von den Amerikanern definiert worden war, so hielten diese die beiden Farbmuster für unähnlicher als die Tarahumaras.

Kays und Kemptons Schluß: Bei der Unterscheidung genügend weit auseinanderliegender Farben spielt die Sprache keine Rolle. Sind zwei Farben aber sehr nahe beieinander, so fragen sich die Menschen – unbewußt natürlich –, ob ihnen nicht ihre Sprache bei der Unterscheidung behilflich sein könnte. Hält sie eine dienliche Unterscheidung bereit, so fällt ihnen die Trennung des ähnlichen leichter.

Dies denn ist nach zwanzig Jahren psycholinguistischer Farbforschung der Stand der Dinge. Die verschiedenen Sprachen strukturieren das Farbkontinuum nicht verschieden; seine Strukturierung wird von den neuronalen Mechanismen der Farbwahrnehmung besorgt. Die starke Version der Whorf-Hypothese ist zumindest auf diesem Gebiet falsch. Die Farbbenennung hat auch keinen großen Einfluß auf die Art und Weise, wie unser Geist mit Farbvorstellungen umgeht. Farbnamen werden allenfalls herangezogen, wenn nichts anderes mehr hilft. Die Whorf-Hypothese gilt höchstens in einer extraschwachen Fassung.

Wenn nicht jedes Grün ein gleich »gutes« Grün ist, wenn die Farbbegriffe sich um einige hervorgehobene Farbtöne gruppieren – könnte dann etwas Ähnliches nicht auch bei anderen Begriffen der Fall sein? Dies war der Verdacht, dem vor allem Eleanor Rosch in den folgenden Jahren nachging.

Wörter sind in aller Regel nicht die Eigennamen von bestimmten einzelnen Dingen. Wörter sind Symbole für Konzepte. Konzepte sind Kategorien, die sich der Geist gebildet hat und mit denen er fortan arbeitet. Kategorien sind Klassen – von Lebewesen (Nashorn), Dingen (Kragenknopf), Ereignissen (reißen), Eigenschaften (wütend), Relationen (mehr, hinter), Abstraktionen (Fremdheit). Begriffe bilden heißt Konzepte von Kategorien oder Klassen bilden und mit einem Wort belegen. Roschs Versuche zogen eine langgehegte allgemeine Ansicht, fast eine Selbstverständlichkeit in Zweifel: die Ansicht, Begriffe seien so gebaut, wie die Philosophie sie gerne sähe. Danach müßte jeder Begriff charakterisiert sein durch eine nur ihm eigene Reihe von Bedeutungskomponenten, von »semantischen Merkmalen«. Sie wären es, die ihn definierten. Den Begriff »Mutter« zum Beispiel definierten die Merkmale »lebend«, »menschlich«, »weiblich«, »verwandt«, »ältere Generation«; »töten« wäre definiert von den Merkmalen »verursachen« und »sterben«. Jeder Begriff, so die Annahme, lasse sich durch eine solche Liste von Merkmalen definieren: Jedes einzelne von ihnen ist notwendig, alle zusammen sind sie ausreichend. Seit den zwanziger Jahren hatte die Psychologie die Begriffsbildung immer wieder untersucht, als seien Begriffe nichts andres als solche Merkmalslisten. Immer liefen diese Aufgaben darauf hinaus, daß eine Serie von Figuren auf diskrete einzelne Merkmale hin analysiert werden mußte. Die Figuren hatten entweder bestimmte Merkmale, oder sie hatten sie nicht. Da gab es etwa eine ganze Serie von Kreisen. Einige waren groß, andere klein, einige schwarz, andere weiß. Die Instruktion lautete, jene beiden Figuren zu finden, die nicht in die Serie paßten, und sie auszusortieren. Nur eine bestimmte Merkmalskombination (etwa »klein« und »schwarz«) kam in der gewünschten Menge vor, alle anderen in anderer Anzahl. Der Proband mußte also, um die Aufgabe richtig lösen zu können, die künstliche Kategorie »klein-schwarz« bilden.

Eine höchst säuberliche Art, Kategorien zu bilden – »aristotelisch« hat man sie genannt. Aber arbeitet der Geist ebenso säuberlich? Sind die natürlichen Konzepte, mit denen er handelt, wie die künstlichen Kategorien der Psychologen im Denklabor beschaffen? Wären sie es, müßte er etwas Computerhaftes haben. Die Begriffe wären scharf gegeneinander abgegrenzt – das *Auto* (»Fahrzeug«, »Straßenverkehr«, »Verbrennungsmotor«, »Personenbeförderung«) gegen den *Lkw* nur durch den Austausch eines einzigen semantischen Merkmals (»Lasten-« statt »Personenbeförderung«), und alle *Autos* wären semantisch gleich, nämlich durch die gleichen Merkmale definiert: Der Begriff hätte für die ganze Klasse, die er bezeichnet, die gleiche Gültigkeit. Kein *Auto* wäre mehr »Auto« als ein anderes, keines weniger. Eine sauber in Kästchen eingeteilte Welt.

Eleanor Rosch untersuchte also, ob auch außerhalb der Farbdomäne Kategorien ähnlich gebaut sind wie die Farbbegriffe: nicht als eine Sammlung von Merkmalen, sondern um einen imaginären Fokus herum. Ob es also zum Beispiel »schlechtere« und »bessere« Dreiecke gebe oder zweifelhafte und optimale Beispiele für das, was der Begriff »Lächeln« meint. Immer wieder fand sie: Der Geist bildet sich für jeden Begriff ideale innere Repräsentationen, »Prototypen«. Die Begriffe sind um Prototypen herum gebaut. Nicht alle Dreiecke wirken gleich »dreieckhaft« – in unserm Geist messen wir sie an einem optimalen Dreieck, das wir uns gebildet haben. Nicht alle *Vögel* sind gleich »vogelhaft«: Ein Rotkehlchen ist in unserer Vorstellung ein fast idealer Vogel, nämlich dem Prototyp sehr nahe; ein Marabu ein mittelmäßiger; und ein Strauß ein ganz schlechter. Ein Apfel ist eine optimale *Frucht*, eine Ananas eine passable, eine Olive eine ganz schlechte. Das gleiche gilt für abstraktere Begriffe. Fußball halten Amerikaner für einen *Sport* par excellence, Gewichtheben für einen sehr untypischen Fall von Sport. *Verbrechen?* Nahe dem Prototyp der Mord, weit von ihm entfernt Herumtreiberei. *Fahrzeug?* In dieser Reihenfolge: Auto, Boot, Roller, Dreirad, Pferd, Skier. *Krankheit?* Am prototypischsten Krebs, dann Masern, dann Erkältung, Rheumatismus weit am Rand. *Wissenschaft?* Chemie als der Musterfall einer Wissenschaft, Botanik als ein recht guter, Geschichte weit entfernt vom Prototyp.

Dieser prototypische Bau der Begriffe bedeutet: Sie haben eine gedachte Mitte, eine irgendwie geartete geistige Idealvorstellung, um die herum sich alles, was unter den betreffenden Begriff fällt, in mehr oder minder großem Abstand gruppiert. Sie haben keine klaren Grenzen, sondern zerfließen zu den Rändern hin: Begriffe sind unscharf. *Gemüse* gilt nicht für alles gleichermaßen, was über eine bestimmte Anzahl von Attributen verfügt (»Lebewesen«, »Pflanze«, »eßbar«, »nicht-süß«); es gilt am meisten für Mohrrüben, für Petersilie auch gerade noch, aber ob auch ein Kürbis noch ein Gemüse ist, wäre zumindest den meisten Deutschen zweifelhaft. Unter den Attributen, welche die von einem Begriff zusammengefaßte Klasse von Dingen besitzen, muß kein einziges jedem seiner

Vertreter zukommen; keines ist notwendig, und keine bestimmte Anzahl schon ausreichend. Vielmehr verrechnet unser Geist eine unbestimmte (und wahrscheinlich meist recht große) Zahl von Attributen miteinander, und aus jenen Vertretern, in denen die meisten Attribute der betreffenden Klasse zusammenkommen, schafft er sich den Prototyp.

Heute sind viele Psychologen überzeugt, daß die Menschen zwei Weisen der Begriffsbildung besitzen, eine prototypische und eine »aristotelische«. Die prototypische sagt uns, wie eine ideale Großmutter beschaffen sein müßte und wie großmutterhaft jede einzelne Großmutter ist; die aristotelische versichert uns dagegen, daß jedes Wesen, auf das die Merkmale »Mensch«, »weiblich«, »direkt verwandt«, »vorletzte Generation« zutreffen, eine Großmutter ist, egal wie großmutterhaft sie wirkt. Gewisse Begriffe haben natürlich auch scharfe Grenzen: *Regierungsrat* oder *Kontoinhaber* oder *schwanger* kann man nicht mehr oder weniger sein.

Der prototypische Bau der Begriffe ist es, der uns gelegentlich nötigt, in unsere Sätze das einzubauen, was der Semantiker George Lakoff (1972) *hedges* nannte, Heckenwörter, Worthecken, nämlich Wörter und Wendungen wie *eigentlich*, *genaugenommen*, *recht betrachtet*, *sozusagen*. Sie bringen zum Ausdruck, daß das betreffende Ding vom Prototyp seiner Klasse weit entfernt ist – prototypnahe Vertreter der gleichen Klasse werden nie mit einer solchen Hecke versehen. *Das Rotkehlchen ist eigentlich ein Vogel* wäre ein absurder Satz; *Der Pinguin ist eigentlich ein Vogel* aber ganz und gar nicht. Prototypnahe Vertreter lassen sich auch ohne weiteres für den betreffenden Begriff einsetzen, prototypferne aber nicht. Aus *Vögel saßen zwitschernd auf dem Telegraphendraht* läßt sich anstandslos *Meisen saßen*... machen, aber keineswegs *Strauße saßen*...

Wie unser Geist sich seine Prototypen bildet, welche Einzelheiten der Einzelfälle er vergleicht, um daraus einen Idealfall zu abstrahieren, wie der Prototyp im Geist repräsentiert ist – darüber sagt die Theorie nichts. Sicher ist es nicht einfach so, daß wir uns aus allen Beobachtungen ein Idealbild konstruieren, welches wir uns dann jeweils vergegenwärtigen und zum Vergleich heranziehen. Zwar wissen wir, was ein besonders hundehafter Hund ist, aber wir tragen kein festes Bild eines Idealhundes (oder einer Ideal*pflanze*, eines Ideal*tiers*) mit uns herum; wir wissen gar nicht, wie es aussehen könnte. Einzelne bildhafte Elemente aber gehen in die Repräsentation eines Prototyps sicher ein. Die Repräsentation des Prototyps, das Konzept – es ist ein geistiges Objekt, ein Gedächtnisobjekt. Aber im Unterschied zur Vorstellung oder zur (episodischen) Erinnerung fehlt ihm die sinnliche Qualität fast ganz; Anschauliches ist in ihm nur sehr schwach enthalten.

Auch wenn Säuglinge Kategorien bilden, tun sie es nicht aufgrund einzelner Merkmale; sie halten zum Beispiel nicht alles, was eine mundartige Öffnung hat, darum für ein »Gesicht«. Sie klassifizieren wie die Erwachsenen aufgrund von Bündeln unbestimmt vieler korrelierter Merkmale; in die Kategorie »Gesicht« also ordnen sie bei zunehmender Diskriminationsfähigkeit nur ein, was oval ist, zwei Augen hat, eine Nase, einen Mund, Haare, was lächeln kann, und und und. Daß einzelne dieser Merkmale auch anderen Dingen anhaften, stört sie von Anfang an nicht; ihre Korrelation ist die Grundlage der Kategorisierung.

Eleanor Rosch und ihre Mitarbeiter gingen weiter. Wie teilen Angehörige verschiedener Kulturen – und damit Sprachen – die gegenständliche Welt in Konzepte auf? Herrschen bei dieser Aufteilung Zufall und Willkür? Oder gibt es eine »natürliche« Ordnung auch in der Art, wie der Geist Dinge und Vorgänge klassifiziert?

Genau das ist offenbar der Fall. Grundlage aller Klassifizierung ist die Tatsache, daß unsere Wahrnehmungen uns eben keinen Strom von kaleidoskopartigen Reizen liefern, sondern Nachrichten von verschiedenen Dingen: von dieser Eiche da drüben, diesem Donner, diesem Brandgeruch. Sonst präsentierte sich uns die Welt wie das Rauschen im Fernseher – tatsächlich unkategorisierbar. Die Umwelt auch des Kindes ist eben kein »Kontinuum, welches keinerlei verschiedene ›Dinge‹ enthält«, wie manche Psychologen einmal meinten. Sie erreicht uns von vornherein strukturiert, und wir dürfen annehmen, daß die Strukturiertheit unserer Wahrnehmungen einige für uns als Art wichtige Strukturen der Realität recht getreu spiegelt. Vermittelten uns unsere Sinne konsequent falsche Informationen, so wären wir nicht lebensfähig. Farben zum Beispiel sind nicht den Dingen selbst eigen; diese reflektieren nur Licht verschiedener Wellenlängen. Aber daß wir uns diese verschiedenen Wellenlängen als Farben interpretieren, gibt uns wahrheitsgemäße und nützliche Auskünfte über die Beschaffenheit der Außenwelt. Es erhöht die Kontraste in einer für hauptsächlich in Wäldern lebende Primaten sehr vorteilhaften Weise: zwischen dem Grün der Blätter, dem Rot und Gelb der potentiell eßbaren Früchte und dem Blau des Himmels.

Wir erhalten Nachrichten von einzelnen Dingen und Vorgängen – und nun erhält der Geist seine erste Aufgabe. Nehmen wir das gleiche Ding oder Ereignis wiederholte Male wahr, so ist es nie genau das gleiche. Die nämliche Eiche sieht beim nächsten Mal anders aus, sie steht vielleicht in anderem Licht da, ihr Laub hat sich verfärbt, es bewegt sich im Wind, ein Ast ist abgebrochen. Und selbst wenn sie selber sich mehr oder weniger gleich geblieben sein sollte, so sehen wir sie doch aus einem anderen Winkel, einer anderen Entfernung, also in anderer Form und Größe. Um Dinge und Ereignisse wiedererkennen zu können, müssen wir abstrahieren. Wir müssen ihnen einen Spielraum für Veränderungen einräumen. Wir müssen imstande sein, ihre vielen und vielerlei veränderlichen Merkmale von ihnen abzuziehen und uns an ihre invarianten Merkmale zu halten. Es ist dies eine Vorstufe und die notwendige Voraussetzung für jede Kategorisierung: daß wir in der Lage sind, ein Ding über alle seine verschiedenen Erscheinungsformen hinweg als es selbst wiederzuerkennen. Eine bereits gewaltige geistige Leistung – und schon unsere fernen tierischen Verwandten waren dazu fähig.

Diskriminations- und damit auch wiedererkennungsfähig sind wir überall dort, wo es im Laufe unserer Evolution für uns überlebenswichtig war. Das Auge der Biene ist für einen etwas anderen Ausschnitt aus dem Spektrum der elektromagnetischen Wellen empfänglich. Zwischen unserem Rot, Gelb und Grün macht es keinen großen Unterschied, dafür aber im blauen Bereich; und dort, wo wir gar nichts mehr sehen, jenseits unseres äußersten Violetts, nimmt es noch mindestens eine von den anderen unterschiedene Farbe wahr. Unvorstellbar für uns, wie dieses »Bienenviolett« aussieht. Hätten Bienen ein Farblexikon, es gliederte das Frequenzenkontinuum des Lichts tatsächlich ganz anders auf als das menschliche. Viele Blumen, die unser ultraviolettblindes Auge einfarbig sieht, haben für das der Biene ein farblich hervorgehobenes »Saftmal«. Das Bienenauge ist ausgelegt für die Diskrimination von Blüten und sieht etwas, das wir nicht sehen. Oder: Heute wäre es für uns überlebenswichtig, Stickoxide oder Kohlenmonoxid in der Luft und das künstliche Östrogen im Kalbfleisch zu diskriminieren. Da diese Unterscheidungen für unsere Ahnen keine Rolle spielten, fehlt uns jede natürliche Diskriminationsfähigkeit dafür; wir müssen Instrumente bauen, die solche erst kürzlich wichtig gewordenen Diskriminierungen für uns leisten.

Ein Ding oder Ereignis ist aber nicht nur sich selber ähnlich, wie es uns unsere angeborene Erkenntnistheorie lehrt (auf ein Wesen, das mal Frosch, mal Prinz ist, ist sie nicht eingestellt; sie verweist es sofort ins Märchenreich). Bald mehr, bald weniger ist es immer auch vielen anderen Dingen ähnlich. Hier kommt die Kategorisierung ins Spiel. Sie ordnet das Verschiedene aufgrund diversester Ähnlichkeiten in Klassen. Aber die Grundlage für die Kategorisierung ist die Tatsache, daß wir gegeneinander abgegrenzte, unterschiedene Dinge wahrnehmen und sie für identisch mit sich selber halten. Das schließt die völlige Anarchie bei der Kategorienbildung von vornherein aus. Es genügt nicht, daß irgendwelche Dinge einmal oder auch fortgesetzt gemeinsam vorkommen, um in eine Kategorie sortiert zu werden. Die Kategorie »Baumwipfel und Wolke« gibt es nicht, obwohl sie durchaus vorstellbar wäre, da man beides, Krone und Wolke, ja oft zusammen sieht, beide oben sind und beide sich leise bewegen, sie also einiges gemein haben. Konzepte wie »Hundeschnauze und Futternapf« oder »Hundehinterbein und Baumfuß« lassen sich zwar künstlich ohne weiteres bilden, in der Natur aber kommen sie nicht vor. Solche Kategorien wären einfach zu nichts nütze. Es fehlt jeder Bedarf. Denken lassen sie sich ohne weiteres, aber es gibt keine Verwendung für sie. Aussagen über »Klinkengriff und Handfläche« müssen normalerweise nicht gemacht werden.

Wenn aber derlei »aberwitzige« Konzepte nicht vorkommen, so ist bereits dafür gesorgt, daß sich die Kategorisierungen in verschiedenen Kulturen und Sprachen nicht zu tollkühn voneinander unterscheiden. Täten sie es, so herrschte wirklich Babel.

Babel aber herrschte auch dann noch, wenn wir zwar sinnvoll Klassen von ähnlichen Dingen und Vorgängen bildeten, diese aber dann unsystematisch und willkürlich nach den verschiedensten Kriterien aufteilten und zusammenfaßten: wenn wir etwa »vernünftige« Klassen wie »Pudel« oder »Tier« besäßen, aber Anarchie in deren Beziehung zueinander duldeten.

Auch in diesem Fall gäbe es kaum eine Verständigung zwischen den Sprechern verschiedener Sprachen. Jorge Luis Borges hat das einmal sehr witzig demonstriert, indem er ausmalte, wie zwei erfundene Sprachen aussähen, von denen die erste die Klassen chaotisch, nämlich unsystematisch aufteilt und die andere sie ebenso chaotisch zusammenfaßt: »Auf (den) weit zurückliegenden Blättern (der chinesischen Enzyklopädie ›Himmlischer Warenschatz wohltätiger Erkenntnisse‹) steht geschrieben, daß die Tiere sich wie folgt gruppieren: (a) Tiere, die dem Kaiser gehören, (b) einbalsamierte Tiere, (c) gezähmte, (d) Milchschweine, (e) Sirenen, (f) Fabeltiere, (g) herrenlose Hunde, (h) in diese Gruppierung gehörige, (i) die sich wie Tolle gebärden, (j) unzählbare, (k) die mit einem ganz feinen Pinsel aus Kamelhaar gezeichnet sind, (l) und so weiter, (m) die den Wasserkrug zerbrochen haben, (n) die von weitem wie Fliegen aussehen. – Das Bibliographische Institut in Brüssel befleißigt sich ebenfalls des Chaotischen: Es hat das Weltall in tausend Unterteilungen zerstückelt. Nummer 262 entspricht dem Papst, 282 der römisch-katholischen Kirche, 263 dem Tag des Herrn, 268 den Sonntagsschulen, 289 dem Mormonismus und 294 dem Brahmanismus, Buddhismus, Schintoismus und Taoismus. Es schreckt vor den heterogensten Unterteilungen nicht zurück. So zum Beispiel Nummer 179: ›Grausamkeit gegen Tiere. Tierschutz. Das Duell und der Selbstmord, moralisch betrachtet. Verschiedene Laster und Gebrechen. Verschiedene Tugenden und Qualitäten.‹«

Beide Gedankenspiele gehen wohlgemerkt von einer beträchtlichen Ordnung aus: Es gibt bereits sinnvolle Begriffe wie »Tier« oder »Sirene« oder »Tierschutz«, nicht aber anarchische Begriffe wie »Tier und Tisch« (vielleicht darum einmal gebildet, weil beide häufig vier Beine haben) oder gänzlich willkürliche Zerlegungen und Zusammenfassungen. Beide Klassifizierungen operieren mit völlig sinnvollen Begriffen, gruppieren sie nur chaotisch; auch so wäre das Durcheinander noch komplett, eine Sprache der anderen unübertragbar fremd. Aber auch solche Gruppierungen kommen in der Natur in der Regel nicht vor. Wir können solche Sprachen nicht wirklich ausdenken, weil wir derart unsystematische Klassifizierungen nicht denken können. Der Bereich dessen, was der menschliche Geist verschieden ordnen könnte, wo also auch das sprachliche Relativitätsprinzip eine Chance hätte, ist von vornherein begrenzt. Ein Ding ist ein Ding, ein Ereignis ein Ereignis, und gruppiert werden sie nach ihren relativen Ähnlichkeiten und mit System, das heißt nicht nach chaotisch wechselnden Kriterien.

Soviel universale Ordnung vorausgesetzt und alle chaotischen Kategorisierungen ausgeschlossen, blieben immer noch sehr viele unterschiedliche Möglichkeiten, kleinere oder größere Kategorien zu bilden. Einzelne Kulturen und mit ihnen ihre Sprachen könnten sehr verschiedene Abstraktionsgrade wählen. Die eine Sprache könnte mit dem einen Begriff »Frucht« auskommen, wo die andere keinen Oberbegriff »Frucht« besäße, sondern nur die Begriffe für siebzehn verschiedene Apfelsorten. Auch dann noch herrschte ein ziemliches Babel. Wie sollte man »Boskop« in eine Sprache übersetzen, die nur »Frucht« kennt, und wie »Frucht« in eine, in der es nur »Boskop«, »Golden Delicious« und so weiter gibt? Zweifellos gibt es Unterschiede dieser Art, und sie machen Übersetzern zu schaffen. Aber sie sind längst nicht so häufig und dramatisch, wie man meinen könnte.

Warum nicht? Nun kommt das Eigentliche, Eleanor Roschs zweite Entdeckung. Die Wahl des Abstraktionsgrades bei der Klassifizierung der Dinge der wirklichen Welt scheint nicht völlig willkürlich zu sein. Unser Geist muß bei der Bildung seiner Konzepte nämlich ökonomisch vorgehen. Er bildet nicht beliebig viele Begriffe. Er bildet so wenige wie möglich und so viele wie nötig. Hätte er sehr viele, enge, so könnte er mit ihnen wunderbar Unterscheidungen treffen, vernachlässigte aber, was all dem so subtil Unterschiedenen gemeinsam ist. Hätte er sehr wenige, weite, so wäre das wohl bequem, aber ihm entgingen die Unterschiede. So muß er sich einen Mittelweg suchen, indem er sich Begriffe bildet, die nicht zuviel und nicht zuwenig einschließen. Er bildet sich seine Begriffe mit anderen Worten so, daß sie ihm ein Höchstmaß an Information einbringen: Er wählt nicht irgendeinen Abstraktionsgrad, sondern zuallererst jenen, auf dem er »ein Maximum an Information mit einem Minimum an kognitiver Anstrengung erzielt«. Die Begriffsbildung beginnt mit der Konstruktion einer Schicht von »Basiskategorien«, wie Rosch sie nannte.

Nehmen wir an, wir sollten den Inhalt eines Handwerkskastens kategorisieren. Wer überhaupt nichts von ihm verstünde, könnte sich mit einem einzigen Oberbegriff wie »Handwerkszeug« begnügen. Der Experte erblickte lauter verschiedene Dinge: »Kneifzangen«, »Flachzangen«, »Rundzangen«, »Rohrzangen«. Im Normalfall aber wird man weder zu wenige noch zu viele Unterteilungen bilden wollen. Die Kategorien würden so gesetzt, daß sie ein Höchstmaß an Information mit sich bringen. Das Höchstmaß an Information besäßen sie, wenn sie möglichst viel Ähnliches zusammenfaßten und es möglichst scharf von Unähnlichem trennten. Eine Flachzange und eine Kneifzange sehen zwar nicht gleich aus und dienen auch nicht dem gleichen Zweck, haben aber dennoch die meisten Attribute gemeinsam (beides sind verstellbar gekreuzte Hebel, mit denen man kraftvoll kneifen kann). Sie zu unterscheiden, brächte keinen sehr hohen Informationsgewinn. Alle großen länglichen metallenen Geräte (Hammer, Zange, Schraubenzieher, Bohrer) von allen kleinen zu unterscheiden (Nägel, Schrauben, Dübel), brächte ebenfalls nicht viel Informationsgewinn, weil es zu viele und zu entscheidende Unterschiede ignorierte: Die betreffenden Dinge hätten zu wenig Attribute gemein. So bildete man zunächst Kategorien auf mittlerem Niveau. Das bringt außerdem den Vorteil, daß eine auf dieser Ebene gebildete Kategorie zwar möglichst viel einschließt, eine konkrete Vorstellung oft aber gerade noch zuläßt. »Unsere Katze Mohrchen« kann man sich sehr genau vorstellen; »eine schwarze Hauskatze« ebenfalls; »eine Katze« gerade noch; ein »katzenartiges Tier« kaum, denn die Vorstellung müßte Angorakatzen wie Tiger umfassen; ein »Raubtier«, ein »Tier«, ein »Lebewesen« aber dann schon gar nicht mehr. Also wird die Basiskategorie immer und überall »Katze« sein, möglichst umfassend, aber gerade noch vorstellbar – ein Kompromiß zwischen Abstraktheit und Konkretheit. So packen wir die Außenwelt in unserm Geist wohl alle zunächst in etwa gleich großen Paketen ab. Erst wenn zusätzlicher Bedarf an weiteren Unterscheidungen und Zusammenfassungen auftaucht, werden Unter- und Oberbegriffe gebildet und Unterunter- und Oberoberbegriffe.

Und zwar werden die Klassen nicht kreuz und quer, sondern systematisch gebildet. Alle Unterklassen nämlich sind vollständig in der Oberklasse enthalten, zu der sie gehören, und wenn man von einer unteren zu einer oberen Ebene der Klassifizierung aufsteigt, gehen wohl definitorische Merkmale verloren (die Klassen werden abstrakter), aber es kommen keine neuen definitorischen Merkmale hinzu. Das Ergebnis ist eine Hierarchie von Begriffen, sauber wie ein Stammbaum. Nehmen wir an, wir wollten etliche Geschöpfe der Phantasie klassifizieren. Zunächst werden wir sie auf einer Ebene einteilen, die in der biologischen Systematik die der Gattung oder Art wäre: Einhorn, Phönix, Hydra, Kentaur, Sirene... Dies ist die Basisebene. Sie ist näherliegend, nämlich ökonomischer als jede andere Ebene, denn sie zieht Klassengrenzen dort, wo die größten Unterschiede liegen. Die Gruppierung Einhorn, Phönix, Hydra, Tiermensch bietet sich nicht an, weil sie die großen Unterschiede zwischen Kentauren und Sirenen ignorierte und die demgegenüber geringfügigere Gemeinsamkeit (Tier und Mensch zu sein) zur Grundlage der Einteilung machte. Wer sich jetzt näher auf diese Wesen einläßt, wird weitere Unterschiede machen wollen und die Basisklassen in Unterklassen zerlegen, zum Beispiel bei den Drachen den bösen Abendländischen Drachen vom gutartigen Chinesischen Drachen unterscheiden. Und irgendwann kann Bedarf an Oberklassen entstehen. Dann werden vollständige Basisklassen zusammengefaßt, entweder nur einige von ihnen aufgrund irgendeiner Gemeinsamkeit (Fabelfische, Fabelvögel) oder alle (Fabeltiere). Die Klasse Fabeltiere wiederum kann mit Feen, Zwergen, Golems zur Klasse der Fabelwesen vereinigt werden. Wie ein Fabeltier oder gar ein Fabelwesen aussieht, wüßte niemand zu sagen – solche Oberklassen sind viel zu abstrakt. Niemals aber kann eine Klasse wie die der Fabeltiere aus Drachen, Schlangen und Stieren bestehen, obwohl es Schlangen und Stiere gibt, die Fabeltiere sind: Schlangen und Stiere wären nicht vollständig, sondern nur mit ihren Vertretern Hydra und Minotaurus in der Klasse der Fabeltiere enthalten. Auch lassen sich Einhorn und Moloch nicht zur Klasse Tiergott zusammenfassen, denn damit würde dem Einhorn ein Merkmal (Göttlichkeit) zugefügt, das ihm nicht zusteht. So kommt es, daß die volkstümliche Klassifizierung der wissenschaftlichen Taxonomie sehr ähnlich ist.

Bestätigungen dafür fanden Brent Berlin und andere Anthropologen und Psychologen, die untersuchten, wie die Welt der Pflanzen und Tiere in verschiedenen Kulturen (und Sprachen) aufgeteilt wird. Man könnte meinen, und die Kulturrelativisten *haben* gemeint, daß vor allem oder nur jene Pflanzen und Tiere benannt werden, die für ein Volk irgendwie wichtig sind (gefährlich, nützlich oder sonstwie interessant). Tatsächlich aber werden tendenziell alle Pflanzen und Tiere klassifiziert, und zwar aufgrund ihrer mehr oder weniger großen Ähnlichkeit in Aussehen und Verhalten. Sie werden es auf verschiedenen Ebenen. Aber es gibt eine Grundebene, eben jene, welche weder zu fein noch zu grob ist. So werden volkstümliche Gattungen gebildet, und für jede gibt es ein einfaches, nicht weiter auflösbares Wort. Muß bei näherer Beschäftigung feiner differenziert werden, so erhalten die Untergattungen meist zusammengesetzte Namen (»Siamkatze«, »Perserkatze«, »Angorakatze«). Oberbegriffe, also solche, die abstrakter, weiter sind als die Basiskategorien, werden nicht überall gebildet. Die Aguaruna-Indios in Peru zum Beispiel haben einen Gattungsnamen für »Maniok« und »Banane«, und, da Maniok und Bananen für sie sehr wichtige Nahrungsmittel sind, dazu auch noch Namen für dreißig verschiedene Arten von Maniok und für einundzwanzig Bananenarten. Ein Wort für »Pflanze« dagegen fehlt. Die weitesten Begriffe sind »Baum« und »Blatt«. Den Begriff »Pflanze« drücken die Aguarunas durch »alle Bäume« oder »alle Blätter« aus; Tzeltal-Indios in Mexiko müssen Umschreibungen bemühen wie »was sich nicht bewegt, nicht läuft, Wurzeln hat und in der Erde gepflanzt ist«.

Keine Sprache also klassifiziert so wild und anarchisch, wie Borges das als Möglichkeit ausgemalt hatte. Keine ist ein unberechenbares Neben- und Ineinander unterschiedlich enger und sich überschneidender Kategorien: »Haselmäuse«, »Vierbeiner«, »Fische«, »schnellaufende Felltiere«, »Fliegen-und-Mücken«, »grasende Säugetiere mit wohlschmeckendem Fleisch« und so weiter. Die volkstümliche Klassifizierung ist systematisch, beruht auf auffälligen Unterschieden in Aussehen und Verhalten, verfügt über eine Ebene von Basiskategorien und baut jede Kategorie, zu ihren Rändern hin offen und in andere Kategorien verfließend, um einen gedachten Prototyp herum. So entspricht die volkstümliche Taxonomie denn auch weitgehend der der Wissenschaft. Bei den Tzeltal, fand Berlin, decken sich über 60 Prozent aller Basisnamen für Pflanzen und Tiere mit wissenschaftlichen Artbegriffen. Die Unterschiede zur wissenschaftlichen Systematik kommen daher, daß die Wissenschaft auch weniger auffällige Ähnlichkeiten und Unähnlichkeiten berücksichtigt, daß sie vollständig ist und keine unklassifizierten Bereiche übrigläßt und daß es bei der Klassifizierung der Lebewesen für sie keine Rolle spielt, ob irgendeine Gruppe nützlicher, interessanter ist als andere. Sie hat also keine eigentlichen Basiskategorien, alle Abstraktionsgrade (Reich, Stamm, Klasse, Ordnung, Familie, Gattung, Art, Rasse) sind gleichberechtigt. Die Basiskategorien der Volk-Systematik ergeben sich dagegen aus dem Abstand zu einer bestimmten Gruppe von Lebewesen. Einem Wüstenbewohner mag ein einziger Begriff für alle Wassertiere genügen, irgendein Pendant zum Wort »Fisch«; ein Hochseefischer dagegen wird das Reich der Fische vielfach aufteilen. Daß alle Menschen die gleichen Basiskategorien bilden, gilt also nur unter einer Voraussetzung: daß sie den betreffenden Gruppen von Dingen oder Lebewesen auch gleich nahe sind. Einen Normalzustand mittlerer Distanz angenommen, irgendwo auf halbem Weg zwischen Ignoranten- und Expertentum, müßten sich aber etwa die gleichen Kategorien ergeben.

Eine weitere, unvermutete und darum um so überzeugendere Bestätigung, daß es tatsächlich so etwas wie eine »natürliche« Klassifizierung der Dinge in Basiskategorien gibt, brachte Elissa Newport 1978 aus dem Studium der Standard-Zeichensprache der Gehörlosen in Nordamerika, der Gebärdensprache ASL. Sie verfügt über drei Abstraktionsebenen. Für eine, die mittlere und mit Abstand meistgebrauchte, besitzt sie einfache Handzeichen (»Apfel«, »Tisch«, »Lampe«, »Hammer«, »Auto«), die nicht weiter aufgelöst werden können: Grundeinheiten. Um Unterbegriffe bezeichnen zu können, muß sie verschiedene Zeichen kombinieren. So ergibt »Kochen« + »Tisch« den »Küchentisch«, »Alltag« + »Auto« den »Zweitwagen«. Manchmal ist das zweite Zeichen eines, das Größe oder Form angibt: »Glas« + »rechteckig« ist die »Kachel«, »Unterschrift« + »rechteckig« die »Kreditkarte«. Manchmal ist das zweite Element auch eine improvisierte Darstellung: Das Zeichen »Klavier«, gefolgt von einer Darstellung des Aufklappens, ergibt »Konzertflügel«. Übergeordnete Begriffe dagegen bildet ASL, indem es Basiszeichen aneinanderreiht. So entsteht der Begriff »Kleidung« aus einer Folge wie »Kleid« + »Rock« + »Hose«, eventuell gefolgt von dem Zeichen »undsoweiter«. »Werkzeug« ist »Hammer« + »Säge« + »Bohrer« + »undsoweiter«. Welche Dinge er für diese

Reihungen auswählt, ist dem einzelnen überlassen. Aber es müssen prototypnahe Dinge sein, sonst finden er und seine Adressaten die Kombination nicht akzeptabel. »Büstenhalter« + »Taschentuch« + »Handschuh« + »undsoweiter« ergibt nicht den Begriff »Kleidung«. Auch ASL also besitzt eine Grundebene von Begriffen, auch ASL verrät die prototypische Struktur der Begriffe.

Eleanor Rosch ist überzeugt, daß Vorgänge, Aktionen sehr wahrscheinlich ebenfalls auf einem »natürlichen« mittleren Abstraktionsniveau zusammengefaßt werden. Die Handlungen eines Tages ließen sich ja durchaus so beschreiben: »Ich habe die Verrichtungen des Vormittags erledigt, dann die des Nachmittags und Abends, dann habe ich einen Schnaps getrunken, dann habe ich geschlafen.« Oder so: »Ich habe die Augen aufgemacht, mich aufgesetzt, das linke Bein aus dem Bett gesetzt, dann das rechte, dann mich aufgestellt, dann habe ich gegähnt, dann...« Weder das eine noch das andere tun die Leute, wenn sie gebeten werden, ihre Betätigungen zu beschreiben. Vielmehr bilden sie auf einer mittleren Ebene Basisbegriffe für ihre Aktionen: »Ich bin aufgestanden, habe Toilette gemacht, gefrühstückt, bin zur Arbeit gefahren, habe Post gelesen...« Wenn wir vergessen, was wir getan haben, dann vergessen wir es in ähnlichen mittelgroßen Bündeln, die eben den Basiskategorien für Tätigkeiten entsprechen. Wir vergessen also beispielsweise nicht alle Tätigkeiten des Nachmittags auf einmal, wir vergessen auch nicht alle Betätigungen des Vortags, die mit Fortbewegung zu tun hatten, wir vergessen nicht die Heimfahrt von der Post zusammen mit dem späteren Gang zum Restaurant, wir vergessen auch nicht die kleinen Handlungen, das Anlecken der Briefmarke auf der Post, den dritten Bissen des zweiten Gangs beim Abendessen. Wir vergessen vielmehr: daß wir zur Post gegangen sind, daß wir im Restaurant zu Abend gegessen haben, daß wir zu Fuß nach Hause gegangen sind. Auch diese Eigenart des Vergessens spricht dafür, daß sich unser Geist Tätigkeiten in einer Basisebene organisiert.

Von manchen, nein von vielen unserer Bewußtseinsinhalte läßt sich nur schwer oder gar nicht sprechen. Nicht weil es uns unangenehm wäre oder weil uns ein innerer Zensor abhielte. Wir können es einfach nicht. Wir können nicht beschreiben, wie ein

Wein schmeckt, ein Parfum riecht, ein Schmerz sich anfühlt, eine musikalische Phrase klingt. Wir wissen es zwar, unter Umständen sogar ganz genau, aber die Erfahrung ist höchst frustrierenderweise nicht übersetzbar in Sprache oder nur auf eine unvollkommene und grobe Art. Was hindert uns?

Manchmal hindert uns die Grobschlächtigkeit der uns zu Gebote stehenden sprachlichen Kategorien. Ein Verhalten etwa, über das wir sprachlich urteilen sollen, mag für uns mehrere positive und gleichzeitig mehrere negative Seiten haben – wir müssen es am Ende in ein paar binäre Kategorien wie »gut« oder »schlecht«, »moralisch« oder »unmoralisch« pressen. Unsere Einstellung zu einem anderen Menschen mag Hunderte von Facetten haben und sich über die Zeit hin vielfach verschieben – für ihr Resümee bietet uns die Sprache nur ungeschlachte Kategorien vom Schlage »Freundschaft« oder »Rivalität«. Wir denken oft wohl weniger einfältig, als die Sprache es auszudrücken erlaubt.

Die sprachliche Ohnmacht aber hängt auch damit zusammen, daß unsere Sprache an auch nur mäßig komplexen analogen Repräsentationen in unserem Geist schmählich versagt. »Analog« hier wiederum im Sinne der Computersprache gebraucht, als Gegenteil zu »digital«: Analog sind jene Repräsentationen, die die Erscheinungen der Außenwelt mit ihren fließenden Übergängen im Medium des Geistes nachbilden, sich überlagernd, changierend, unregelmäßig – und nicht in säuberliche, quasi geometrische Einheiten zerlegt, also quasi digital. Die unzählbaren, ineinander fließenden Farben des Regenbogens sind die Analogie, die sich unser Geist zu den gleitend sich verschiebenden Wellenlängen des Lichts bildet. Wenn er jedoch den gleitenden Übergang von b zu p nicht hört, sondern entweder b oder p, und alle b's oder p's gleich klingen, obwohl es da erhebliche, fließende Unterschiede gibt, so verfährt er eher »digital« oder kategorisch. Analog sind in unserm Kopf all die vielen »Bilder« repräsentiert, die sichtbaren, aber auch die Hör-»Bilder«, die Fühl-»Bilder«, die Geruchs-»Bilder«, die Geschmacks-»Bilder«, kurz, die ganze sinnlich wahrgenommene Welt. Ein geometrischer Ziegelstein läßt sich in den Kategorien »Länge«, »Breite«, »Höhe«, »Gewicht«, »Farbe« relativ vollständig und befriedigend beschreiben; ein unregelmäßiger Feldstein aber gar nicht.

Wir mögen imstande sein, uns zum Beispiel ein bestimmtes Blatt in allen seinen Einzelheiten vorzustellen. Das heißt, es ist in unserm Geist analog sehr genau repräsentiert. Aber wir sind völlig außerstande, es jemand anderem rein sprachlich so darzustellen, daß es in seinem Geist aufs neue entstünde – seine Gestalt, seine Größe, seine Färbung, seine Oberflächenbeschaffenheit, seinen Duft. Ja, schon an einer einzigen unregelmäßig gekrümmten Linie scheiterte die Sprache: Ihre genaue Form können wir niemandem durchtelephonieren. Wir können nur versuchen, einzelne Merkmale unserer analogen Vorstellungen zu erfassen und möglichst geschickt zu umschreiben. Sachverstand hilft dabei. Der Botaniker hätte viele Blattformen klassifiziert und könnte sich behelfen. Er sagte zum Beispiel: »handförmig gelappt, mit gezähntem Rand«, und sein Botanikerkollege wüßte sofort: »also ahorn- oder hopfenförmig«, und beide hätten sich viele Worte gespart, die der Nichtbotaniker machen müßte, um ebensoviel Information zu übermitteln; aber die besondere Gestalt dieses besonderen Blattes hätten auch sie damit noch lange nicht in Sprache gefaßt. Sie entzieht sich der Sprache.

Denn die Sprache ist digital oder kategorisch, auch wenn ihre Begriffe unscharf sind und nicht definiert durch eine Liste ausreichender und notwendiger Definitionsmerkmale. In ihrem inneren Aufbau tragen die Begriffe der Sprache den gleitenden Veränderungen der Wirklichkeit Rechnung; aber ihre Wirkung ist die, daß sie die ganze Welt in lauter diskrete Einheiten zergliedern. Es gibt unzählbare kontinuierliche Abstufungen der Temperatur; die Sprache zerlegt sie in wenige, in sich Einheitlichkeit vorschützende große Gruppen wie »kalt«, »lau«, »warm«, »heiß«. Milliarden verschiedener Dinge werden von einem Begriff zusammengefaßt und damit scharf von Milliarden anderer Dinge abgegrenzt: Der Begriff »Baum«, unscharf an seinen Rändern und auf einen in unserm Geist gebildeten Durchschnittsbaum hin orientiert, dem jeder konkrete Baum mehr oder minder gut entspricht, unterscheidet die Klasse der »Bäume«, die »guten« wie die »schlechten«, dennoch gnadenlos von allem, was nicht Baum ist. Die Begriffe der Sprache kästeln die gesamte Welt ein; da sie aber selber zumeist nicht in gekästelter Form existiert und von uns auch in der Regel nicht so wahrgenommen wird, tut Sprache ihr Gewalt an, bleibt sie hinter der verschwimmenden Mannigfaltigkeit der gegenständlichen Welt zurück. Gewiß, die kategorisch aufgeteilte Welt, wie sie in der Sprache enthalten ist, evoziert in uns wiederum analoge Vorstellungen. Der Satz *Ein schwüler Tag endete mit einem Gewitter* ruft die lebendige Vorstellung eines solchen Tags in uns wach; aber oft genug wird uns schmerzlich bewußt, daß die gemeinten Qualitäten von den zur Verfügung stehenden Begriffen nur sehr plump erfaßt werden.

Doch in einigen Bewußtseinsbereichen hat unsere Sprachohnmacht noch einen anderen Grund: dort, wo es uns schwerfällt, Konzepte zu bilden. Unser Leitsinn ist in jeder Beziehung das Auge; was wir sehen, können wir bis ins letzte Detail analysieren, erinnern, vergleichen – die Voraussetzung für das Erkennen von Ähnlichkeiten. Das Ohr hat eine vergleichbare Fähigkeit bei Sprachlauten, die auch recht gut konzeptualisierbar sind; sonst aber nicht durchweg. Der Geschmackssinn ist außerordentlich leicht zu konzeptualisieren, aber er ist auch außerordentlich primitiv: Zunge und Gaumen vermitteln unserm Geist durch ihre chemischen Sensoren nur vier diskrete Qualitäten, »süß«, »salzig«, »bitter« und »sauer«. Die eigentliche Geschmacksempfindung aber kommt mit Hilfe des Riechsinns zustande (wenn er bei einer Erkältung ausgeschaltet ist, »schmecken« wir so gut wie nichts). Den Geruch aber können wir nur ganz schwer und grob in seine Komponenten zerlegen, und an diese können wir uns nur schwer erinnern – damit sind auch Vergleiche und Ähnlichkeitsbildungen kaum möglich. All seinen unendlich feinen Abstufungen und Mischungen, die wir sehr wohl wahrnehmen, stünden wir ziemlich hilflos gegenüber, wenn wir sie zu Konzepten formen wollten. (Auch die Physiologen wissen bis heute nicht, ob es bestimmte Grundtypen von Gerüchen gibt – anzunehmen ist es.) Beim Tastsinn und bei den Körperempfindungen, Schmerzen zum Beispiel, ist es nicht anders. Auf diesen Gebieten müssen wir uns notdürftig behelfen – indem wir zum Beispiel die Quelle benennen, von der eine bestimmte Sinnesempfindung regelmäßig ausgeht (»Amaretto schmeckt irgendwie bittermandelartig«, »der Baß klingt wie eine Dampframme«, »der Spray riecht nach Flieder«), indem wir Vergleiche bilden, auch über verschiedene Sinnesbereiche hinweg (der »scharfe« oder im Englischen »heiße« Pfeffer, der »bohrende«, »stechende«, »ziehende«, »hämmernde« Schmerz), oder indem wir nur vage erkannte Qualitäten einfach irgendwie benennen und hoffen, der andere würde sich darunter schon etwas vorstellen mögen (der »rassige«, »mundige«, »liebliche«, »feurige« Wein). Ob ein Blatt »lanzenförmig« ist, ist ohne weiteres nachprüfbar; ob ein Champagner »edel« schmeckt, entzieht sich der intersubjektiven Nachprüfbarkeit, eben weil »edel« nichts Bestimmtes, Wiedererkennbares meint und nur so tut, als sei es ein Konzept für einen Geschmack. Solche für nichts haftbar zu machenden Geschmackskonzepte eignen sich denn auch hervorragend für die Sprache der Werbung.

Wie ist es bei alldem der Whorf-Hypothese ergangen? Nicht gut. Die Sprachen unterscheiden sich nicht willkürlich. Bei etwa gleicher Distanz zu den Dingen wird die gegenständliche Welt von allen auch etwa gleich aufgeteilt. Ähnliche kognitive Prozesse führen dazu, daß unter ähnlichen Umständen auch ähnliche Konzepte gebildet werden. Wo diese benannt werden und damit zu Begriffen gerinnen, entsteht kein Babel. Auf der Ebene der konkreten Benennungen sind die Sprachen recht gut ineinander übersetzbar. Nimmt man hinzu, daß entweder universale kognitive Prozesse oder ein für alle gleiches genetisches Programm auch Grammatiken erzeugen, die sich auf einer tieferen Ebene gleichen, so scheint ausreichend dafür gesorgt, daß sich Menschen verschiedener Sprachen nicht allzusehr mißverstehen müssen, daß nicht jeder hoffnungslos in seine Sprache eingeschlossen ist und sich keinem Sprecher einer anderen Sprache je mitteilen kann. Wir alle ordnen die Welt nach den gleichen, sozusagen natürlichen Prinzipien, unsere Sprachen spiegeln diese Ordnung und unterscheiden sich in dieser Hinsicht auch nicht erheblich. Daß Kulturen einzelne Lebensbereiche mehr oder weniger fein differenzieren, je nachdem, wie wichtig sie für sie sind, bedeutet nicht, daß ihre Angehörigen verschieden wahrnähmen und verschieden dächten. Einem alten Wissenschaftsgerücht zufolge soll der Eskimo Wörter über Wörter für die verschiedenen Schneearten haben, der Europäer aber nur eins, eben *Schnee*. Das Gerücht irrt. Die Eskimosprache bescheidet sich mit zwei Wortstämmen, einem für den fallenden und einem für den liegenden Schnee. Und sobald der Europäer sich für Schnee zu interessieren beginnt, stehen ihm durchaus weitere differenzierende Wörter zur Verfügung: *Flocken*, *Firn*, *Harsch*, *Pulver*, *Sulz*... Whorfs Vermutung, der Eskimo fände den Generalbegriff *Schnee* »fast undenkbar«, war nicht nur vage, sondern falsch. Nicht die Sprache nämlich bestimmt, welche Ober- und Unterkategorien ein einzelner oder ein Volk bilden kann, sondern etwas anderes: der Bedarf.

Daß jedoch alle Sprachen die konkrete Welt ähnlich klassifizieren, nach ähnlichen Prinzipien, jedoch ausschnittweise hier mehr, dort weniger differenziert, bedeutet nicht, daß auch bei abstrakteren Begriffen eine solche Übereinstimmung bestehen muß. Konkrete Begriffe strukturieren unsere Wahrnehmungen, abstrakte Begriffe sind die Bausteine unserer Interpretationen. Welche gebildet werden, wie sie voneinander abgesetzt werden, worauf sie sich erstrecken, mit welchen Nebenbedeutungen sie geladen werden, welche Gefühlsvaleurs ihnen zuteil werden – darüber befinden nicht so sehr die Verbindlichkeiten unserer kognitiven Mechanismen, sondern mehr die gewundenen Entwicklungen und Zufälle der Kulturgeschichte, die hinter einer gewachsenen Sprache steht. Kein Übersetzer muß befürchten, in irgendeiner Sprache keinen Begriff für »Wasser« oder »Auge« oder »Baum« anzutreffen. Bei »Sicherheit«, »Empörung«, »Urteil« kann er diese Gewißheit nicht haben. Bei »Instanz«, »Parameter« oder »Aufklärung« kann er, wenn er in die Sprache einer fernen Kultur übersetzt, von vornherein sicher sein, daß er sehr wahrscheinlich kein Äquivalent vorfinden wird und sich mit notdürftigen Umschreibungen behelfen muß. Seit je klagen Übersetzer, daß sich zum Beispiel das hebräische *hesed* im Deutschen nicht wiedergeben läßt. Es steckt darin eine Tradition gegenseitiger Hilfsbereitschaft und Treue zwischen Stammeshäuptling und Untertanen, so schreibt Eugene Nida, die sich von keinem deutschen Wort wiedergeben läßt, auch nicht von *Huld* oder *Güte*. Der Filmregisseur Edgar Reitz beklagte, daß sich das *Geheischnis* des Hunsrücker Platt nur sehr unvollständig ins Hochdeutsche übersetzen lasse (»Geborgenheit und Vertrauen, mehr als Freundschaft, weniger als Liebe...«). Und, als markantestes Exempel, natürlich Faust der Übersetzer, der mit dem griechischen *logos* seine Qual hatte, weil er, zu Recht, die Standardübersetzung *Wort* etwas dünn fand, gemessen an der Bedeutungsbreite des Originals. Diese starken Nichtübereinstimmungen bei den abstrakten Begriffen, die sich in großen Übersetzungsschwierigkeiten niederschlagen, haben ihre Ursache natürlich darin, daß abstrakte Begriffe fast beliebig gebildet werden können. Sie haben sich gegenüber keine

Realität, an der sich ihre Tauglichkeit Tag für Tag erweisen muß. Ein Begriff wie »Verstand« hat eine Geschichte. Ein Begriff wie »Hand« eigentlich nicht. Eine Hand war immer eine Hand.

Einen anderen Grund für Unähnlichkeiten zwischen Sprachen, die die Übersetzung erschweren, hat der Linguist Ronald W. Langacker namhaft gemacht. Es ist die Tatsache, daß figürliches Sprechen nicht die Ausnahme, sondern die Regel ist.

Es läßt sich kaum etwas Neues bezeichnen, ohne auf Bekanntes und Benanntes zurückzugreifen. Das Neue wird benannt, indem es mit etwas Altem verglichen wird. Der Computer hat »ein Ding wie einen Speicher«, kurz einen »Speicher«, der Rundfunk sendet auf einer »Welle«. Wo etwas Neues bezeichnet werden muß, wird ein alter, meist ein anschaulicher Begriff genommen und auf die neue Bedeutung »übertragen«. In fast allen abstrakten Begriffen steckt bei näherem Hinsehen ein alter konkreter Begriff. Im Wort Begriff selber steckt »greifen«, in Bedeutung steckt »deuten, zeigen«, in Übertragung steckt »tragen«. Mit der Zeit verblaßt die ursprüngliche konkrete Bedeutung, und irgendwann wird sie ganz unsichtbar und das Wort zur bloßen Konvention. Ob das, was wir heute mit »Kunst« meinen, nun *Kunst* oder *Knust* oder sonstwie heißt, ist tatsächlich ziemlich egal. Aber ein wenig schimmert die Herkunft vielleicht doch immer noch durch. Und irgendwann steht dann jemand auf und sagt, er denke, Kunst komme von Können. Diese leisen konkreten Nebenbedeutungen in den Wörtern, Spuren ihrer Geschichte – sie auch machen es schwierig, wirklich völlig äquivalente Ausdrücke in zwei Sprachen zu finden.

Wir mögen eine Indianersprache fremd und merkwürdig finden, weil sie die »Eisenbahn« als *Dampfroß* bezeichnet; oder das Mandarin-Chinesisch, weil es dafür das Wort *hwo-ché*, Feuerwagen, gebildet hat. Genausogut aber könnten sich Indianer oder Chinesen darüber wundern, wie die Langnasen dazu kommen, das gleiche Ding mit einem Wort wie *Eisenbahn* zu belegen. Wie kann man ein Fahrzeug einen »weiblichen Weg aus Eisen« nennen, was steckt dahinter, welches »sprachliche Weltbild«? Bei der Benennung neuer Konzepte gehen die Sprachen offensichtlich verschiedene Wege. Aber dann werden die Wörter zur Konvention, der ursprüngliche Inhalt verschwindet aus ihnen, stirbt psychologisch ab. Wer eine fremde Sprache wörtlich nimmt, unterlegt ihren Wörtern und ihren grammatischen Konventionen Bedeutungen, die für ihre native speakers möglicherweise schon lange tot sind. Er könnte zu völlig abwegigen Schlüssen auf ihr »sprachliches Weltbild« verleitet werden, etwa so, als folgerte ein Indianer aus den Es-Sätzen des Deutschen *(es regnet, es donnert, es ist meine Frau)*, eine sächliche Gottheit *(es)* geistere durch die Denkwelt dieser Bleichgesichter. So denkt der Deutsche beim Wort *Eisenbahn* gewöhnlich nicht mehr an einen weiblichen Weg aus Eisen als der Indianer bei *Dampfroß* an ein schwitzendes Pferd. Und doch – ein leiser Hauch von »Eisen« und »Bahn« bleibt; ein Wort wie *Holzeisenbahn* (eine Bahn aus Holzeisen?) würde manches Sprachgefühl durchaus noch irritieren.

Die Figürlichkeit reicht hinein in grammatische Kategorien. Im Deutschen müssen wir jedem Substantiv ein Geschlecht zuteilen. Das grammatische Geschlecht ist, man weiß es, völlig konventionell. *Der Nagel* hat an sich nichts Männliches, *die Nadel* nichts Weibliches. Einem neuen Importwort weisen wir sein grammatisches Geschlecht nicht darum zu, weil uns das, was es meint, irgendwie männlich oder weiblich oder sächlich anmutet, sondern weil seine deutsche Übersetzung ein bestimmtes Geschlecht besitzt (so wurde das englische *band* in Analogie zu »die Kapelle« zu *die Band*); weil wir uns an das grammatische Geschlecht in der Herkunftssprache zu erinnern meinen (manchmal falsch, so daß aus dem französischen *le tour* deutsch *die Tour* wurde); oder weil wir darin ein bekanntes deutsches Wort zu erahnen glauben (auf diese Weise wurde *the show, it*, deutsch zu *die Show*). Aber so sehr das natürliche Geschlecht im Grammatischen auch verblaßt ist: Irgendwo klingt es ganz leise doch immer noch durch. Sollten deutsche und französische Kinder Sonne und Mond zeichnen, so gäben die französischen der Sonne sicher eher männliche Züge und dem Mond weibliche, die Deutschen umgekehrt.

Wie wir drei grammatische Geschlechter haben, so haben einige Indianersprachen zwei Artikel, zwischen denen sie sich bei jedem Substantiv entscheiden müssen. Aber diese beiden Artikel bezeichnen nicht das Geschlecht, sondern den Grad des Respekts (Káa 1976). Die eine Klasse von Substantiven enthält die gemeinen Dinge, die andere solche, zu denen man eine persönliche achtungsvolle Beziehung hat: Menschen, Tiere, große Bäume, Sonne,

Mond, Sterne, Schnee, Donner, Metalle, Federn, Wasserkessel. Auch hier ist viel Konventionalität im Spiel. Manche Dinge erscheinen in der einen Sprache in der gemeinen, in der Nachbarsprache in der geachteten Klasse. Meist dürfte den Sprechern gar nicht bewußt sein, daß ihre Artikel die ganze Welt auf diese Weise in zwei Hälften klassifizieren. Trotzdem schlägt diese Bedeutung immer wieder durch. In die indoeuropäischen Sprachen ist diese Nuance ebensowenig zu übersetzen, wie die subtile Nuancierung der Bedeutung, die unser grammatisches Geschlecht mit sich bringt, in die Indianersprachen zu übersetzen ist.

Whorfs Hypothese ist also nicht rundheraus falsch. Aber erst recht ist sie nicht rundheraus richtig. Je stärker sie formuliert wird, desto falscher scheint sie zu werden.

Ganz sicher hilft die Sprache dem Denken ganz ungemein. Indem ein Konzept mit einem Wort belegt wird, wird es zu einer Art Gegenstand: Es existiert, auch wenn es gerade nicht gedacht wird, es erhält Dauer, man kann damit sehr leicht hantieren, ganze Gefüge von Konzepten zu neuen Aussagen zusammenstellen, man kann mit einem Wort ein Konzept in seinem Geist hervorrufen, man kann seine eigenen Konzepte mit anderen Menschen austauschen. Im Experiment wurde gezeigt, daß umfangreiche logische Probleme besser gelöst werden, wenn man während der Arbeit an ihnen alle seine Denkschritte verbalisiert. Die Erfindung der Sprache hat die denkerischen Möglichkeiten des Menschen gewiß potenziert. Und nur sprachlich gefaßte Gedanken sind mitteilbar; alle anderen gehen mit dem, der sie denkt, zugrunde.

Die Sprache hält ihre Sprecher nicht gefangen; denken läßt sich auch, wofür die Sprache keine bequemen oder gar keine Mittel zur Verfügung stellt. Aber wofür fertige Ausdrucksmittel bereitstehen, läßt sich leichter denken; und wofür es sehr geläufige Ausdrucksmittel gibt am allerleichtesten.

Wenn verschiedene Sprachen nicht zu einem völlig verschiedenen Denken führen, so vor allem darum, weil sie alle auf einem ähnlichen Fundament ruhen. Die Grundbegriffe für die konkrete Welt und wahrscheinlich auch die Grundregeln ihrer grammatischen Verknüpfung sind für alle sehr ähnlich. Hier, bei den fundamentalen Kategorisierungen, werden alle Sprachen von ähnlichen kognitiven Mechanismen geformt. So treiben die Sprachen nie allzu weit auseinander; Verständigung bleibt möglich. Bei den abstrakten Begriffen aber kann sie schon sehr schwierig sein. Und die Bedeutungsnuancen, die den Begriffen durch die Kulturgeschichte ihrer Benutzer zugewachsen sind, sind oft schlechthin unübersetzbar. In einem sehr eingeschränkten Sinn hatte Whorf also recht.

Alles dies sind keine klaren, handlichen, endgültigen Wahrheiten. Eher sind es die Reflexe erster tastender Versuche, nicht durch reine Introspektion und Spekulation, sondern erstmals mit den Methoden kontrollierter Empirie in den unwegsamen Dschungel unseres Geistes vorzudringen, dorthin, wo sich Worte und Gedanken der Benennbarkeit und dem Bewußtsein entziehen. Erst seit wenigen Jahrzehnten sind die kognitiven Wissenschaften dabei, etwas Licht in diese überaus undurchschaubaren Verhältnisse zu bringen. Wenn auch das meiste unaufgeklärt bleibt, so haben sie gar nicht so wenig geschafft. Noch vor dreißig Jahren wäre eine plakative Parole wie »Sprache bestimmt das Denken« schlechthin unüberprüfbar gewesen.

Ronald Langacker schrieb einmal: »Die Beziehung zwischen Sprache und Denken zu analysieren ist ein wenig, als versuchte man eine Wolke zu umarmen.« Er selber hoffte, davon mit mehr als einer Handvoll Nebeldunst zurückgekommen zu sein.

Nunmehr ist das Terrain so weit rekognosziert, daß man einen abermaligen und nun nicht mehr nur spekulativen Blick auf jene Frage werfen kann, die seit Jahrhunderten Phantasten, Fanatiker und Phantomjäger nicht losgelassen hat: Wie, wann, warum, unter welchen Umständen ist die menschliche Sprache entstanden?

Von den alten, farbigen Sprachentstehungstheorien ist heute nur noch eine in der Diskussion. Sie hat nach wie vor mehr den Status einer Vermutung als den einer Theorie, und sie besagt: Die erste Sprache der Menschen müsse eine Gebärdensprache gewesen sein, die dann immer mehr Funktionen an die Lautsprache abtrat. Einer der Hauptproponenten dieser Vermutung ist der Anthropologe Gordon W. Hewes von der Universität Colorado. Am Ursprung der Sprache, so sieht er es, stand die Geste des Zeigens. Aus diesem gestischen Hinweisen (»da ist ein Termitenhaufen!«) wurde ein Benennen: Nunmehr signalisierte schon eine bestimmte Handbewegung den Termitenhaufen, auch wenn gar keiner zu sehen war – aus einer zeigenden Gebärde war ein symbolisches Zeichen geworden. Dafür, daß es so gewesen sein könnte, spricht, daß die Hominiden mit Sicherheit schon ziemlich geschickte Hände gehabt hatten; dafür spricht auch, daß junge Schimpansen und Gorillas eine Gebärdensprache lernen können, aber keine Lautsprache. Aber wie wurden aus Gesten Wörter? Dafür kommt die fragwürdige »Mund-Gebärden-Theorie« in Betracht. Ihr zufolge haben Lippen, Zunge und Kehlkopf »im Einklang« mit den gestikulierenden oder arbeitenden Händen Laute hervorgebracht, die langsam immer artikulierter ausfielen und die gleichen Bedeutungen annahmen wie die Handbewegungen, die sie immer begleitet hatten. So übersetzte sich die Sprache der Hände in die Sprache der Laute. Den Körper eines Beutetiers zu zerlegen, meint Hewes, erfordere ähnlich komplexe geistige Programmierfolgen wie das Hervorbringen von Sprache. Umfangreichere sprachliche Gebilde könnten sich also zusammen mit den komplexer werdenden Alltagsverrichtungen der Hominiden eingestellt haben.

Warum die Lautsprache sich gegenüber der Gebärdensprache durchsetzte, stellt kein Problem dar. Sie ist viel praktischer. Sie ist auch dann brauchbar, wenn sich die Sprechenden nicht sehen können. Sie läßt den Sprechenden außerdem die Hände zum Arbeiten frei. Die Fähigkeit zur Handzeichensprache ist von der Lautsprache dennoch nicht völlig verdrängt worden. Wenn zwei Menschen sich heute in Gegenwart eines schlafenden Dritten oder beim Belauern eines Tiers oder beim Einweisen in eine Parklücke lautlos verständigen müssen, geht ihnen tatsächlich eine recht ausdrucksvolle improvisierte Gebärdensprache leicht »von der Hand«.

Alles dies aber beweist noch gar nichts. Es addiert sich zu nicht mehr als zu der Aussage, daß es nicht geradezu widersinnig wäre, in der Gebärdensprache die Vorläuferin der Lautsprache zu sehen. Daß es so gewesen sein könnte, muß nicht heißen, daß es auch so war. Dazu brauchte es irgendwelche positiven Hinweise, und die gibt es nicht. Unwillentlich verdoppelt die Gebärdentheorie das Problem sogar. Denn träfe sie zu, wäre nicht nur zu erklären, wie der Mensch zu einer Sprache in der Modalität der Handzeichen kam, sondern darüberhinaus auch noch, warum er sie wieder aufgab und das ganze System in eine andere Modalität übertrug, die der Laute. Gewiß hätte die Ausbildung einer leistungsfähigen Gebärdensprache doch einige aufwendige evolutionäre Anpassungen in der Muskelbeherrschung und ihrer neuralen Kontrolle erfordert. Daß solche Errungenschaften preisgegeben werden, um sich einer noch gar nicht fertigen anderen Technik anzuvertrauen, ist nur schwer vorstellbar. Es wäre so, als hätte der Mensch seine mühsam erworbene Zweibeinigkeit wieder aufgegeben und statt dessen begonnen, auf seinen beiden für diesen Zweck noch sehr ungeeigneten Händen zu laufen. Gewiß, es könnte so gewesen sein. Aber Vertrauen verdiente die Theorie erst, wenn sie angeben kann, warum es auch so gewesen sein müßte.

Eine andere moderne Vermutung besagt, Sprach- und Werkzeugentwicklung seien Hand in Hand gegangen – und hofft, eines Tages eine »Grammatik« der Werkzeugherstellung entwerfen zu können, die Rückschlüsse auf die ihr entsprechende Komplexität der Sprachgrammatik zuließe. Tatsächlich läßt sich die Herstellung eines Werkzeugs nach Art der Phrasenstrukturgrammatik zerlegen. Die Herstellung eines Faustkeils besteht aus dem Auffinden eines Steins und seiner Bearbeitung. Die Bearbeitung besteht in der Herstellung der groben Form und dem Schärfen der Kanten. Das Schärfen der Kanten... Aber ob damit mehr geleistet wäre als eine höchst ungefähre Analogie, ist zweifelhaft. Vor allem spielt sich die Konstruktion eines Faustkeils in ganz anderen Zeitdimensionen ab als die Konstruktion eines Satzes. Die einzelnen Schritte müssen nicht gleichzeitig exekutiert werden. Darum ist es eine ziemlich verwegene Hoffnung, verschollene Grammatiken auch nur in groben Umrissen aus überlieferten Werkzeugen erschließen zu können. Der Phonetiker Philip Lieberman, der solchen Hoffnungen eine Zeitlang selber nachhing, kam schließlich zu dem Schluß: »Würde irgendein Linguist denn das syntaktische System oder die Morphologie in einer heutigen Kultur vorauszusagen wagen, wenn ihm nichts zur Verfügung stünde als ein paar Schüsseln, Töpfe, Pfannen und Messer?... Nur wenn sich verschiedene linguistische Formen aus Töpfen, Pfannen, Pfeilen, Körben, Landwirtschaft und so weiter vorhersagen ließen, hätten solche Theorien einiges Verdienst.« Natürlich würde kein Linguist eine solche Voraussage für zeitgenössische Sprachen wagen.

Weder von der Handzeichen- noch von der Werkzeuggrammatiktheorie sind also Aufschlüsse über die Herkunft der Sprache zu erwarten. Wovon dann? Die Lage scheint hoffnungslos, aber so schnell kapituliert die Wissenschaft nicht.

Unsere Urahnen, die Hominiden, die frühen Angehörigen der Gattung Homo, haben uns zwar keine Laute und keine Gebärden hinterlassen. Hinterlassen haben sie eine Menge stabiler, unverwüstlicher Werkzeuge, die aber leider höchstens indirekte Rückschlüsse auf ihre Sprachfähigkeit zulassen. Erhalten blieben auch etliche ihrer Knochen. Erlauben diese ihre fossilisierten Überreste irgendwelche Rückschlüsse auf ihre Sprache?

Was den Menschen anatomisch am auffälligsten von seinen äffischen Ahnen unterscheidet, ist sein größeres Gehirn, absolut wie im Verhältnis zum Körpergewicht. Die Zunahme des Hirnvolumens auf seine heutigen 1400 Kubikzentimeter steht mit Sicherheit in Beziehung zur Zunahme seiner Intelligenz. Es ist also plausibel, es ist geradezu unwiderstehlich, auch eine der markantesten Leistungen dieser Intelligenz, die Sprache, mit dem Wachstum des Großhirns in Verbindung zu bringen. Zugenommen hat das Hirnvolumen während der gesamten menschlichen Evolution, aber nicht gleichmäßig. Das Schimpansengehirn hat etwa 400 Kubikzentimeter. Die kleine Art der Australopithecinen, die vor drei Millionen Jahren in Südostafrika lebten, aufrecht gingen, einfache Steinwerkzeuge herstellten und wahrscheinlich in die Ahnenreihe des Menschen gehören, hatte ein Gehirnvolumen von 450 Kubikzentimetern. Am stärksten ist das Gehirn auf dem Weg von Homo habilis über Homo erectus zu Homo sapiens gewachsen, in der Zeitspanne, die vor 1,5 Millionen Jahren begann und vor 250000 Jahren mit dem Auftreten von Homo sapiens endete. In diesen 1,25 Millionen Jahren vergrößerte sich das Gehirn von 680 auf 1300 Kubikzentimeter – ein Kubikzentimeter alle 2000 Jahre.

Während dieser Zeit, oder danach, müßte es also gewesen sein. Daß unsere Ahnen vor dieser Beschleunigung im Gehirnwachstum schon über eine differenzierte Sprache verfügten, ist unwahrscheinlich. Mit der Sprachverarbeitung sind beim Menschen heute etwa 20 Prozent seiner Hirnmasse beschäftigt, knapp 300 Kubikzentimeter. Nimmt man an, die Zunahme des Hirnvolumens sei anfangs ausschließlich der Sprache und keinen anderen Fähigkeiten zugute gekommen, so hätte es reichlich eine halbe Million Jahre gedauert, bis genug Großhirnsubstanz bereitstand, alle Funktionen der Sprache aufzunehmen. Keinesfalls also kann die ausgebildete menschliche Sprache älter sein als eine knappe Million Jahre. Tatsächlich ist es wenig glaubhaft, daß eine halbe Jahrmillion lang allein die Sprachfähigkeit zunahm, während alle anderen kognitiven Leistungen auf dem alten Stand blieben. Selbst wenn die linguistische Fähigkeit sich von allen diesen anderen Fähigkeiten absondern lassen sollte, hätten jene Hominiden einfach sehr wenig Gesprächsgegenstände gehabt für ihr fabelhaftes neues Kommunikationswerkzeug Sprache; die Neuanschaffung wäre relativ nutzlos gewesen. Sehr viel überzeugender ist darum die Annahme, die Sprache habe sich nicht allen anderen Intelligenzleistungen voraus entwickelt, sondern zusammen mit ihnen, also sehr langsam über die ganze Zeit des Hirnwachstums hinweg; oder sogar erst im Anschluß daran. So läßt uns das Studium des Fassungsvermögens der Hominidenschädel zurück mit dem Schluß: Es muß irgendwann während der letzten Jahrmillion gewesen sein.

Manche Indizien sind herangezogen worden, um die Sprachentstehung innerhalb dieser Jahrmillion näher zu datieren. Keines von ihnen ist ein zwingender Beweis.

Das Wesen, von dem der heutige Mensch mutmaßlich abstammt, war der Homo erectus, der aufrechte Mensch, der vor etwa 1,5 Millionen Jahren auf den Plan trat und vor einer Viertelmillion Jahre von höherentwickelten Nachkommen abgelöst wurde. Der Großteil des Hirnwachstums spielte sich in der Jahrmillion ab, die Homo erectus existierte. Die Werkzeuge, die er hinterlassen hat, wurden komplizierter als die seiner Vorgänger, des Homo habilis und der verschiedenen Australopithecinen. Wie Werkzeuge gefertigt und gebraucht werden, läßt sich durch Demonstration weitergeben – aber es stimmt, die Tradierung wäre viel effizienter, wenn ihr sprachliche Anweisungen und Erläuterungen zu Hilfe kämen. Eine unerläßliche Voraussetzung für verfeinerte Werkzeugtechniken ist die Sprache nicht; aber sie machte die Kulturfortschritte, die sich uns in Form immer raffinierterer Steinwerkzeuge darstellen, doch etwas plausibler.

Vor etwa einer Million Jahren begann Homo erectus mit der Großwildjagd. Auch die müßte ihm leichter gefallen sein, wenn er sich schon sprachlich verständigen konnte. Zwar vollzieht sich die gemeinschaftliche Jagd bis heute meist stumm. Aber vorher müssen sich die Jäger abstimmen. Auch Wölfe etwa jagen zwar Großwild in Rudeln und brauchen dazu keine Sprache. Sie müssen ein genetisches Programm für Gruppenjagdverhalten besitzen. Die mit dem Menschen verwandten Menschenaffen besitzen kein solches Programm, und beim heutigen Menschen existiert es nicht (abgesehen vielleicht von einer vagen Prädisposition von Männergruppen für riskante und hoffentlich einträgliche Unternehmungen). Hätte es bei den Hominiden je ein genetisches Programm für das Jagdverhalten gegeben, so hätte es relativ schnell entstehen und ziemlich gründlich wieder zerfallen müssen – beides nicht eben wahrscheinlich. Bestand aber kein genetisches Verhaltensprogramm, so wäre eine Sprache für die Abstimmung vor der Jagd in der Tat sehr nützlich gewesen.

Vor etwa 750000 Jahren zähmte Homo erectus das Feuer. Zunächst setzte er es wohl ein, um Gelände zu roden. Später lernte er seine Nahrung zu kochen – ein großer hygienischer Fortschritt, der ihn von manchen Plagen befreit haben dürfte. Das Feuer versetzte ihn auch in die Lage, es bei Kälte warm und im Dunkeln hell zu haben. Das erhöhte nicht nur seine Bequemlichkeit. Es gab ihm auch Schutz vor seinen Raubfeinden. Kein anderes Lebewesen beherrscht das Feuer; mit ihm erhob sich der Mensch erstmals über die Zwänge der Natur. Der griechische Prometheus-Mythos ist also gar nicht dumm. Er erkennt, wie entscheidend es für den Menschen war, in den Besitz des Feuers zu kommen; und er hält etwas von der Traurigkeit fest, die mit diesem ersten großen technischen Fortschritt verbunden war: Prometheus brachte den Leuten das Feuer und nahm ihnen gleichzeitig die Gabe der Voraussicht, denn sie hätte ihnen das Herz gebrochen. Alle jene Techniken aber, die den Gebrauch des Feuers einschlossen, sind ohne Sprache schwer vorzustellen.

Subtilerer Werkzeuggebrauch, komplexere Formen des gemeinsamen Lebens und der gemeinsamen Jagd, die Herrschaft über das Feuer und die damit möglich gewordenen Pyrotechniken – dieser allmähliche Kulturfortschritt legt nahe, daß ein allmählicher Kommunikationsfortschritt ihn begleitete und förderte. Je komplexer die Kultur, um so mehr gab es mitzuteilen, und je mehr mitgeteilt werden konnte, desto komplexer konnten die kulturellen Formen werden. Soweit ist die Überlegung durchaus plausibel. Aber alle diese Kulturleistungen sind allenfalls auch ohne Sprache denkbar, oder mit einer nur sehr geringen Sprachfähigkeit. So vorteilhaft der Besitz der Sprache für die altsteinzeitlichen Kulturformen mit Sicherheit auch gewesen wäre, er läßt sich aus ihnen nicht mit Sicherheit entnehmen. Alle diese Indizien helfen nicht weiter.

Also muß die Wissenschaft doch passen? Nein, sie muß es noch nicht. Einige amerikanische Wissenschaftler haben während der siebziger Jahre eine andere Fährte verfolgt – vor allem Philip Lieberman, Phonetiker an der Brown-Universität, der New Yorker Anatom Jeffrey Laitman und Edmund Crelin, Anthropologe an der Yale-Universität.

Die Frage war: Läßt sich den Schädelknochen, die von den Hominiden übriggeblieben sind, irgendein Hinweis auf ihre Sprechstimme entnehmen? Die Stimme wird zwar nicht von Knochen hervorgebracht, sondern von Weichteilen, die ebenfalls den Weg allen Fleisches gegangen sind. Aber die Knochen geben Aufschluß darüber, wo einmal Muskeln an ihnen befestigt waren, wie stark sie gewesen sein müssen und in welche Richtung sie gezogen haben. Und wenn man dazu weiß, wie bei heute lebenden Tieren die oberen Luftwege und der Stimmapparat gebaut sind und wie sehr bestimmte Bauarten auf bestimmten Formen der Schädelknochen beruhen, kann man darangehen, aufgrund der Schädelfunde Stimmapparate zu rekonstruieren. Hat man aber Stimmapparate rekonstruiert, so kann man experimentell erproben, welche Laute sich mit ihnen erzeugen lassen.

Die menschliche Sprache ist nun einmal Lautsprache, und als solche setzt sie spezielle Fertigkeiten bei der Hervorbringung wie bei der Wahrnehmung von Lauten voraus. Schimpansen besitzen diese Voraussetzungen so wenig wie andere Affen und überhaupt die anderen Tiere, und so ist es trotz ihrer linguistischen Fähigkeiten unmöglich, ihnen eine Lautsprache beizubringen. Es ist von dem Neurobiologenehepaar Catherine und Keith Hayes zwischen 1947 und 1954 versucht worden; ihr Schimpansenkind Viki lernte unter größter Mühe gerade vier Wörter artikulieren: *mama*, *papa*, *cup* und *up* (»Huckepack«). Der Stimmapparat des Menschen muß also einige Eigenschaften haben, die ihn einzigartig machen. Welche es sind, hat vor allem der Kehlkopfspezialist Victor Negus in allen Einzelheiten beschrieben.

Das Hauptkennzeichen des menschlichen Kehlkopfs ist es, daß er ungewöhnlich tief sitzt. Daß er so tief sitzt, verschafft dem Menschen ein besonders großes »Ansatzrohr« – so heißt der Stimmtrakt oberhalb des Kehlkopfs, bestehend aus Rachen-, Mund- und Nasenhöhle. Die Atemluft passiert beim Ausatmen die Stimmritze, einen V-förmigen, auf- und zuklappbaren Verschluß im Kehlkopf. Die Stimmbänder, nämlich die beiden seitlichen Begrenzungen dieses Verschlusses, die keine »Bänder« oder Saiten sind und treffender als »Stimmlippen« bezeichnet werden, können durch die entweichende Atemluft in Vibration versetzt werden. Diese ihre Schwingungen teilen sich der Atemluft mit. Schwingend ausgeatmete Luft »klingt«. Wie sie klingt, hängt unter anderem von der Form des Ansatzrohres ab, also von dem Weg, den die schwingende Luft durch Rachen-, Nasen- und Mundhöhle nimmt. Gesprochen wird durch die Mundhöhle, und deren Form ist vor allem durch die Zunge sehr fein veränderbar. Die verschiedenen Vokale werden durch verschiedene Zungen- und Lippenpositionen gebildet. Ihre Verschiedenheit beruht darauf, daß die Formen des Ansatzrohres, durch das die Atemluft nach dem Passieren der Stimmritze streicht, ihren Vibrationen einige weitere charakteristische Frequenzgipfel hinzufügen, die sogenannten Formanten. Bei welchen Frequenzen die beiden untersten Formanten liegen, entscheidet darüber, ob wir einen Laut als a oder e oder o hören. Die Konsonanten dagegen sind Geräusche, die der Luftstrom macht, wenn ihm der Weg erst ganz versperrt und dann plötzlich freigegeben wird (p, t, k), wenn er an verschiedenen Stellen der Mundhöhle stark eingeengt ist (ch, s, f) oder wenn er auf einen tremolierenden Widerstand stößt (r). Wird ein Teil des Luftstroms durch die Stellung des Gaumensegels in die Nasenhöhle abgeleitet, klingen die Laute nasaliert. Dies ist der Apparat, der die Laute der Sprache hervorbringt.

Nur der Mensch also hat ihn, und er trägt ihm diverse Nachteile ein. Bei den anderen Säugetieren liegt der Kehlkopf höher, und die Zunge liegt ganz und gar flach in der meist relativ längeren Mundhöhle. Beim Menschen sitzt der Kehlkopf tief, und die Zunge biegt sich hinten in einem Kreisbogen in die Rachenhöhle; ihre Wurzel bildet deren Vorderwand. Der Mund des Menschen ist kürzer als die Schnauze der Säugetiere; das verschafft ihm Nachteile beim Kauen, und es reduziert den Raum, der seinen Zähnen zur Verfügung steht – die hintersten haben zunächst gar keinen, und so kommt es, daß dem Menschen auch noch im Stadium der Weisheit Zähne wachsen. Da seine Stimmritze nur eine verhältnismäßig kleine Öffnung freiläßt und seine Atemluft außerdem durch einen Kanal geleitet wird, der zwei rechte Winkel beschreibt (erst hinauf in die Nasenhöhle, dann hinunter in die Rachenhöhle und weiter durch den Kehlkopf in die Luftröhre), fällt ihm auch das Atmen schwerer; bei anhaltenden körperlichen Anstrengungen genügt die Nasenatmung nicht, muß er zur Mundatmung übergehen. Auch das Schlucken ist schwieriger für ihn: Da der Kehlkopf so tief sitzt, riskiert er, daß Speisekrumen in ihn hineinfallen; dann »verschluckt« er sich, und zuweilen erstickt einer daran. Tiere können gleichzeitig atmen und trinken, weil sie mit Gaumensegel und ihrem hochstehenden Kehldeckel zwei voneinander getrennte Wege bilden können, einen vom Mund in die Speiseröhre, einen von der Nase in die Luftröhre. Menschen können das nicht; bei ihnen flösse unweigerlich etwas von der Flüssigkeit in die Luftröhre. Säuglinge bis zum Alter von drei Monaten können es auch, denn bei ihnen steht der Kehlkopf noch so hoch wie bei den Säugetieren. Dann sinkt ihr Kehlkopf nach unten, sie verlieren die Fähigkeit, gleichzeitig zu trinken und zu atmen, und mit etwa zwei Jahren hat sich ihr Stimmtrakt so umgestaltet, daß er anatomisch dem des Erwachsenen gleicht.

Nachteile beim Kauen, beim Atmen, beim Schlucken, also bei höchst lebenswichtigen Funktionen, zuweilen sogar lebensgefährliche Nachteile wie beim Verschlucken: die Evolution wird sie sich nicht ohne Grund eingehandelt haben. Irgendein größerer Vorteil muß sie mehr als wettgemacht haben. Dieser Vorteil kann nur einer gewesen sein: die Lautsprache, die durch die Umgestaltung des menschlichen Stimmtrakts möglich wurde. Wo sich in der Entwicklungslinie zum heutigen Menschen hin der Stimmtrakt von der allgemein säugetierhaften zu seiner menschlichen Form umgestaltet hat, muß er dies im Zusammenhang mit der sich entwikkelnden Lautsprache getan haben. Ihre Vervollkommnung muß der Selektionsdruck gewesen sein, der die anatomische Umgestaltung bewirkt hat. Vonstatten gegangen sein muß das nach dem Grundgesetz der Evolution, durch Mutation und Selektion: Die Gene, die den Bau des Mund-, Rachen- und Nasenraums steuern, lagen durch zufällige Mutationen in verschiedenen Varianten vor, die leicht voneinander abweichende Bauanweisungen gaben; so kamen in jeder Population zu jeder Zeit verschiedene Formen des Stimmtrakts vor; die besser zum Sprechen geeigneten hatten in dem Augenblick, wo besser sprechen zu können vorteilhaft wurde, einen Überlebens- und Fortpflanzungsvorteil, und so setzten sich die jeweils besser zum Sprechen adaptierten Formen langsam durch. Wieder wie so oft in der Evolution waren Verhaltensänderungen die Schrittmacher für anatomische und physiologische Veränderungen.

Einige Aufschlüsse über die Beschaffenheit des Stimmtrakts lassen sich bereits der Schädelbasis entnehmen, also der Form der Knochenfläche an der Unterseite des Schädels (wenn man sich den Unterkiefer wegdenkt). Vieler Messungen kurzer Sinn ist der: Je flacher die Schädelbasis entlang ihrer Mittellinie, desto flacher liegt auch die Zunge; je flacher die Zunge liegt, desto eher befindet sie sich vollständig in der Mundhöhle; und je vollständiger sie sich in der Mundhöhle befindet, desto höher sitzt der Kehlkopf. Beim Menschen mit seinem tiefsitzenden Kehlkopf und der hinten rund in den Hals abfallenden Zuge ist das Dach der Mundhöhle, der harte Gaumen, ganz besonders hoch gewölbt.

Das Ausmaß dieser Wölbung lieferte die Ausgangsdaten für die Rekonstruktion des Stimmtrakts unserer Vorfahren.

Schon bei den Primaten ist die Stimmritze relativ kleiner als bei den anderen Säugetieren: Für das Atmen ist das keine optimale Lösung, aber sie sind dafür bereits besser als andere Säugetiere für die Lautgebung, die Vokalisation eingerichtet. Dann aber stagniert der Stimmtrakt entwicklungsgeschichtlich lange.

Die Australopithecinen, die vor vier bis eine Million Jahren und vielleicht noch länger in Südostafrika lebten und von denen eine Art möglicherweise in direkter Linie mit der Gattung Homo verwandt ist, gingen bereits aufrecht, waren wohl auch schon Rechtshänder und stellten sich sehr einfache Steinwerkzeuge her. Ihr Stimmtrakt aber wich von dem allgemeinen Primatenmuster noch nicht ab. Die Laute der menschlichen Sprache konnten sie mit ihm also wohl nicht erzeugen. Ihr Lautrepertoire kann allenfalls das von heutigen menschlichen Säuglingen in ihren ersten drei Lebensmonaten gewesen sein. Eine der heutigen ähnliche Lautsprache können sie nicht gesprochen haben.

Das Ansatzrohr von Homo erectus unterscheidet sich von dem der Australopithecinen. Er konnte Trink- und Atemweg nicht mehr voneinander trennen, denn sein Kehlkopf saß bereits etwas tiefer. Möglicherweise aber hatte diese anatomische Veränderung vor allem oder nur den Zweck, ihm bei längeren körperlichen Anstrengungen zeitweise das Atmen durch den Mund zu erleichtern.

Vor etwa 500000 Jahren waren diese Veränderungen so weit fortgeschritten, daß Homo erectus erreichte, was Lieberman eine »funktionale Weiche« nennt. Eine Linie setzte weiterhin auf die körperlichen Funktionen, die Muskelkraft, die große Kaufläche; bei ihr wanderte der Kehlkopf nicht weiter nach unten, die Schädelbasislinie blieb relativ flach, die Zunge lag innerhalb des Mundes. Diese Linie endete mit den Neandertalern, die bis vor 35000 Jahren in Nordafrika, Europa und im Mittleren Osten lebten. Ihr Hirnvolumen war mit 1500 Kubikzentimetern größer als das heutiger Menschen; ihren geschmückten Gräbern ist zu entnehmen, daß sie eine Kultur gehabt haben müssen; dabei waren sie sehr viel kräftiger als Homo sapiens sapiens. Dennoch starben sie vor 35000 Jahren aus.

Inzwischen hatte sich nämlich die andere Linie der Hominiden ausgebreitet, die an jener funktionalen Weiche nicht auf Körperkraft, sondern auf Kommunikation gesetzt und in deren Dienst ihren Stimmapparat perfektioniert hatte. Vor etwa 250000 Jahren begann sich die Schädelbasis bei dieser Linie zu verändern, begann sich der Gaumen zu wölben, die Zunge nach hinten zu runden. Der Cro-Magnon-Mensch, der vor gut 35000 Jahren in Europa auf den Plan trat, hatte dann eine völlig moderne Anatomie mit einem modernen Stimmtrakt. Dessen Rekonstruktionen führen also zu dem Schluß: Daß Australopithecinen, Homo habilis, Homo erectus und die Linie hin bis zum Neandertaler ein Kommunikationssystem hatten, das auch lautliche Elemente enthielt, ist nicht auszuschließen und aus anderen Gründen sogar wahrscheinlich; aber die eigentliche menschliche Lautsprache hat sich vor zwischen 250000 und 35000 Jahren entwickelt. Diese Auskunft ist mehr, als man erhoffen konnte.

Warum die Neandertaler verschwanden, ist ein Rätsel, das immer wieder zu Spekulationen eingeladen hat. Vielleicht war Homo sapiens sapiens zwar schwächer, aber klüger. Vielleicht hat er den Vetter, der ihm ähnlicher war als die Menschenaffen dem heutigen Menschen und unähnlicher, als es diesem die Angehörigen selbst der entferntesten zeitgenössischen Rasse sind, tatsächlich ausgerottet, aufgefressen. Wir wissen es nicht und werden es wohl nie erfahren. Immerhin haben beide Linien eine halbe Million Jahre koexistiert; wie friedlich, weiß man nicht, aber die Erde war auch groß und hatte noch Raum für viele. Vielleicht hat den Neandertaler die sprachliche Überlegenheit des doppelt sapienten Menschen mit den überlegenen Techniken in ihrem Gefolge einfach immer weiter verdrängt, bis ihm die Nahrung knapp wurde und er ausstarb.

Aber hatte er wirklich keine voll ausgebildete Lautsprache? Die Rekonstruktion seines Stimmtrakts zeigt im Grunde nur, daß er sehr wahrscheinlich die Grenzvokale a, i und u und die Konsonanten g und k nicht hervorbringen konnte. Der Einwand liegt auf der Hand, daß dieses Handicap nicht so groß und so entscheidend gewesen sein kann. Wenn er nicht a, i und u sagen konnte, dann habe er eben e und ö und ä gesagt: Vokale genug für eine Lautsprache.

Der Einwand gerät indessen ins Wanken, wenn man die besondere Wichtigkeit des i für die menschliche Lautsprache berücksichtigt. Das i ist kein Vokal wie die anderen, gegen die anderen austauschbar. Es ist gleichzeitig eine Art Kennungssignal, das uns erst die richtige Sprachwahrnehmung erlaubt. Wir unterscheiden die Vokale an ihren verschiedenen Formanten, Frequenzgipfeln, die ihnen die Form der Rachen- und Mundhöhle, also die Stellung von Zunge und Lippen aufprägt. Aber die Frequenzgipfel sind nicht absolut und unabänderlich: Sie verschieben sich mit der Größe des Ansatzrohrs. Das e eines Kindes ist akustisch nicht das einer Frau, ihr e nicht das eines Mannes. Dennoch klingen sie uns alle wie e. Unbewußt, automatisch korrigieren wir die Vokale, so wie wir die Zusammensetzung des Lichts über den Tag hin unbewußt, automatisch korrigieren, morgens Rot hinzufügen und abends Blau, so daß die Mischung aller Farben jeweils Weiß ergibt. Wir schätzen – unbewußt, automatisch – die Länge des Stimmtrakts eines Sprechers ab und korrigieren, normalisieren daraufhin alle seine Vokale. Ohne diese Normalisierung würden wir sie ständig verwechseln, vor allem die mehr zur Mitte hin liegenden a, ä, ö und das kurze i. Ein und denselben Vokal hielten wir für ein kurzes ä, wenn eine Frau, für ein kurzes i, wenn ein Kind ihn hervorbringt. Die automatische Normalisierung bewirkt, daß ein ä immer ein ä ist. Wir brauchen den Sprecher dafür nicht zu sehen. Es genügt, wenn wir ihn etwas sprechen hören. Wir normalisieren unser Vokalgehör nämlich offenbar, sobald wir den ersten Vokal hören, den wir völlig sicher identifizieren. Das aber ist in der Regel das erste i (oder vielleicht auch das erste u), denn das i hat akustische Eigenschaften, die es unverwechselbar machen, hört sich also immer wie i an, egal, ob ein Riese es spricht oder ein Zwerg.

Dieses Eichsignal fehlte in der Sprache der Neandertaler und der anderen Hominiden mit dem flachen Gaumen, der flachen Zunge und dem hohen Kehlkopf. Sie konnten die stark unterschiedenen Grenzvokale a, i, u nicht erzeugen; die ihnen möglichen, weniger markanten Vokale konnten sie also auch nur sehr schlecht auseinanderhalten. Der angeborene neurale Mechanismus, der unsere

Unterscheidungsfähigkeit bei Vokalen gewährleistet, kann sich erst entwickelt haben, als der unverwechselbare Grenzvokal i zur Verfügung stand.

(Der zweite angeborene Sprachmechanismus, der bisher nachgewiesen werden konnte, betrifft ebenfalls die Sprachwahrnehmung. Er sorgt dafür, daß wir Konsonanten sicher unterscheiden können. Wenn wir Verschlußlaute – g, k, d, t, b, p – sprechen, versperren wir der Luft an Gaumen, Zähnen oder Lippen den Weg und geben ihn plötzlich wieder frei. Setzt die Stimme, also die Vibration der Stimmlippen, weniger als 25 Millisekunden – 25 Tausendstel einer Sekunde – nach der Öffnung des Verschlusses ein, so hören wir den betreffenden Laut als stimmhaft: g, b, d. Ist diese sogenannte Anlautzeit länger als 25 Millisekunden, so hören wir ein stimmloses k, t, p. Nun kann man Sprachlaute auch künstlich erzeugen und dabei die Anlautzeiten variieren. Eigentlich sollten wir in der Lage sein, solche Unterschiede zu hören, wie wir ja auch alle Übergänge zwischen zwei Vokalen – etwa zwischen e und i – hören können. Aber derlei gleitende Übergänge nehmen wir bei den Konsonanten niemals wahr. Wie bald auch immer die Stimme einsetzt: bis zu 25 Millisekunden klingt uns alles wie g, d, b, darüber wie k, t, p. Ein b ist ein b – es gibt keine verschiedenen b's, so wie es verschiedene e's gibt. Unser Gehör faßt diese verschiedenen Laute, deren Unterschiede zu erkennen durchaus im Rahmen seiner Diskriminationsfähigkeit läge, zu einigen Kategorien zusammen. Die verschiedensten d's klingen uns alle wie d. Es ist dies ein für das Sprachverständnis und nur für dieses nützlicher Mechanismus: eine »kategoriale Wahrnehmung«.)

Das Vokalsystem des Menschen kann also erst richtig funktioniert haben, als sein Stimmtrakt die heutige Gestalt angenommen hatte. Eine Sprache ohne unser Repertoire an sicher unterscheidbaren Vokalen, möglicherweise mit einem einzigen, ö- oder ä-ähnlichen Vokal, müßte ganz anders gebaut gewesen sein als unsere. Lieberman nimmt an, daß sie, der lautliche Unterscheidungen schwerfielen, keine zwanzig bis dreißig Phoneme pro Sekunde enthalten konnte wie unsere, sondern nur zwei bis drei. Bei solcher Langsamkeit war sie wahrscheinlich auch noch nicht so »enkodiert« wie unsere. Denn dies war eine andere Entdeckung der modernen Phonetik: daß unsere Lautsprache gar keine Kette aneinandergereihter Laute ist, so wie es uns unsere Buchstabenschrift suggeriert, sondern daß ihre einzelnen Laute sich überlagern. Ein Wort wie *piga* kann man nicht zerschneiden in ein p, ein i, ein g und ein a und aus diesen Segmenten dann das Wort *giap* zusammensetzen. Vor oder nach dem a ist das p ein anderes als vor oder nach dem i. Der reine Vokal wird unter Umständen gar nicht erzeugt: Er ergibt sich aus dem Übergang von einem nach a hin eingefärbten Konsonanten zu einem anderen vom a her eingefärbten Konsonanten. Erst diese Tatsache, daß die Laute nicht nebeneinander existieren, sondern ineinander enthalten sind, dieser ihr enkodierter Charakter, verleiht unserer Sprache ihre Geschwindigkeit.

Wenn aber die Sprache der Hominiden vor der Entwicklung des modernen Stimmtrakts nur langsam gewesen sein kann, dann, so meint Philip Lieberman, braucht sie auch noch keine komplizierte Syntax gehabt zu haben. Um einen Satz verstehen zu können, müssen wir ihn in seiner Gesamtheit in unser Kurzzeitgedächtnis aufnehmen und dort analysieren. Es ist begrenzt. Etwa sieben unverbundene oder fünfundzwanzig zu Sinngruppen verbundene Wörter hält es uns etwa zehn Sekunden lang zur Verfügung. Dann zerfällt sein Inhalt. Bis ein Hominide einen etwas längeren Satz gesagt hätte, wären seine Elemente ihm und seinem Zuhörer längst wieder entfallen gewesen. Syntax, so Lieberman, wurde erst nötig, als sich die Sprechsprache beschleunigte und mehr Elemente simultan zu verarbeiten waren. Sie entwickelte sich zusammen mit der Evolution des modernen, sehr viel schnelleren Stimmapparats.

Das unlösbar scheinende Rätsel der Herkunft unserer Sprache hat also doch einige vorläufige Antworten gefunden, die mehr sind als scharfsinnige oder dümmliche, interessante oder abstruse Spekulationen. Die kognitiven Voraussetzungen für die Sprache haben sich mit ihrem neuralen Substrat über viele Jahrmillionen hin langsam angesammelt, stark beschleunigt dann mit dem vor anderthalb Millionen Jahren einsetzenden rapiden Gehirnwachstum. Die eigentliche menschliche Lautsprache mitsamt ihrer Syntax aber begann sich wohl erst vor 250000 Jahren zu entwickeln und war vor spätestens 35000 Jahren fertig. Sie erforderte einige rein sprachspezifische neurale Anpassungen vor allem bei der Sprachwahrnehmung, möglicherweise auch bei der Strukturierung ihrer Grammatik.

Wahrscheinlich ist es müßig, nach dem einen Faktor zu suchen, der diese folgenreiche Entwicklung antrieb – die Werkzeugherstellung, die gemeinsame Jagd, die Kriegführung, die Kooperation. Die Sprache war ein Werkzeug, das sich in allen Bereichen nützlich machte.

Wenig beachtet ist bisher ein Bereich geblieben, von dem gleichwohl die wichtigsten Vervollkommnungen ausgegangen sein könnten. Die Soziobiologen Doris und David Jonas haben darauf aufmerksam gemacht, aber ihre Anregung ist eine Außenseitermeinung geblieben. Ihre These besagt: Die Sprache habe sich vor allem aus der Kommunikation zwischen Mutter und Kind entwickelt.

Das Kommunikationswerkzeug Sprache hat sich ganz gewiß nicht eingestellt, um dem einzelnen ein besseres Monologisieren, ein sprachliches Nachdenken zu erlauben. Sprache muß sich in sozialen Beziehungen eingestellt haben, dort, wo es etwas zu kommunizieren gab, sonst macht sie keinen Sinn. Welches aber ist die engste soziale Beziehung? Die zwischen Mutter und Kind. Vor 250000 Jahren war das gewiß nicht anders; eher war sie noch einzigartiger. Die Mutter versorgt das Kind, hütet es, spielt mit ihm, beruhigt und ermuntert es, und sie beginnt ihm die Wirklichkeit zu »erklären«, indem sie auf interessante Sachen aufmerksam macht, vor Gefahren warnt und ihm Kulturtechniken beibringt – was genießbar ist, wo man es findet, wie man herankommt, wie man sich sichere Schlafstellen einrichtet, wie man Junge betreut. Das tun bereits Schimpansenmütter. Aus dem Studium freilebender Schimpansen weiß man, wieviel selbst bei ihnen ein Kind schon zu lernen hat. All dies läßt sich sprachlich sehr viel leichter und genauer weitergeben. Wo die Vermittlung besser gelang, müssen die Kinder einen merklichen Überlebensvorteil mit auf den Weg bekommen haben. Hinweisende Gesten könnten in diesem stammesgeschichtlichen Lernprozeß neben den Lautzeichen durchaus ihren Platz gehabt haben; einen gewissen Platz haben sie ja bis heute.

In Japan wurden Makakentrupps lange und genau beobachtet. Dabei zeigte sich, daß einfache kulturelle – »protokulturelle« – Errungenschaften immer ein Werk der Jungtiere sind und ausschließlich in der Mutter-Kind-Beziehung weitergegeben werden. Eines Tages erfand ein Jungtier das »Körnerausschwemmen«: Der junge Makak warf eine Handvoll mit Schmutz vermischter Körner ins

Wasser, sah die Körner oben schwimmen, fischte sie sauber heraus und wusch die Körner von nun an immer auf diese Weise. Nach einiger Zeit hatte sich seine Entdeckung ausgebreitet, aber nie zu den erwachsenen Männchen hin. Sie sind zu unbelehrbar, um sich auf derlei Neuerungen einzulassen. Einzig in den Mutter-Kind-Beziehungen kommen solche Neuerungen zum Zuge. Darf man diese Feststellung verallgemeinern auf die Hominiden, so kann sich die Sprache, deren ständige Verbesserungen mit ständigen Neuerungen verbunden waren, gar nicht anders als im Verhältnis von Mutter und Kind entwickelt haben.

Für die Theorie spricht ebenfalls, daß Frauen bis auf den heutigen Tag den Männern im Durchschnitt sprachlich überlegen sind.

Die Theorie macht auch die Annahme überflüssig, daß sich eine ausgebildete Gebärdensprache irgendwann, irgendwie in eine Lautsprache verwandelt haben muß. Lautkommunikation zwischen Mutter und Kind hat es auch schon in vorsprachlicher Zeit gegeben; es gibt sie sogar bei den schweigsamen Schimpansen. Also müßte nur ein bereits genutzter »Kanal« immer weiter ausgebaut worden sein.

Vor allem aber hat die Theorie den Vorzug, sich logisch in die Ergebnisse der Hemisphärenforschung einzufügen. Der Stimmapparat kann nur von einer Hirnseite aus effektiv gesteuert werden. Erhielte etwa die Zunge ihre Bewegungsbefehle aus zwei Quellen, die linke Seite aus der rechten und die rechte Seite aus der linken Hemisphäre, so wie der rechte Arm vom linken Gehirn bewegt wird und der linke Arm vom rechten, so käme es möglicherweise zu Widersprüchen zwischen den beiden Kommandos, die jede flüssige Artikulation schwer machten. Wie sehr, sieht man an jener Variante des Stotterns, die auf eine mangelhafte Verseitigung der Sprachfunktionen im Gehirn zurückgeht. Gesprochene Sprache setzt also anscheinend voraus, daß sie nur von einer Gehirnseite aus gelenkt wird. Normalerweise ist es die linke Seite, das für die Sprachmotorik zuständige Broca-Areal der Linken Hemisphäre. Warum aber wird die Sprache von derselben Hirnseite beherrscht, die auch die überlegene Hand kontrolliert, der linken? Es könnte gut darum sein, weil sich die entstehende Sprache auf jener Hirnseite ansiedelte, die bereits geschickter war bei der Steuerung feiner Bewegungen. Tatsächlich scheint die Rechtshändigkeit der Sprache vorausgegangen zu sein. Warum aber Rechtshändigkeit und mit ihr die Dominanz des linken Hirns? Welcher Umstand könnte die Hominiden bewogen haben, ihrer rechten Hand den Vorzug zu geben? Eine willkürliche Wahl? Nur bei einer einzigen Tätigkeit scheint es eine natürliche Vorliebe für eine bestimmte Körperseite zu geben: Mütter nehmen ihr Kind, noch heute, vorzugsweise links in den Arm. Sie tun es automatisch, weil die Herztöne es beruhigen. Damit bleibt ihnen eine Hand zum Hantieren frei – die Rechte. Noch heute dient die Linke vorwiegend zum Stützen und Halten. Hat es sich so verhalten, dann haben die Hominidenmütter vor allem mit der Rechten gegessen und gefüttert, Früchte und Pflanzen gesammelt, gearbeitet, gezeigt, gestikuliert. Das Sprechen also kann eine Sache des linken Hirns geworden sein, weil dieses bereits spezialisiert war; und spezialisiert war es, weil die Hominidenmütter ihre Kinder links trugen. Eine solche Herleitung des Sprechens schließt natürlich nicht aus, daß das zwischen Mutter und Kind neu sich herausbildende Werkzeug Sprache auch in andere Lebensbereiche übertragen wurde und sich dort nützlich machte.

Geht diese Kombination nicht fehl, so könnte der Hergang folgender gewesen sein. Am Anfang stand der aufrechte Gang und der Rückgang der Befellung. Dieser wiederum diente dem besseren Wärmeausgleich: Die Hominiden der ostafrikanischen Savannen, auf den Erdboden umgesiedelte Baumbewohner und so starken wie schnellen Raubtieren ausgesetzt, mußten, um ausdauernd laufen zu können, ohne sich zu überhitzen, auch schwitzen können. Ihre Jungen konnten sich nicht mehr in das schütter werdende Fell der Mütter klammern (der Greifreflex aber besteht auch noch bei den menschlichen Säuglingen der Gegenwart). Sie mußten getragen werden. Tragetücher und dergleichen waren noch nicht erfunden. Die Mütter trugen sie also im Arm. Und zwar trugen sie sie besonders gern im linken Arm. Damit wurde die Menschheit rechtshändig. So entwickelte eine Hirnhälfte Fähigkeiten, die sie zur Steuerung des Stimmapparats prädestinierte. Die gesprochene Sprache wurde zu einer Angelegenheit der linken Hirnhemisphäre, und das ist sie bis heute geblieben. Das Wort »Muttersprache« hätte also in einem unvorhergesehenen Sinn recht. Sprache war eine Erfindung der Mütter.

Wer die Sprache für wesentlich jünger hält, ein Produkt der

letzten 40000 Jahre, stützt sich auf eine einzige Überlegung, die jedoch nicht völlig von der Hand zu weisen ist. Die Jahrmillionen, in denen aus einem merkwürdigen Affen der Mensch wurde, müssen von einer für uns noch ganz vorstellbaren Monotonie gewesen sein. Nicht daß es dem Einzelnen an Aufregungen je gefehlt hätte: Seuchen, Naturkatastrophen, Unfälle, Kriege dürften sich eher stärker als heute fühlbar gemacht haben, da die Menschen ihnen hilfloser ausgesetzt waren. Aber der Einzelne muß sein kurzes Leben über den Eindruck gehabt haben, alles sei, wie es schon immer war und immer bleiben würde. Er lebte in einer »Horde« von dreißig bis hundert Individuen. Nie dürfte die Gesamtbevölkerung zwei Millionen überstiegen haben; die Horden lebten also weit über die Erde verstreut. Jede kannte nur das Jetzt und Hier. Die Erde jenseits des nächsten Gebirgszuges oder großen Flusses, die Zeit jenseits der Elterngeneration verlor sich bald in nebelhaftem Hörensagen. Eiszeiten kamen und gingen. Einzelne Gruppen verlegten ihr Revier; über Generationen hin ergaben solche Verlegungen Wanderungen. In völligem Gleichmaß wechselten die Generationen. So, wie es heute war, war es auch vor zehn Jahren; vor hundert Jahren; vor tausend Jahren; vor hunderttausend Jahren... Und dann plötzlich kam Bewegung in diese Stagnation, Ackerbau und Viehzucht wurden erfunden, die Menschen begannen sich explosionsartig zu vermehren, organisierten sich in größeren Sozialverbänden, und immer rascher hintereinander wurden Erfindungen gemacht, die das Leben jedes Einzelnen stärker veränderten, als es sich vordem im Laufe von Jahrzehntausenden verändert hatte. Eine der folgenschwersten war die Erfindung der Schrift vor etwa 5000 Jahren in Sumer: Sie machte die Tradierung von der mündlichen Überlieferung mit deren Zufällen und Grenzen unabhängig – alles, was jemals irgendwo ein Mensch gedacht hatte, stand nunmehr potentiell jedem anderen zur Verfügung.

Was aber kann der Grund für diese sich nun plötzlich überstürzende Entwicklung gewesen sein? Ließ der Mensch die unausdenkliche Monotonie seiner Vergangenheit hinter sich, weil ihm plötzlich das Werkzeug der Sprache zuwuchs?

Absurd ist die Idee nicht. Aber je deutlicher wird, wieviele biologische – anatomische, neurale – und somit genetisch gesteuerte Voraussetzungen gegeben sein müssen, damit so etwas wie Sprache möglich wird, um so unwahrscheinlicher wird sie. Die genetische Entwicklung macht keine Sprünge. Der Kehlkopf rutscht nicht mit einem Mal nach unten, die neuralen Mechanismen der Sprachwahrnehmung entstehen nicht plötzlich. Sie geht, nach dem von Darwin erkannten Prinzip von Mutation und Selektion, außerordentlich langsam vor sich. Erst muß der Zufall ein neues Gen bilden, dann muß dieses den Test des Lebens bestehen, und dann muß es sich von Generation zu Generation weiter ausbreiten. Auch die genetischen Voraussetzungen der Sprache haben gewiß ihre Zeit gebraucht, und zwar eine lange. Die Evolution verlief nicht gleichmäßig. Schneller verlief sie, als sich langsam einige Veränderungen angesammelt hatten, die nunmehr ein neues Verhalten ermöglichten.

Jedoch könnte die Revolution, die vor etwa zehntausend Jahren einsetzte, durchaus etwas mit der Sprache zu tun gehabt haben. Mit dem Werkzeug Sprache, so könnte den Menschen hier und da klar geworden sein, ließ sich noch viel mehr anfangen als bis dahin üblich.

Anthropologen haben immer wieder bemerkt, daß sich Angehörige von Naturvölkern beharrlich weigern, von Dingen außerhalb ihres unmittelbaren Erfahrungshorizonts zu sprechen. Typisch sind die Antworten, die der sowjetische Psychologe Alexander Luria Anfang der dreißiger Jahre auf seinen Forschungsreisen durch Sibirien erhielt. Er wollte feststellen, ob die nachrevolutionären Reformen die Denkweisen der Menschen in zivilisationsfernen Gegenden wie Usbekistan verändert hätten, und legte ihnen immer wieder Syllogismen vor, kleine logische Probleme, die durch einen deduktiven Schluß zu lösen sind. Etwa dies: »Oben im Norden sind alle Bären weiß. Nowaja Semlja liegt im Norden. Welche Farbe haben dort die Bären?« Seine analphabetischen Bäuerinnen gaben ihm immer wieder Antworten wie diese: »Wir sprechen nur über das, was wir gesehen haben« oder »Sie sollten die Leute fragen, die dort gewesen sind und sie gesehen haben«.

In den siebziger Jahren gingen amerikanische Anthropologen Lurias Berichten bei anderen Naturvölkern nach. Sie beobachteten überall das gleiche Phänomen. Sylvia Scribner resümierte es 1977 so: Angehörige von Naturvölkern haben die den westlichen Beobachter zunächst irritierende Neigung, den Syllogismus nicht als solchen zu nehmen und zu lösen, sondern in seine Lösung alles mögliche Erfahrungswissen aus ihrem Leben einfließen zu lassen. Das führt dazu, daß sie mit ihren eigenen Prämissen zwar ganz logisch umgehen, aber dabei die Prämissen des Syllogismus ignorieren oder verdrehen und so zu falschen Antworten kommen. Im Extremfall weigern sie sich, den Syllogismus überhaupt in Angriff zu nehmen. Als Beispiel gab Scribner den folgenden Dialog zwischen ihr und einem analphabetischen Reisfarmer vom Stamm der Kpelle in Westafrika wieder:

Scribner: *Alle Kpelle-Männer sind Reisbauern. Herr Schmidt ist kein Reisbauer. Ist er ein Kpelle-Mann?*

Bauer: *Ich kenne den Mann persönlich nicht. Ich habe ihn selber noch nie gesehen.*

Scribner: *Denken Sie nur über die Aussage nach.*

Bauer: *Wenn ich ihn persönlich kenne, kann ich die Frage auch beantworten, aber da ich ihn nicht persönlich kenne, kann ich diese Frage nicht beantworten.*

Scribner: *Versuchen Sie sie mit Ihrem Kpelle-Verstand zu beantworten.*

Bauer: *Wenn man jemanden kennt, dann kann man eine Antwort geben, wenn eine Frage über ihn gestellt wird. Aber wenn man ihn nicht kennt, und es wird eine Frage über ihn gestellt, dann ist es schwer, eine Antwort zu geben.*

Nach zwei, drei Jahren Schule – selbst einfachstem, im wesentlichen aus Auswendiglernen bestehendem Unterricht – werden solche Antworten nicht mehr gegeben. Dann können die Menschen den Syllogismus als abstraktes Problem nehmen und ihn lösen, ohne die eigene Erfahrung hineinzuziehen. Bei ungeschulten Naturvölkern aber dient die Sprache nur der Verständigung über das Konkrete, Naheliegende, der persönlichen Erfahrung unmittelbar Zugängliche. Über das andere Verhältnis der Hopi-Indianer zur Zeit, wie es in ihrer Sprache zum Ausdruck kommt, sagte der Sprachwissenschaftler Helmut Gipper: »Die Hopi sind noch vollständig in ihre Umwelt integriert. Sie haben noch nicht jenen Abstand von den Ereignissen erreicht, der eine der herausragenden Voraussetzungen für unser westliches Zeitbewußtsein ist.«

Und vielleicht lag eben dies der tiefgreifenden Umwälzung zugrunde, die vor zehntausend Jahren einsetzte: die sich hier und da einstellende Einsicht, daß die Sprache geeignet ist, auch das räumlich und zeitlich Ferne und sogar das nur Ausgedachte gegenwärtig zu machen und das Nahe mit Abstand zu sehen und zu objektivieren.

Aus der Tatsache des Fremdsprachenakzents hat die Anthropologin Jane Hill geschlossen, daß die Sprache in den Jahrhunderttausenden der menschlichen Evolution einen wichtigen Beitrag dazu geleistet habe, den Zusammenhalt der Gruppen zu gewährleisten, der eine Überlebensnotwendigkeit gewesen sein muß. Akzentfrei sprechen die Menschen bis heute in der Regel nur jene Sprache oder Sprachen, die sie in der Kindheit gelernt haben. (Die Regel erweist sich wieder einmal an der Ausnahme: Es gibt begabte Stimmenimitatoren, deren Fähigkeit denn auch allgemein bestaunt wird.) Was jenseits der Pubertät erworben wird, bleibt gekennzeichnet durch vielerlei artikulatorische Unvollkommenheiten. Die Sprache verrät den Fremden. Untrüglich macht der Akzent klar, daß jemand nicht »von hier« ist. Nur wer schon in der Kindheit die (Sprach-)Gruppe wechselt, wird sprachlich »in der Fremde« heimisch. Der Akzent macht es so gut wie unmöglich, daß sich einer anderweitig unauffällig eingliedern kann. Also sorgt die Sprache dafür, daß die Gruppe zusammenhalten muß.

Dafür spricht, wie zäh die Menschen an ihrer Muttersprache festhalten. Sie ihnen zu verbieten, heißt ihnen ihre Identität rauben. Selbst Sprachen, die jahrzehntelang offiziell verboten waren, wie das Katalanische, brechen wieder mit Macht hervor, sobald das Verbot sich lockert. Und das, obwohl es im Interesse müheloser Kommunikation natürlich sehr viel praktischer wäre, wenn alle, zumindest alle Bürger eines Landes, dieselbe Sprache sprächen. Aber Sprachkriege wie in Belgien oder Kanada zeigen, daß praktische Gesichtspunkte auf diesem Feld keine Rolle spielen. Jede Gruppe klammert sich an ihre Muttersprache, ja meist definieren sich Völker vor allem oder ausschließlich über ihre Muttersprache. Darum hatten Kunstsprachen wie Esperanto – niemandes Muttersprache – auch niemals eine Chance und wurden immer als Sektiererei angesehen.

Dafür spricht auch ein Phänomen, das meines Wissens noch nie konstatiert wurde: daß jenseits der Pubertät nicht nur das akzentfreie Erlernen einer Fremdsprache nahezu unmöglich wird, sondern auch Dialekte der Muttersprache kaum noch gelernt werden. Viele

Nichtpfälzer finden es schwerer, auch nur einen einzigen Satz auf Pfälzisch zu sagen, als ihn einigermaßen glaubwürdig auf Italienisch oder Russisch auszusprechen. Dabei haben Dialekte doch die meisten Merkmale ihrer Aussprache und Grammatik mit der Hochsprache gemein, man sollte also meinen, daß sie niemanden vor unüberwindliche Schwierigkeiten stellen. Die Sprache wirkt also auch bei nur geringen Abständen zwischen zwei Gruppen als eine Art Paß, den man nicht auswechseln kann; sie hätte somit in der Altsteinzeit auch benachbarte verwandte Gruppen wirkungsvoll getrennt.

Jedenfalls hat die Sprache dem Menschen Möglichkeiten eröffnet, die keinem Lebewesen je offengestanden hatten. Keiner hat die Einmaligkeit und Tragweite des Vorgangs besser formuliert als Jacques Monod: »Das Gehirn der Tiere ist ohne jeden Zweifel imstande, Informationen nicht nur zu registrieren, sondern auch miteinander zu verknüpfen, sie umzuwandeln und das Ergebnis dieser Operationen in Gestalt einer Einzelleistung wiederzugeben, nicht aber – und das eben ist das Entscheidende – in einer Form, die es gestattete, einem anderen Individuum eine eigene, originale Verknüpfung oder Umwandlung mitzuteilen. Das ermöglicht erst die menschliche Sprache; sie kann *per definitionem* als an dem Tag geboren angesehen werden, wo die bei einem Individuum realisierten schöpferischen Kombinationen oder *neuen* Assoziationen an andere weitergereicht wurden und nicht mehr mit ihm untergehen konnten.«

An diesem Tag, heißt das – und er muß Hunderttausende von Jahren lang gewesen sein – ist die Möglichkeit zur eigentlichen Kultur entstanden. Damit eine Neuerung und Veränderung die Nachkommen erreichte, mußte sie nicht mehr wie vordem im Genom festgeschrieben sein. Zu der Weitergabe durch Vererbung trat die Weitergabe durch Tradition. Der Mensch hatte sich eine zweite, beschleunigte Art der Evolution erschlossen, die ihn schließlich zum Herrn über alle anderen Lebewesen machen sollte.

* * *

Sie ist aus warmem Atem gebosselt
ein Artefakt aus nichts als Luft
ein Gobelin aus schwingendem Druck
bedeutender Schall

Gewohnheitslügner haben an ihr gewirkt
zarte und grobe Pedanten und Clowns
Verewigt hat sie der Kleingeister unsägliche Sprüche
so wie komischer Heiliger tiefsinnige Sottisen

Sie gibt dir Obdach in ihren Satzgefügen
du darfst alle ihre Aktionsformen benutzen
und deine eigene Metaphern in ihr aufhängen

Sie war vor dir da und wird nach dir sein
Sie kennt dich nicht und sagt dich doch aus
Sie verrät dich Wort für Wort

Zu Zeiten ist sie ein weiter warmer Mantel
der auch deine Mißgestalt verhüllt
Wer sie zu halten weiß dem gibt sie Halt

ANHANG

NACHBEMERKUNG

Zu sagen, daß dieses Buch auf ein »Dossier« der Wochenzeitung ›Die Zeit‹ zurückgeht, ist richtig und falsch zugleich. Es ist wahr, daß ich im Jahre 1980 (Nr. 27/1980, S. 9ff.) einen längeren Artikel über einige der Fragen schrieb, mit denen sich dieses Buch befaßt; und da Titel manchmal langlebiger sind als die Texte, die sie überschreiben, trägt dieses Buch sogar noch den alten Titel. Sehr viel hat es mit jenem Artikel nicht mehr gemein.

Wer will, kann über die Sprache heute mehr wissen als je ein Mensch zuvor. Der eigentümlichen Hilflosigkeit, die uns beschleicht, wenn wir uns in die Zwielichtzone zwischen Denken und Sprechen begeben, dorthin, wo unser Gehirn unsere Sprache verfertigt, kann weitgehend abgeholfen werden. Aber sonderbar: Dieses Wissen ist in den letzten Jahren niemals für den Nichtfachmann gesammelt und gesichtet worden; er kann sich nirgends darüber informieren. Es blieb zum größeren Teil verstreut und in hochtechnischen Abhandlungen verborgen, deren Abstraktheit den Laien nur mit Grausen erfüllen kann. Darum erschien mir der Versuch angezeigt, es in die vorliegende »Erzähl«form zu bringen – die zwar auch nicht durchweg einfach zu lesen sein dürfte, weil nämlich bei einer zu radikalen Vereinfachung die entscheidenden Probleme gar nicht mehr zu erkennen wären –, die aber auch dem nicht linguistisch ausgebildeten Normalmenschen mit Interesse an sprachlichen Fragen zugänglich und verstehbar ist.

Mich selber hat die jahrelange Beschäftigung mit sprachwissenschaftlichen Fragestellungen unter anderem darin bestärkt, daß eine bestimmte Art von aktueller Sprachkritik möglich und sinnvoll und sogar angebracht ist. Insofern ist das vorliegende Buch die Grundierung zu einem gleichzeitig erscheinenden zweiten, das den Titel »Redens Arten« trägt und sich mit den Entwicklungstendenzen des Neudeutschen, mit der allgegenwärtigen Neigung zum euphemistischen Benennen, mit dem Wechsel in den Anredekonventionen, mit den sexistischen Residuen in unserer Sprache, mit dem Übersetzen, mit dem Kampf um die politischen Begriffe, mit den Sondersprachen des Kulturbetriebs und der Psychoszene und der Vorliebe für pseudohaftes wissenschaftliches Sprechen beschäftigt. Beide Bücher stehen also in untergründigem Zusammenhang; in den Passagen über das Übersetzen fällt das besonders auf. Keines wäre ohne das andere geschrieben worden.

Dieter E. Zimmer

BIBLIOGRAPHIE

Die Sprache, die den Kindern zuwächst
Der lange Weg zum Satz

Augst, Gerhard/Andrea Bauer/Anette Stein: *Grundwortschatz und Ideolekt.* Niemeyer, Tübingen 1977

Bates, Elizabeth (Hrsg.): *The Emergence of Symbols – Cognition and Communication in Infancy.* Academic Press, New York 1979

Bichsel, Peter: *Ein Tisch ist ein Tisch.* In: Peter Bichsel: Kindergeschichten. Luchterhand, Neuwied 1969

Bloom, Lois M.: *Language Development – Form and Function of Emerging Grammars.* MIT Press, Cambridge MA 1970

Bloom, Lois M.: *Child Language and the Origins of Language.* In: Annals of the New York Academy of Sciences, 280/1976, S. 170–172

Brown, Roger/David McNeill: *The "tip of the tongue" phenomenon.* In: Journal of Verbal Learning and Behavior, 5/1966, S. 325–337

Brown, Roger: *The Development of the Human Child's Native Language.* In: Albert Silverstein (Hrsg.): Human Communication – Theoretical Explorations. Wiley, Hillsdale NJ/Erlbaum, New York NY 1974, S. 123–143

Brown, Roger: *A First Language – The Early Stages.* Harvard University Press, Cambridge MA 1973

Bußmann, Hadumod: *Lexikon der Sprachwissenschaft.* Kröner, Stuttgart 1983

Cazden, Courtney B.: *Environmental Assistance to the Child's Acquisition of Grammar.* Dissertation, Harvard University, Cambridge MA 1965

Chomsky, Noam: *Syntactic Structures.* Mouton, den Haag 1957. (Deutsch: Strukturen der Syntax. Mouton, den Haag 1973)

Chomsky, Noam: *Review of Skinner's Verbal Behavior.* In: Language 35(1)/1959, S. 26–58

Chomsky, Noam: *The Formal Nature of Language.* In: Lenneberg 1967 (deutsch), S. 483–539

Chomsky, Noam: *Etats initiaux et états stationnaires.* In: Piattelli-Palmarini (Hrsg.) 1979, S. 165–193

Clahsen, Harald: *Spracherwerb in der Kindheit.* Narr, Tübingen 1982

Clahsen, Harald/Jürgen M. Meisel/Manfred Pienemann: *Deutsch als Zweitsprache.* Narr, Tübingen 1982

Clancy, Patricia/Terry Jacobsen/Marilyn Silva: *The Acquisition of Conjunction – A Cross-Linguistic Study.* In: Stanford Papers and Reports on Child Language Development, 12/1976, S. 71–80

Clark, Eve V.: *What's in a Word?* In: Timothy E. Moore (Hrsg.): Cognitive Development and the Acquisition of Language. Academic Press, New York NY 1973, S. 65–110

Clark, Eve V.: *Building a Vocabulary – Words for Objects, Actions and Relations.* In: Fletcher/Garman (Hrsg.) 1979, S. 149–160
Clark, Eve V.: *Convention and Contrast in Acquiring a Lexicon.* In: Seiler/Wannenmacher (Hrsg.) 1983, S. 67–89
Clark, Herbert H./Eve V. Clark: *Psychology and Language.* Harcourt Brace Jovanovich, New York NY 1977
Curtiss, Susan: *Genie – A Psycholinguistic Study of a Modern-Day 'Wild-Child'.* Academic Press, New York NY 1977
Ervin, Susan/Charles E. Osgood: *Second Language Learning and Bilingualism.* In: Journal of Abnormal and Social Psychology (Supplement), 49/1954, S. 139–146
Felix, Sascha W.: *Psycholinguistische Aspekte des Zweitsprachenerwerbs.* Narr, Tübingen 1982
Felix, Sascha W.: *Two Problems of Language Acquisition – A Biological Approach to Cognition and Language Development.* Manuskript, Passau 1984
Fillenbaum, Samuel: *Pragmatic Normalization.* In: Journal of Experimental Psychology, 103/1974, S. 913–921
Fletcher, Paul/Michael Garman (Hrsg.): *Language Acquisition – Studies in First Language Development.* Cambridge University Press, Cambridge 1979
Foss, Donald J./David T. Hakes: *Psycholinguistics.* Prentice-Hall, Englewood Cliffs NJ 1978
Friederici, Angela D.: *Neuropsychologie der Sprache.* Kohlhammer, Stuttgart 1984
Fromkin, Victoria A.: *Speech Errors as Linguistic Evidence.* Mouton, den Haag 1973
Gester, Friedrich Wilhelm: *Zurück zur grammatischen Regel?* In: Neusprachliche Mitteilungen, 25/1972, S. 224–230
Goldin-Meadow, Susan/Carolyn Mylander: *Gestural Communication in Deaf Children – Noneffect of Parental Input on Language Development.* In: Science, 221/22.07.1983, S. 372–374
Greenfield, Patricia Marks/J. Smith: *The Structure of Communication in Early Language Development.* Academic Press, New York NY 1976
Grice, H. P.: *Logic and Conversation.* In: P. Cole/J. L. Morgan (Hrsg.): Syntax and Semantics. Seminar Press, New York NY 1975, Band 3, S. 41–58
Gross, Maurice: *On the Failure of Generative Grammar.* In: Language, 55/1979, S. 859–885
Herodotos von Halikarnassos: *Das Geschichtswerk* II, 2. Insel, Leipzig 1956
Hockett, Charles F.: *The Problem of Universals in Language.* In: Joseph H. Greenberg (Hrsg.): Universals of Language. MIT Press, Cambridge MA ²1966, S. 1–29
Hornby, Peter A. (Hrsg.): Bilingualism. Academic Press, New York NY 1977
Jakobson, Roman: *Why 'mama' and 'papa'?* In: B. Kaplan/S. Wapner (Hrsg.): Perspectives in Psychological Theory. Wiley, New York NY 1960, S. 124–134
Karmiloff-Smith, Annette: *The Interplay Between Syntax, Semantics and Phonology in Language Acquisition Processes.* In: R. N. Campbell/R. T.

Smith: Recent Advances in the Psychology of Language – Language Development and Mother-Child-Interaction. Plenum Press, New York NY 1978

Karmiloff-Smith, Annette: *Language Development After Five.* In: Fletcher/Garman (Hrsg.) 1979, S. 307–323

Kegel, Gerd: *Sprache und Sprechen des Kindes.* Rowohlt TB, Reinbek 1974

Keller, Helen: *The Story of My Life.* Doubleday, Page, New York NY 1902. (Deutsch: Helen Keller: Geschichte meines Lebens. Lutz, Stuttgart 1912)

Kolers, Paul A.: *Bilingualism and Information Processing.* In: Scientific American, 218(3)/März 1968, S. 78–86

Kess, Joseph F.: *Psycholinguistics.* Academic Press, New York NY 1976

Konopczynski, Gabrielle: *Acquisition du langage chez l'enfant de 0 à 2 ans.* In: Bulletin d'audiophonologie, 2/1978, S. 51–69

Langley-Danysz, Pernette: *Les débuts du langage.* In: Sciences & Avenir, April 1980, S. 48–67

Lenneberg, Eric H.: *Biological Foundations of Language.* Wiley, New York NY 1967. (Deutsch: Eric H. Lenneberg: Biologische Grundlagen der Sprache. Suhrkamp, Frankfurt 1967)

Leopold, Werner F.: *Speech Development of a Bilingual Child,* 4 Bände. Northwestern University Press, Evanston IL 1939, 1947, 1949, 1949

Lock, Andrew (Hrsg.): *Action, Gesture and Symbol – The Emergence of Language.* Academic Press, London 1978

Lyon, James K./Craig Inglis: *Konkordanz zur Lyrik Gottfried Benns.* Olms, Hildesheim 1971

McNeill, David: *Developmental Psycholinguistics.* In: F. Smith/G. A. Miller (Hrsg.): The Genesis of Language. MIT Press, Cambridge MA 1966, S. 15–84

Menyuk, Paula/Lise Menn: *Early Strategies for the Perception and Production of Words and Sounds.* In: Fletcher/Garman (Hrsg.) 1979, S. 49–70

Meringer, Rudolf/Karl Mayer: *Versprechen und Verlesen – Eine psychologisch-linguistische Studie* (1895). Benjamins, Amsterdam 1978

Moskowitz, Breyne Arlene: *The Acquisition of Language.* In: Scientific American, November 1978, S. 92–108

Müller, Richard M.: *Pragmadidaktik – ein neuer Weg?* In: Neusprachliche Mitteilungen, 32/1979, S. 22–28

Nelson, Katherine: *The Conceptual Basis for Language.* In: Seiler/Wannenmacher (Hrsg.) 1983, S. 173–188

Oksaar, Els: *Spracherwerb im Vorschulalter.* Kohlhammer, Stuttgart 1977

Paradis, Michel: *Bilingualism and Aphasia.* In: Haiganoosh Whitaker/Harry A. Whitaker (Hrsg.): Studies in Neurolinguistics, Band 3. Academic Press. New York 1977, S. 65–121

Park, Tschang-Zin: *A Study of German Language Development.* Manuskript, Psychologisches Institut der Universität Bern, Bern 1974

Park, Tschang-Zin: *Plurals in Child Speech.* In: Journal of Child Language, 5(2)/Juni 1978, S. 237–250

Piaget, Jean: *Le langage et la pensée chez l'enfant.* Delachauz & Niestlé, Neu-

châtel 1924. (Deutsch: Jean Piaget: Sprechen und Denken des Kindes. Schwann, Düsseldorf 1972)
Piaget, Jean: *Le jugement et le raisonnement chez l'enfant*. Delachauz & Niestlé, Neuchâtel 1924. (Deutsch: Jean Piaget: Urteil und Denkprozeß des Kindes. Schwann, Düsseldorf 1981)
Piaget, Jean/Bärbel Inhelder: *La psychologie de l'enfant*. Presses Universitaires de France, Paris 1966. (Deutsch: Die Psychologie des Kindes. Walter, Olten 1972)
Piatelli-Palmarini, Massimo (Hrsg.): *Théories du langage, théories de l'apprentissage – Le débat entre Jean Piaget et Noam Chomsky*. Seuil, Paris 1979
Procksch, August: *Der Wortschatz Theodor Storms*. In: Germanisch-Romanische Monatsschrift, 6/1914, S. 532–562
Salimbene von Parma: *Chronik*, herausgegeben von Alfred Doren. Leipzig 1914
Seiler, Thomas B./Wolfgang Wannenmacher (Hrsg.): *Concept Development and the Development of Word Meaning*. Springer, Berlin 1983
Sinclair, Hermina/E. Ferreiro: *Etude génétique de la compréhension, production et répétition des phrases au mode passif*. In: Archives de Psychologie, 4/1970, S. 1–42
Sinclair-de Zwart, Hermina: *Language Acquisition and Cognitive Development*. In: Timothy E. Moore (Hrsg.): Cognitive Development and the Acquisition of Language. Academic Press, New York NY 1973, S. 9–25
Slobin, Dan I.: *Universals of Grammatical Development in Children*. In: Giovanni B. Flores d'Arcais/Willem J. M. Levelt (Hrsg.): Advances in Psycholinguistics. North-Holland, Amsterdam 1970, S. 174–186
Snow, Catherine E./Charles A. Ferguson (Hrsg.): *Talking to Children*. Cambridge University Press, Cambridge 1977
Spevack, Marvin: *A Complete and Systematic Concordance to the Works of Shakespeare, Band 6*. Olms, Hildesheim 1970
Stern, Clara/William Stern: *Die Kindersprache*. Barth, Leipzig [4]1928
Strohner, Hans/Keith E. Nelson: *The Young Child's Development of Sentence Comprehension – Influence of Event Probability, Nonverbal Context, Syntactic Form, and Strategies*. In: Child Development, 45/1974, S. 567–576
Studdert-Kennedy, Michael: *Die Anfänge der Sprache*. In: Klaus Immelmann/George W. Barlow/Lewis Petrinovich/Mary Main (Hrsg.): Verhaltensentwicklung bei Mensch und Tier. Parey, Berlin 1982, S. 640–667
Tannenbaum, P. H./F. Williams: *Generation of active and passive sentences as a function of subject or object focus*. In: Journal of Verbal Learning and Verbal Behavior, 7/1968, S. 246–250
van der Geest, Ton: *Sprachentwicklungsprozesse in semantischer und interaktionistischer Sicht*. In: Zeitschrift für Entwicklungspsychologie und Pädagogische Psychologie, 10(3)/1978, S. 286–304
Volterra, Virginia/Elizabeth Bates/Laura Benigni/Inge Bretherton/Luigia Camaioni: *First Words in Language and Action – A Qualitative Look*. In: Bates (Hrsg.) 1979, S. 141–222
Weinrich, Harald: *Von der Langeweile des Sprachunterrichts*. In: Zeitschrift für Pädagogik, 27/1981, S. 169–185

Weinrich, Harald: *Sprachmischung und Fremdsprachendidaktik.* In: Der fremdsprachliche Unterricht, 17/1983, S. 207–214

Wilkinson, Andrew: *The Foundations of Language.* Claredon Press, Oxford 1971. (Deutsch: Sprache und Spracherwerb. Kösel, München 1975)

Wode, Henning: *Four Early Stages in the Development of L1 Negation.* In: Journal of Child Language, 4(1)/1977, S. 87–102

Wode, Henning: *Learning a Second Language.* Narr, Tübingen 1981

Wygotski, Lew Semjonowitsch: *Denken und Sprechen* (1934). Akademie-Verlag, Berlin (Ost) 1964. S. Fischer, Frankfurt 1969

Zimmer, Dieter E.: *Die Wilden Kinder.* In: Zeit-Magazin, 38 und 39/1985

Die Grammatik-Erfinder

Bickerton, Derek: *Creole Languages.* In: Scientific American, 249(1)/Juli 1983, S. 108–115

Bickerton, Derek: *The Language Bioprogram Hypothesis.* In: The Behavioral and Brain Sciences, 7(2)/1984, S. 173–188. Diskussion ibid. S. 188–221

Feldman, Heidi/Susan Goldin-Meadow/Lila Gleitman: *Beyond Herodotus – The Creation of Language by Linguistically Deprived Deaf Children.* In: Andrew Lock (Hrsg.): Action, Gesture and Symbol – The Emergence of Language. Academic Press, London 1979, S. 331–414

Fester, Richard: *Reaktionen der Sprache auf die Höhle.* In: Doris F. Jonas/A. David Jonas: Kinder der Höhle. Kösel, München 1980, S. 173–239

Slobin, Dan I.: *Cognitive Prerequisite for the Development of Grammar.* In: Charles A. Ferguson/Dan I. Slobin (Hrsg.): Studies in Child Language Development. Holt, Reinhart and Winston, New York NY 1973, S. 175 bis 208

Slobin, Dan I.: *Crosslinguistic Evidence for the Language Making Capacity.* In: Dan I. Slobin (Hrsg.): The Crosslinguistic Study of Language Acquisition. Erlbaum, Hillsdale NJ (1985 oder später)

Links und Rechts

Bradshaw, John L./Norman C. Nettleton: *Human Cerebral Asymmetry.* Prentice-Hall, Englewood Cliffs NJ 1983

Entus, Anne Kasman: *Hemispheric Asymmetry in Processing Dichotically Presented Speech and Nonspeech Stimuli by Infants.* In: Sid J. Segalowitz/F. A. Gruber (Hrsg.): Language Development and Neurological Theory. Academic Press, New York NY 1977

Krashen, Stephen D.: *The Left Hemisphere.* In: Merlin C. Wittrock (Hrsg.): The Human Brain. Prentice-Hall, Englewood Cliffs NJ 1977, S. 107–123

Levy, Jerre: *Evolution of Language, Lateralization and Cognitive Function.* In: Annals of the New York Academy of Sciences, 280/1976, S. 810–820

Molfese, Dennis L./Robert B. Freeman/David S. Palermo: *The Ontogeny of Brain Lateralization for Speech and Nonspeech Stimuli.* In: Brain and Language, 2/1975, S. 356–368

Springer, Sally P./Georg Deutsch: *Left Brain, Right Brain.* Freeman, San Francisco CA 1981

Die sprechenden Affen

Gardner, R. Allen/Beatrice T. Gardner: *Comparative Psychology and Language Acquisition.* In: Annals of the New York Academy of Sciences, 309/1978, S. 37–76

Lieberman, Philip: *The Biology and Evolution of Language.* Harvard University Press, Cambridge MA 1984

Menzel Jr., Emil W.: *Communication about the environment in a group of young chimpanzees.* In: Folia primatologica, 15/1971, S. 220–232

Patterson, Francine: *Conversations With a Gorilla.* In: National Geographic, Oktober 1978, S. 438–465

Plooij, Frans X.: *Some Basic Traits of Language in Wild Chimpanzees?* In: Andrew Lock (Hrsg.): Action, Gesture and Symbol – The Emergence of Language. Academic Press, New York NY 1978

Premack, David: *Intelligence in Ape and Man.* Erlbaum, Hillsdale NJ 1976

Rumbaugh, Duane M.: *Language Learning by a Chimpanzee – The Lana Project.* Academic Press, New York NY 1977

Schulz, Friedhelm: *Das sprachliche Potential von Pongiden und menschlicher Primärspracherwerb.* Dissertation, Universität Frankfurt 1981

Sprache & Denken

Berlin, Brent/Paul Kay: *Basic Color Terms – Their Universality and Evolution.* University of California Press, Berkeley CA 1969

Berlin, Brent: *Ethnobiological Classification.* In: Rosch/Lloyd (Hrsg.) 1978, S. 9–26

Borges, Jorge Luis: *El idioma analítico de John Wilkins.* In: Otras inquisiciones (1952). (Deutsch: Jorge Luis Borges: Gesammelte Werke 5/II – Essays 1952–1979. Hanser, München o.J., S. 109–113)

Brown, Roger W./Eric H. Lenneberg: *A Study in Language and Cognition.* In: Journal of Abnormal and Social Psychology, 49/1954, S. 454–462

Brown, Roger: *Words and Things.* Free Press, New York NY 1958, ²1968

Furth, Hans G.: *Thinking Without Language.* Free Press, New York NY 1966. (Deutsch: Hans G. Furth: Denkprozesse ohne Sprache. Schwann, Düsseldorf 1972)

Gipper, Helmut: *Denken ohne Sprache?* Schwann, Düsseldorf ²1978

Gipper, Helmut: *Is there a linguistic relativity principle?* In: Pinxten (Hrsg.) 1976, S. 217–228

Hadamard, Jacques: *The Psychology of Invention in the Mathematical Field.* Princeton University Press, Princeton NJ 1945

Hofstadter, Douglas R./Daniel C. Dennett (Hrsg.): *The Mind's I.* Basic Books, New York NY 1981

Humboldt, Wilhelm von: *Über die Verschiedenheit des menschlichen Sprachbaues.* Dümmler (Königliche Akademie der Wissenschaften), Berlin 1836

Káa, mo: *The Logic of non-European Linguistic Categories.* In: Pinxten (Hrsg.) 1976, S. 85–96

Kay, Paul/Chad D. McDaniel: *The Linguistic Significance of the Meaning of Basic Color Terms.* In: Language, 54/1978, S. 610–646

Kay, Paul/Willett Kempton: *What Is the Sapir-Whorf Hypothesis?* In: American Anthropologist, 86/1984, S. 65–79
Koehler, Otto: *Vom unbenannten Denken.* In: Zoologischer Anzeiger, 17. Supplementband, 1953, S. 202–211
Köhler, Wolfgang: *Intelligenzprüfungen an Anthropoiden, I.* In: Abhandlungen der Königlich Preussischen Akademie der Wissenschaften, Jahrgang 1917, Physikalisch-Mathematische Klasse, Berlin 1917
Lakoff, George: *Hedges – A study in meaning criteria and the logic of fuzzy concepts. Papers from the 8th Regional Meeting, Chicago Linguistics Society.* University of Chicago Linguistics Department, Chicago IL 1972
Langacker, Ronald W.: *Semantic Representations and the Linguistic Relativity Hypothesis.* In: Foundations of Language, 14/1976, S. 307–357
Newport, Elissa L./Ursula Bellugi: *Linguistic Expression of Category Levels in a Visual-Gestural Language – A Flower Is a Flower Is a Flower.* In: Rosch/Lloyd (Hrsg.) 1978, S. 49–71
Nida, Eugene A./Charles R. Taber: *The Theory and Practice of Translation.* American Bible Society, New York 1968. (Deutsch: Eugene A. Nida/Charles R. Taber: Theorie und Praxis des Übersetzens. Weltbund der Bibelgesellschaften, o. O. 1969)
Palermo, David S.: *Looking to the Future – Theory and Research in Language and Cognitive Development.* In: Seiler/Wannenmacher (Hrsg.) 1983, S. 297 bis 319
Pinxten, Rik (Hrsg.): *Universalism versus Relativism in Language and Thought.* Mouton, den Haag 1976
Rosch, Eleanor: *Natural Categories.* In: Cognitive Psychology, 4/1973, S. 328–350
Rosch, Eleanor: *Linguistic Relativity.* In: Albert Silverstein (Hrsg.): Human Communication – Theoretical Explorations. Wiley, New York NY 1974, S. 95–121
Rosch, Eleanor: *Human Categorization.* In: Neil Warren (Hrsg.): Studies in Cross-cultural Psychology, Band 1. Academic Press, London 1977, S. 1–49
Rosch, Eleanor: *Principles of Categorization.* In: Rosch/Lloyd (Hrsg.) 1978, S. 27–48
Rosch, Eleanor/Barbara B. Lloyd (Hrsg.): *Cognition and Categorization.* Erlbaum, Hillsdale NJ 1978
Ross, Gail S.: *Categorization in 1- to 2-Year Olds.* In: Developmental Psychology, 16(5)/1980, S. 391–396
Sachs, J. S.: *Recognition memory for syntactic and semantic aspects of connected discourse.* In: Perception & Psychophysics, 2/1967, S. 437–442
Seebaß, Gottfried: *Sprache, Denken, Erfahrung – Prinzipielle Erwägungen zur Klärung des Problems und seiner lerntheoretischen Implikationen.* In: Josef Gerighausen/Peter S. Seel (Hrsg.): Interkulturelle Kommunikation und Fremdverstehen. Goethe-Institut, München 1983, S. 46–81
Whorf, Benjamin Lee: *Thought and Reality* (herausgegeben von John B. Carroll). MIT Press, Cambridge MA 1956. (Deutsch: Benjamin Lee Whorf: Sprache – Denken – Wirklichkeit. Rowohlt TB. Reinbek 1963)

Zimbardo, Philip G.: *Psychology and Life*, Scott, Foresman and Company, Glenview IL [11]1985

Die Herkunft der Sprache

Fester, Richard: *Reaktionen der Sprache auf die Höhle*. In: Doris F. Jonas/ A. David Jonas: Kinder der Höhle. Kösel, München 1980, S. 173–239

Harnad, Stevan A./Horst D. Steklis/Jane Lancaster (Hrsg.): *Origins and Evolution of Language and Speech*. Annals of the New York Academy of Sciences, Band 280, New York NY 1976

Herder, Johann Gottfried: *Abhandlung über den Ursprung der Sprache (1772)*. In: Herders Werke, 5 Bände. Volksverlag, Weimar 1957, S. 77–190

Hewes, Gordon Winant: *Language Origin Theories*. In: Rumbaugh (Hrsg.) 1977, S. 3–53

Hill, Jane H.: *On the Evolutionary Foundations of Language*. In: American Anthropologist, 74(3)/1972, S. 308–317

Jonas, Doris F./A. David Jonas: *Das erste Wort*. Hoffmann und Campe, Hamburg 1979

Laitman, Jeffrey T./Raymond C. Heimbuch/Edmund S. Crelin: *Developmental Change in a Basicranial Line and Its Relationship to the Upper Respiratory System in Living Primates*. In: The American Journal of Anatomy, 152(4)/1978, S. 467–482

Laitman, Jeffrey T./Raymond C. Heimbuch/Edmund S. Crelin: *The Basicranium of Fossil Hominids as an Indicator of Their Upper Respiratory Systems*. In: American Journal of Physical Anthropology, 51(1)/Juli 1979, S. 15–33

Lieberman, Philip/Edmund S. Crelin/Dennis H. Klatt: *Phonetic Ability and Related Anatomy of the Newborn and Human Adult, Neanderthal Man, and the Chimpanzee*. In: American Anthropologist, 74/1972, S. 287–307

Lieberman, Philip: *The Evolution of Speech and Language*. In: James F. Kavanagh/James E. Cutting (Hrsg.): The Role of Speech in Language. MIT Press, Cambridge MA 1975, S. 83–106

Lieberman, Philip: *The Biology and Evolution of Language*. Harvard University Press, Cambridge MA 1984

Rumbaugh, Duane M. (Hrsg.): *Language Learning by a Chimpanzee – The Lana Project*. Academic Press, New York NY 1977

Scribner, Sylvia: *Modes of thinking and ways of speaking – culture and logic reconsidered*. In: Philip Nicholas Johnson-Laird/Peter Cathcart Wason (Hrsg.): Thinking – Readings in Cognitive Science. Cambridge University Press, Cambridge 1977, S. 483–500

REGISTER

DIETER E. ZIMMER, geboren 1934 in Berlin, seit 1959 Redakteur der Wochenzeitung ›Die Zeit‹, lebt in Hamburg und Berlin; übersetzte Werke von Vladimir Nabokov, James Joyce, Jorge Luis Borges, Nathanael West, Ambrose Bierce, Edward Gorey u.a. Nach vornehmlich literarischen und literaturkritischen Arbeiten zunehmend Publikationen über Themen der Anthropologie, Psychologie, Medizin, Verhaltens- und Sprachforschung.

HEYNE BÜCHER

Stichwort

Die neue Informationsreihe im Heyne Taschenbuch vermittelt Wissen in kompakter Form. Anschaulich und übersichtlich, kompetent, verständlich und vollständig bietet sie den schnellen Zugriff zu den aktuellen Themen des Zeitgeschehens. Jeder Band präsentiert sich zweifarbig auf rund 96 Seiten, enthält zahlreiche Grafiken und Übersichten, ein ausführliches Register und eine Liste mit weiterführender Literatur.

Allergien
19/4030

Autismus
19/4019

Asylrecht
19/4005

Börse
19/4008

Buddhismus
19/4015

Chaosforschung
19/4033

D-Mark
19/4021

EG
19/4000

Freimaurer
19/4020

GUS: Völker und Staaten
19/4002

Habsburger
19/4022

Intelligenz
19/4028

Islam
19/4007

30. Januar 1933
19/4016

Das ehemalige Jugoslawien
19/4023

Die Katholische Kirche
19/4010

Klima
19/4009

Marktwirtschaft
19/4003

Psychotherapien
19/4006

Rechtsextremismus
19/4025

UNO
19/4024

Wilhelm Heyne Verlag
München

HEYNE BÜCHER

Menschen, die die Welt bewegten

»Was will man uns noch mit dem Schicksal! – Politik ist das Schicksal.« Napoleon zu Goethe

Erich Eyck
Bismarck und das Deutsche Reich
12/9

Ivan Cloulas
Die Borgias
Biographie einer Familiendynastie
12/226

Michael Grant
Caesar
Genie – Eroberer – Diktator
12/35

G. P. Gooch
Friedrich der Große
Preußens legendärer König
12/12

André Castelot
Heinrich IV.
König von Frankreich und Navarra
12/214

John Stewart Collis
Kolumbus
Aufbruch zu neuen Welten und Zeiten
12/212

Franz Herre
Ludwig II.
Bayerns Märchenkönig – Wahrheit und Legende
12/206

Marcel Brion
Die Medici
Eine Florentiner Familie
12/20

Vincent Cronin
Napoleon
Krieger und Staatsmann
12/100

Wilhelm Heyne Verlag
München

HEYNE BÜCHER

Literatur

»Es war, als brennte ein Feuer in meiner Seele, und an dieses Feuer glaubte ich.« Dostojewskij

H. F. Peters
Lou Andreas-Salome
Das Leben einer außergewöhnlichen Frau
12/8

Gabriele Hoffmann
Heinrich Böll
12/209

Mary Lavater-Sloman
Annette von Droste-Hülshoff
Einsamkeit und Leidenschaft
12/77

Lutz Tantow
Friedrich Dürrenmatt
Moralist und Komödiant
12/216

Ruth Rahmeyer
Ottilie von Goethe
Das Leben einer ungewöhnlichen Frau
12/228

Gabriele Kreis
Irmgard Keun
»Was man glaubt, gibt es«
12/231

Jakob Hessing
Else Lasker-Schüler
Ein Leben zwischen Bohème und Exil
12/156

Dietrich Gronau
Anaïs Nin
Erotik und Poesie
12/235

Ronald Hayman
Sylvia Plath
Liebe, Traum und Tod
12/223

Joy D. Marie Robinson
Antoine de Saint-Exupéry
Schriftsteller, Flieger und Abenteurer
12/229

Dieter Gronau
Marguerite Yourcenar
Wanderin im Labyrinth der Welt
12/225

Wilhelm Heyne Verlag
München

HEYNE BÜCHER

Politik und Zeitgeschehen im Heyne Sachbuch

19/249

Außerdem zum Thema lieferbar:

Stichwort:
Das ehemalige Jugoslawien
19/4023

Michael W. Weithmann
Krisenherd Balkan
19/207

Wilhelm Heyne Verlag
München

HEYNE BÜCHER

Politik und Zeitgeschehen im Heyne Sachbuch

19/210

Außerdem lieferbar:

Thomas Friedman
Von Beirut nach Jerusalem
19/178

Michael W. Weithmann
Krisenherd Balkan
19/207

Ulrich Wickert (Hrsg.)
Angst vor Deutschland
19/221

Dan Raviv/Yossi Melmann
Die Geschichte des Mossad
19/225

Peter Scholl-Latour
Das Schwert des Islam
19/226

Wilhelm Heyne Verlag
München